人工智能
基础与应用（微课版）

主 编 ◎ 赵儒林 孙 宾 孙岳岳

Fundamentals and Applications of
Artificial Intelligence

华东师范大学出版社
·上海·

图书在版编目(CIP)数据

人工智能基础与应用/赵儒林,孙宾,孙岳岳主编. —上海:华东师范大学出版社,2025. —ISBN 978-7-5760-5863-5

Ⅰ.TP18

中国国家版本馆 CIP 数据核字 2025RE0926 号

人工智能基础与应用

主　　编	赵儒林　孙　宾　孙岳岳
责任编辑	罗　彦　何　晶　蒋梦婷
责任校对	劳律嘉　时东明
装帧设计	俞　越

出版发行	华东师范大学出版社
社　　址	上海市中山北路 3663 号　邮编 200062
网　　址	www.ecnupress.com.cn
电　　话	021-60821666　行政传真 021-62572105
客服电话	021-62865537　门市(邮购)电话 021-62869887
地　　址	上海市中山北路 3663 号华东师范大学校内先锋路口
网　　店	http://hdsdcbs.tmall.com

印 刷 者	上海邦达彩色包装印务有限公司
开　　本	787 毫米×1092 毫米　1/16
印　　张	16.75
字　　数	369 千字
版　　次	2025 年 1 月第 1 版
印　　次	2025 年 1 月第 1 次
书　　号	ISBN 978-7-5760-5863-5
定　　价	49.80 元

出版人　王　焰

(如发现本版图书有印订质量问题,请寄回本社客服中心调换或电话 021-62865537 联系)

《人工智能基础与应用》编委会

主任委员

赵儒林　孙　宾　孙岳岳

副主任委员

狄文法　许　涛　郝连涛　黄增心　徐希炜
何晓明　李海燕　陈洪仕

编委会成员（按姓氏笔画排序）

丁木涵　于　萍　马令珍　王维帅　王智明
邢丽静　刘　波　关　文　池　海　安政光
劳　飞　杜国庆　李长玖　李玲玲　宋济明
张　童　张仲达　张燕英　周长信　赵红艳
姚　津　盛雯雯

技术支持单位

济南海水科技有限公司

前　言

近年来,我国政府高度重视人工智能领域的发展,在《新一代人工智能发展规划》《"十四五"数字经济发展规划》等一系列政策文件中明确提出,将人工智能作为国家战略优先发展领域,推动技术创新、人才培养和社会应用深度融合。党的二十大报告也强调要加快建设数字中国,推进教育数字化,为培养适应新时代要求的创新型人才提供了重要指引。

在这一背景下,人工智能已经从单纯的前沿技术发展为一项通用技术,并渗透到社会经济的各个领域。无论是智能制造、智慧交通,还是医疗健康、教育服务,人工智能的应用场景日益广泛,推动了生产方式和生活方式的根本性变革。特别是对于当代学生而言,掌握人工智能的基本理论与实践技能,不仅能够提升自身的竞争力,也是适应未来社会发展趋势的重要基础。因此,为了顺应时代需求,培养学生在人工智能领域的思维能力和实践操作能力,《人工智能基础与应用》教材应运而生。

一、教材主要内容

本教材适用于"人工智能"通识类课程,既兼顾知识性,又突出实用性。教材内容覆盖人工智能的基础理论、核心技术、行业应用以及安全伦理等多个维度,以帮助学生构建系统化的人工智能认知体系。

具体而言,教材的主要内容包括以下几个方面:①初探人工智能,通过介绍人工智能的基本概念、发展历程和产业结构,帮助学生初步形成对人工智能的整体认知;同时,引导学生展望人工智能的应用前景,激发其学习兴趣与社会责任感。②认知人工智能的基础支撑,帮助学生理解数据对人工智能的核心作用,掌握算法的主要类型与应用场景,并认识算力在提升模型训练效率中的关键地位。③认知人工智能的应用技术,系统讲解计算机视觉、自然语言处理、智能语音语义、机器学习、知识图谱和人工智能芯片等关键技术的基本原理与应用场景,使学生能够理解这些核心技术的内在逻辑与运行机制,掌握其在不同学科领域交叉融合时的应用方法。④探索人工智能的行业应用,结合制造业、医疗、教育和交通等行业,分析人工智能在不同领域的具体应用案例,使学生认识到人工智能技术在赋能实体经济、推动社会进步中的关键作用。⑤认知 AIGC 基础与应用,聚焦人工智能生成内容(AIGC)这一新兴领域,帮助学生认识其基本原理,并通过学习实际工具的应用技巧,培养学生在 AIGC 领域的实践操作与创新应用能力。⑥认识人工智能的安全与伦理,介绍人工智能技术在安全治理与伦理规范方面的重要议题,引导学生树立正确的人工智能使用价值观,增强社会责任感。

二、教材编写理念

本教材深入贯彻党的二十大精神,落实立德树人根本任务,紧密对接国家信息化发展战略对高素质技术技能人才的迫切需求。以"素养为纲、能力为本"为编写导向,秉持"理实一体"编写理念,通过系统化、层次分明的知识体系设计,帮助学生深入理解和掌握人工智能的核心原理及其在产业中的实际应用场景。同时,本教材精心设计了丰富多样的学习活动与实践任务,旨在提升学生的问题解决能力,激发创新思维,培养团队协作意识与职业精神,从而为学生的职业发展和终身学习奠定坚实基础。

三、教材编写特色

(1) 任务引领,以做促学。本教材遵循职业院校学生认知发展规律,创新性地构建"情境引领—基础认知—实践探究—能力拓展"递进式结构框架,旨在实现知识技能向核心素养的深度转化,有效促进学生的专业成长与发展。首先,在"任务情境"中选取贴近学生日常生活的真实场景,创设具有现实性和挑战性的学习情境,激发学生的学习兴趣和问题意识;其次,通过"知识学习"模块系统介绍相关理论知识和实践方法,帮助学生建立认知基础;在此基础上,"任务实施"模块以开放性探究为导向,引导学生运用所学知识解决实际问题,在实践过程中深化对知识的理解,提升综合应用能力(如表1所示);最后,"拓展提高"模块为学有余力的学生提供了延伸发展的空间,助力其在更广阔的领域中开拓视野。

表1 "任务实施"模块内容汇总

项目	任务		实训内容
项目3 认知人工智能的应用技术	任务1	认识计算机视觉	识别车牌号
	任务2	认识自然语言处理	制作文学作品诵读音频
	任务3	认识智能语音语义	创建属于自己的智能体
	任务4	认识机器学习	校园植物模型训练
	任务5	认识知识图谱	构建太阳系天体知识图谱
	任务6	认识人工智能芯片	挑选合适的智能芯片
项目4 探索人工智能的行业应用	任务1	人工智能在制造业的应用	创建工业机器人
	任务2	人工智能在医疗行业的应用	体验智能医疗小程序
	任务3	人工智能在教育行业的应用	体验智能学习工具
	任务4	人工智能在交通行业的应用	车辆的检测与计数

续 表

项目		任务		实训内容
项目5	认知AIGC基础与应用	任务1	认识AIGC	生成旅游文案与图片
		任务2	AIGC工具应用技巧	设计IP形象与海报

(2) 难度适中,注重应用。在内容遴选与呈现方式上,本教材科学把握知识的深度与广度,既保留了人工智能领域的核心知识点,又避免繁复冗长的数学推导和高阶编程操作,确保学习过程更加贴近学生的认知水平与实践需求,让学生"能看懂、会操作、善应用、乐探索"。在体例设计上,本教材以案例驱动为核心,深化人工智能理论与实践的结合,以此模式鼓励学生进行主动探索和批判性思考,并在解决实际问题的过程中培养创新能力与跨学科思维。

(3) 创新资源,赋能学习。本教材配有丰富的数字化教学资源,包括微课讲解、实验仿真、在线阅读和在线自测等,这些资源共同构建了一个全方位、多层次的学习支持体系,为学生提供了多元化的学习途径。此外,这些数字化教学资源还为教师开展混合式教学提供了有力支持。教师可以借此设计出更加灵活多样的教学活动,从而进一步丰富教学形式,提升教学质量与效率。

本教材的编写得到了众多专家、学者和一线教师的支持与指导,在此由衷地向他们表示诚挚的感谢!同时,特别向参与本教材编写的全体成员致以最诚挚的敬意。从书稿撰写到资源制作,每一位编写团队成员都倾注了大量心血和智慧结晶。此外,还要感谢济南海水科技有限公司为本教材的组稿、人员统筹和资源拍摄等提供的诸多支持。

在教材的编写过程中,我们力求严谨,对各知识点内容均进行了反复推敲和完善。然而,由于人工智能领域本身的前沿性、学科交叉性等特点,尽管我们在内容的选取与编排上做出了诸多努力,仍可能存在一些疏漏或需要进一步完善之处。我们真诚地期待广大读者在使用本教材的过程中提出宝贵意见和建议,以便我们持续完善、精益求精。

编者
2025年1月

目 录

项目 1　初探人工智能

任务 1　认识人工智能 / 2
- 微课:人工智能的定义 / 3
- 微课:人工智能的发展 / 5
- 在线自测 / 9
- 在线阅读:简易图灵测试模拟实验评估问卷 / 10

任务 2　认知人工智能的产业结构 / 11
- 在线阅读:人工智能帮助人类识别西夏文 / 15
- 微课:无灯工厂 / 18
- 在线阅读:智慧物流与无人超市 / 20
- 在线自测 / 21

任务 3　展望人工智能的应用未来 / 23
- 在线阅读:AI 无人驾驶 / 24
- 在线阅读:人工智能助力可持续发展 / 28
- 微课:智慧医疗 / 29
- 在线自测 / 32

项目 2　认知人工智能的基础支撑

任务 1　认识数据——人工智能的燃料 / 36
- 微课:数据的处理与应用 / 39
- 在线自测 / 45

任务 2　认识算法——人工智能的灵魂 / 47
- 微课:常见的算法类型 / 49
- 在线自测 / 55

任务 3　认识算力——人工智能的加速器 / 56
- 微课:算力在人工智能中的应用 / 63
- 在线自测 / 67

项目 3　认知人工智能的应用技术

任务 1　认识计算机视觉 / 72
- 在线阅读:算法说明 / 73
- 微课:卷积运算 / 77
- 微课:百度 AI 开放平台教程 / 84
- 在线阅读:JupyterLab 的安装和环境搭建 / 86

- 微课：AI 生成图片 / 87
- 微课：车牌号识别 / 88
- 在线阅读：OpenCV 和 Tesseract-OCR 的安装和使用 / 88
- 在线自测 / 89
- 微课：AI 生成视频 / 88

任务 2　认识自然语言处理 / 91
- 在线阅读：语义理解 / 92
- 在线自测 / 100
- 微课：利用 TTSMaker 将文本转为语音 / 97

任务 3　认识智能语音语义 / 101
- 微课：智能语音语义 / 101
- 微课：创建语音智能体 / 106
- 在线阅读：开发智能语音助手 / 105
- 在线自测 / 109

任务 4　认识机器学习 / 111
- 微课：机器学习的概念 / 112
- 微课：海康威视 AI 平台演示操作 / 122
- 在线自测 / 130
- 微课：机器学习的分类 / 115
- 微课：Sklearn 的使用 / 127

任务 5　认识知识图谱 / 131
- 微课：知识图谱的逻辑结构 / 133
- 微课：NRD Studio 知识图谱创建方法 / 139
- 微课：Neo4j 数据库的使用方法 / 137
- 在线自测 / 143

任务 6　认识人工智能芯片 / 145
- 在线阅读：国产人工智能芯片博览 / 145
- 在线自测 / 156

项目 4　探索人工智能的行业应用

任务 1　人工智能在制造业的应用 / 158
- 微课：工业机器人仿真软件的操作方法 / 166
- 在线自测 / 170

任务 2　人工智能在医疗行业的应用 / 172
- 在线阅读：卫生健康行业人工智能应用场景参考指引 / 172
- 在线自测 / 181

任务 3　人工智能在教育行业的应用 / 183
- 在线阅读：高校中的"人工智能+教育" / 183
- 在线自测 / 190

任务 4　人工智能在交通行业的应用 / 192
- 在线阅读：百度 Apollo 自动驾驶平台 / 195
- 在线阅读：全国首条"零碳"高速公路 / 197
- 在线阅读：上海智能交通系统 / 200

- 微课：Anaconda 的安装与配置　/ 207
- 在线自测　/ 208
- 在线阅读：车辆检测与计数 Python 代码　/ 207

项目 5　认知 AIGC 基础与应用

任务 1　认识 AIGC　/ 212
- 微课：旅游文案及图片的生成方法　/ 219
- 在线自测　/ 220

任务 2　AIGC 工具应用技巧　/ 222
- 微课：海报设计　/ 230
- 在线自测　/ 233

项目 6　认识人工智能的安全与伦理

任务 1　认识人工智能安全与治理　/ 236
- 在线阅读：国内人工智能安全相关法律法规　/ 241
- 在线自测　/ 245

任务 2　关注人工智能背后的伦理问题　/ 246
- 在线阅读：《新一代人工智能伦理规范》　/ 247
- 在线自测　/ 253

Artificial
Intelligence

项目 1
初探人工智能

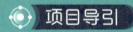
项目导引

党的二十大报告提出,要推动战略性新兴产业融合集群发展,构建新一代信息技术、人工智能、生物技术等一批新的增长引擎。在科技迅猛发展的时代,人工智能作为前沿领域,正深刻重塑着人们的生活和工作模式。

本项目致力于搭建通往人工智能世界的桥梁,全方位激发同学们的探索热情和创新潜能。本项目从基础概念出发,阐释人工智能的演进脉络,帮助同学们清晰认知人工智能从理论到实践的转变过程,并初步探讨自然语言处理、计算机视觉等关键技术,揭示这些技术如何赋予机器理解、思考与决策的能力。同时,结合丰富的实际案例,剖析人工智能在金融、娱乐、农业等领域的应用,使同学们真切体会人工智能带来的变革性影响。

通过本项目的学习,我们不仅能够掌握人工智能的基础理论和实践方法,还能锻炼批判性思维和动手操作能力,为后续的进一步学习奠定基础。

任务 1
认识人工智能

学习目标

知识目标
- 掌握人工智能的基本概念和主要特点
- 了解人工智能的发展历程及标志性事件

能力目标
- 能够结合自己的生活实践，识别不同类型的人工智能应用
- 能够初步探索并体验简单的人工智能应用工具

素养目标
- 能够主动关注人工智能的发展动态，积极探索新的技术与应用
- 通过参与实践活动或项目，提高团队协作和沟通能力，为今后的职业发展和社会生活奠定基础

任务情境

小张是一名对前沿科技充满兴趣的大学生。在学校组织的人工智能学术交流会上，学者们关于人工智能自适应能力和推理能力的深入探讨，深深吸引了他。自适应能力使人工智能系统能够依据环境变化实时调整策略，推理能力则赋予人工智能类似人类的分析问题、得出结论的能力。为了深入探究人工智能的这两种关键能力，小张将智能客服系统和智能投资顾问作为研究对象。在研究智能客服系统时，他发现，当面对大量不同类型的客户咨询时，该系统能够迅速识别问题模式，自适应地调整回复策略，从而精准解答疑问。在研究智能投资顾问时，小张观察到，它能够依据海量金融数据及市场动态，凭借强大的推理能力预测市场趋势，为投资者提供合理的投资建议。接下来，小张计划利用一系列人工智能工具进行实际操作与体验，以更为深入地了解人工智能。

知识学习

一、认识人工智能

1. 人工智能的定义

人工智能（Artificial Intelligence，AI）是一门研究、开发用于模拟、延伸和扩展人的智能的理论、方法、技术及应用系统的技术科学，其目标是使计算机拥有像人一样的意识、思维、自我过程和智能行为（如识别、认知、分析、决策等），让机器能够胜任一些通常需要人类智能

才能完成的复杂工作。

人工智能是计算机科学的重要分支。在计算机科学领域,人工智能聚焦于开发能够模拟人类智能行为的算法和系统。同时,它也是多学科深度融合的交叉学科,涉及计算机科学、神经心理学、语言学、逻辑学、认知科学、行为学、生命科学、数学、统计学,以及信息论、控制论和系统论等多个学科领域。

微课
人工智能的定义

2. 人工智能的特点

(1) 具有学习能力

人工智能系统能够借助大量的数据进行学习。例如,深度学习中的神经网络,能够通过反向传播算法来调整神经元之间的连接权重。以图像识别为例,模型会在大量已标注的图像(如包含各种动物的照片)上进行训练。在这个过程中,它会学习到不同动物的特征,比如猫拥有尖尖的耳朵、鸭子有着扁扁的嘴巴等。随着训练数据的不断增加,人工智能识别的准确性也会持续提升。此外,这种学习能力还体现在从新的数据中不断更新知识。以语言模型为例,当遇到新的词汇、语法结构或流行语时,人工智能系统可以更新自己的参数,以更好地理解和生成语言。

(2) 具有推理能力

人工智能可以根据已有的知识和规则进行推理。在专家系统中,这种特点表现得较为明显。例如,在医疗诊断专家系统中,人工智能可以根据患者的症状(如发热、咳嗽、流涕),并结合医学知识库中的知识(如病毒感染可能导致发热),推理出患者可能罹患的疾病(如流感)。

基于逻辑规则的人工智能系统可以模拟人类的推理过程,如演绎推理、归纳推理等。比如,智能下棋程序可以根据棋局的当前状态,对各种可能走法及其潜在后果进行推理,从而选择并执行最优的下棋策略。

(3) 具有自适应能力

人工智能能够适应不同的环境和任务要求。例如,智能机器人可以在不同的地形(如平坦的地面、有障碍物的地面、楼梯等)上行走。它利用传感器感知周围环境的变化,并据此调整自身的运动模式,以适应不同地形。扫地机器人就展现出了这种自适应能力,如图 1.1.1 所示。

此外,在自然语言处理任务中,当面对不同的语言风格(如书面语、口语、网络流行语等)时,系统能够自动调整语言模型的参数,以更准确地理解和生成相应风格的文本。

▲图 1.1.1 扫地机器人可以自动避开障碍物

(4) 具有高速运算能力

与人类相比,人工智能可以在短时间内处理大量的数据。例如,在超级计算机上运行的人工智能算法可以在数小时内完成对海量天文数据的分析,而这对人类来说几乎是难以完成的任务。这种高速运算能力使得人工智能可以在复杂的任务中快速找到解决方案。比如,在复杂的金融交易中,人工智能系统可以同时分析多个市场指标、交易数据,从而快速做出买卖决策。

(5) 具有高精度性

在一些特定且定义明确的任务中,人工智能可以达到很高的精度。例如,在光学字符识别(Optical Character Recognition,OCR)领域,人工智能系统能够高精度地将扫描文档中的文字转换成可编辑的文本格式,且识别准确率相当高。又如,在工业制造的质量检测环节中,利用机器视觉等人工智能技术,可以极为精确地检测出产品缺陷。它的检测精度通常超越人类质检员,并且能够长期稳定地保持这种高精度水平。

> **问题探究**
>
> 智能下棋程序在推理最优走法时,是如何在计算速度与策略全面性之间找到平衡的?

(6) 具有可重复性

一旦人工智能系统经过训练并达到稳定状态,在相同的输入条件下,它将始终如一地产生相同的输出。这一特性对于那些需要精确和一致结果的任务来说至关重要。例如,在药物研发领域的分子模拟任务中,人工智能模型可以按照相同的规则和参数进行重复计算,从而保证结果的可靠性与一致性。

二、了解人工智能的应用领域

1. 智能搜索

智能搜索利用先进的人工智能算法,能够在海量信息中迅速且精准地定位目标。以搜索引擎为例,它不仅可以基于关键词进行匹配,而且能够通过分析用户的搜索习惯、网页内容的相关性等多个维度因素,为用户呈现更加贴合其需求的搜索结果。又如,在电商平台,智能搜索能够帮助用户迅速找到心仪的商品,提升购物效率。

2. 模式识别

模式识别的目的是让计算机识别数据中的模式和规律。例如,在手写数字识别中,计算机通过学习大量的手写数字样本,能够准确分辨出不同的手写数字。又如,在生物识别领域,指纹识别、虹膜识别等技术均是模式识别技术的实际应用案例,它们被广泛用于门禁系统以及身份验证场景,有效保障了人身安全。

3. 虚拟助手

虚拟助手通过语音或文本交互,帮助用户执行任务,如设置提醒、搜索信息以及控制智能家居设备。虚拟助手在智能家居、移动设备中发挥着关键作用。例如,虚拟助手可以充当用户的小秘书,不仅能够协助管理日程、预订餐厅,还能远程控制家中的智能设备,让生活更加便捷无忧。常见的人工智能虚拟助手类型有语音助手、医疗机器人、物流机器人和健康手环等。

4. 专家系统

专家系统是基于领域专家知识构建的智能系统。在汽车故障诊断这一具体领域，汽车故障诊断专家系统便是其中的典型应用。它能够依据汽车各部件的故障特征以及积累的维修经验，对故障进行迅速判断，并给出相应的解决方案。此外，在法律咨询领域，法律专家系统能够为用户提供初步的法律建议。

5. 智能机器人

智能机器人融合多种人工智能技术，具备自主决策和行动能力。例如，工业机器人能够在生产线上完成复杂的装配任务，且精度高、效率稳定，如图1.1.2所示；而服务机器人则可在餐厅为顾客送餐，或是在酒店提供引导服务。

▲图1.1.2 工业机器人

6. 机器学习

机器学习的目的是让计算机通过数据来学习规律并进行预测。在金融风险预测领域，机器学习模型能够根据历史数据预测贷款违约的风险。在推荐系统中，机器学习模型可以依据用户的浏览和购买历史记录，为用户推荐个性化的商品和内容。

> **问题探究**
>
> 请结合自己所学的专业，探讨人工智能技术的应用场景，以及如何在专业学习中利用人工智能技术实现突破与创新。

三、了解人工智能的发展与分类

1. 创始人艾伦·图灵与图灵测试

艾伦·图灵（如图1.1.3所示）是英国数学家、逻辑学家，被广泛认为是"人工智能之父"。他为20世纪的计算机科学和人工智能领域做出了奠基性的贡献。图灵测试是图灵在1950年发表的《计算机器与智能》一文中提出的概念。这个测试的目的是判断机器是否能够表现出与人类同等的智能。在测试中，一个人类询问者通过文本交流（如打字聊天）的方式分别与一个机器和一个真人进行对

微课 人工智能的发展

▲图1.1.3 艾伦·图灵

话。如果询问者无法区分哪个是机器回答、哪个是真人回答，那么这台机器就通过了图灵测试。

图灵测试对推动人工智能的发展具有深远的意义。第一，它推动了人工智能理念的发展。图灵测试从行为主义的角度定义了机器智能。它促使人们探究如何让机器像人类一样进行对话和思考，为人工智能的研究提供了一个明确的目标。例如，在自然语言处理领域，研究人员一直致力于开发能够通过图灵测试的语言模型。尽管目前还没有完全通过严格图灵测试的人工智能系统，但一些先进的聊天机器人已经能够在一定程度上模拟人类的对话方式，使得对话者很难在短时间内分辨出来。第二，它引发了哲学和伦理方面的讨论。图灵测试促使人们思考意识和智能的本质。如果机器能够通过图灵测试，那么这是否意味着该机器已经具备了意识？此外，这也涉及伦理问题，比如机器的权利和责任等。例如，当一个机器被认定为具有高度智能时，若它做出了错误的决策或者造成了伤害，责任应该如何界定？第三，为评估人工智能系统的智能程度提供了性能标准。许多自然语言处理的竞赛和研究项目都以图灵测试的思想为基础来衡量系统的性能。例如，通过比较系统与人类回答的相似度、连贯性等来评价系统是否更接近人类智能水平。

2. 人工智能的诞生与蓬勃发展

（1）孕育期

人工智能的诞生可追溯至1956年召开的达特茅斯会议，会议围绕用机器模仿人类学习以及其他方面的智能展开了广泛讨论，涉及自动计算机、如何为计算机编程以使其能够使用语言、神经网络、计算规模理论、自我改造、随机性与创造性等多个方面。人工智能被正式赋予了名称，人类开启了对它的探索之旅。

（2）形成期

第一次大发展（1956年至20世纪60年代初期）。这一时期的研究聚焦于模拟人类基础智能，如逻辑推理和模式识别。代表性成果包括：纽厄尔等人提出的逻辑理论机，该成果首次实现了数学定理的自动证明；塞缪尔开发的跳棋程序，该程序通过自我对弈学习策略，初步验证了机器自主学习的可能性。然而，受限于早期计算机的算力和数据匮乏，这些系统仅能处理封闭场景下的简单任务。

第一次低谷（20世纪60年代初期至20世纪70年代初期）。随着初期成果的积累，研究者对人工智能的期望迅速膨胀，开始挑战更复杂的任务。然而，技术瓶颈迅速显现：计算机性能不足导致算力无法支撑复杂推理，数据量的极度匮乏使得机器翻译系统频频出错。人工智能技术远未达到实用水平，导致许多国家大幅削减经费支持，人工智能研究陷入首个"寒冬"。

第二次大发展（20世纪70年代初期至20世纪80年代中期）。随着计算机技术的逐步进步和数据获取途径的增多，研究者开始探索新的方向。其中，专家系统的出现为人工智能带来了新的生机。专家系统能够模拟人类专家的知识和经验,用以解决特定领域的问题,实现了人工智能从实验室到产业应用的重大跨越,推动了人工智能迈入应用发展的全新阶段。

第二次低谷(20世纪80年代中期至20世纪90年代中期)。专家系统在规模化应用中的局限性逐渐显现:应用领域狭窄、知识库更新机制僵化,以及与新兴数据库技术的不兼容,导致系统维护成本急剧上升。与此同时,兼容机的崛起使专用硬件市场迅速萎缩,人工智能专用硬件厂商陷入生存危机。然而,这一阶段的困境催生了技术路线的多元化探索。

(3) 发展期

复苏与互联网赋能(20世纪90年代中期至2010年)。互联网的普及成为人工智能复苏的核心驱动力。1997年,IBM的"深蓝"计算机击败国际象棋冠军卡斯帕罗夫,首次验证了复杂决策算法的可行性。在这一阶段,数据获取能力因互联网的爆发式增长而得到提升,为人工智能的发展提供了丰富的数据资源。专家系统与机器学习开始初步结合,例如金融风控系统开始采用规则引擎与统计模型协同分析,以更准确地识别和评估风险。然而,当时的技术仍受限于算力瓶颈和算法复杂度,多数应用局限于封闭场景(如棋类博弈、基础数据分析)。值得关注的是,互联网催生了早期的分布式计算框架(如Hadoop),为后续的大数据处理奠定了基础。

深度革命与生态重构(2010年至今)。深度学习技术的突破性进展彻底改变了人工智能的发展轨迹。算力革命(如GPU并行计算技术的飞跃)与数据洪流的汇聚,共同助力技术跨越了从"能用"到"好用"的临界点。中国开展的"人工智能+"行动,加速了人工智能技术在各产业的渗透。例如,DeepSeek模型通过算法优化显著降低了算力需求,实现了本地化部署;而傅利叶公司开源的人形机器人数据集则有力推动了具身智能的发展。如今,人工智能已广泛应用于医疗、交通、金融、教育等众多领域,极大地提升了生产效率和生活便利性。未来,它必将在更多未知领域持续开拓创新,引领人类社会迈向智能化的新纪元。

问题探究

近年来,在政策引导、技术突破和产业应用的多重驱动下,我国人工智能发展成就斐然。我国人工智能技术不断突破,尤其在语音识别、图像处理、智能制造、自动驾驶等领域处于国际领先水平。同时,随着技术不断成熟与应用场景不断拓展,我国人工智能正朝着深度融合与创新驱动的方向稳步前进,为全球智能经济发展贡献中国智慧。

请查阅资料,说说中国近几年在人工智能发展方面的成就,可以从政策环境、技术创新、基础设施建设和应用场景等方面进行介绍。

3. 人工智能的分类

人工智能按智能程度可分为弱人工智能、强人工智能和超人工智能。

① 弱人工智能:专注于单一任务或特定领域的人工智能系统,其能力局限于预设的规则或训练数据范围内,不具备自主意识、情感或跨领域推理能力。例如,自动驾驶AI系统只能应用于限定场景的出行服务与车辆控制,属于典型的弱人工智能范畴。这类系统通过海量

数据训练实现特定功能,但无法跨领域迁移至医疗诊断或艺术创作等非驾驶任务,本质上仍是高度专业化的工具性智能。当前,弱人工智能产品已经渗透到我们生活的方方面面。

② 强人工智能:具备与人类相当的广泛认知能力,能够自主学习、进行跨领域推理,并适应新环境的智能系统。其核心特征在于突破任务边界,不仅能在特定领域(如医疗诊断或艺术创作)模拟人类思维,还能通过跨领域知识迁移实现创造性突破。这类系统理论上具备自我意识与情感理解能力,可以像人类一样理解因果关系、反思行为逻辑,并基于价值观体系进行自主决策。强人工智能不仅在哲学层面引发了关于思维本质与意识起源的争议,在技术攻关与实现路径上也面临着算法突破、认知架构重构以及伦理规范等多重挑战。

③ 超人工智能:智能水平远超人类的人工智能系统,它几乎在所有领域都能超越最聪明的人类大脑。它不仅具备卓越的推理、创造和决策能力,还能进行自我进化,不断突破算法与架构的局限,甚至可能发展出人类难以理解的认知模式。这种级别的智能将引发社会变革,同时也伴随着失控风险、伦理冲突等严峻挑战。目前,超人工智能更多停留在理论探讨阶段,其实现路径与具体影响仍是人工智能领域的前沿课题。

人工智能的分类反映了其从专用到通用、从工具到自主体的演进路径。弱人工智能已深入日常生活,强人工智能是发展的目标,而超人工智能则引发了深刻的哲学和技术讨论。

问题探究

假设一个 AI 机器人通过了图灵测试(即无法分辨其为机器或人类),但在实际使用中,它可能做出违背用户期望的行为(如泄露隐私、做出错误判断等)。那么,当 AI 具备类似人类的"表现力"时,是否应该赋予它一定的权利?哪些行为应被纳入 AI 的权利范围?在 AI 犯错或造成损失的情况下,责任应当由谁来承担(如开发者、使用者或其他相关方)?

拓展提高

激活人工智能的学习能力

在开发智能机器人的过程中,融入人工智能学习能力是提升其性能的关键所在。以图像识别模块为例,通过一套科学的机器学习训练流程,能够有效提升机器人的图像识别能力,进而实现提升机器人整体性能的目标。首先,需要全面收集涵盖不同角度、光照条件以及复杂背景下的物体图像数据,确保数据全面且具代表性,从而为后续的机器学习提供丰富的素材。接着,需要进行数据预处理,清洗模糊、损坏的图像,用专业工具准确标注物体类别与特征,统一图像的尺寸、色彩等参数,规范数据格式。然后,依据图像识别任务的特性,选择合适的算法,如卷积神经网络(Convolutional Neural Networks, CNN),并精确设置网络层数、卷积核大小等参数,以此搭建模型。在完成模型搭建后,使用经过预处理的数据对模型进行训练,通过灵活调整学习率、迭代次数等参数,促使模型学习图像特征与类别之间的映射关系。待训练结束后,使用测试数据集评估模型,通过准确率、召回率来判断其表现。若未达预期,应分析原因并进行调整。在参与实践操作时，应当严格按照流程完成各关键步骤并不断优化，使图像识别模块能够持续学习，提升识别的准确率。这样做不仅能充分发挥人工智能的学习能力，还能帮助我们掌握跨领域技术的融合方法。

评价总结

自查学习成果，填写任务自查表，已达成的打"√"，未达成的记录原因。

任务自查表

课前准备：____分钟　　课堂学习：____分钟　　课后练习：____分钟　　学习合计：____分钟

学习成果	已达成	未达成(原因)
掌握人工智能的基本概念和主要特点		
了解人工智能的发展历程及标志性事件		
能够结合自己的生活实践，识别不同类型的人工智能应用		
能够初步探索并体验简单的人工智能应用工具		
能够主动关注人工智能的发展动态，积极探索新的技术与应用		
通过参与实践活动或项目，提高团队协作和沟通能力，为今后的职业发展和社会生活奠定基础		

课后练习

在线自测

一、填空题

（1）人工智能是一门研究、开发用于_____、_____和_____人的智能的理论、方法、技术及应用系统的技术科学，其目标是使计算机拥有像人一样的_____、_____、_____和_____，让机器能够胜任一些通常需要人类智能才能完成的复杂工作。

（2）人工智能的特点为：_____、_____、_____、_____、_____。

（3）_____的目的是让计算机识别数据中的模式和规律。

（4）_____是基于领域专家知识构建的智能系统。

（5）_____被广泛认为是"人工智能之父"，_____会议提出人工智能的概念，标志着人工智能的诞生。

二、实践题

简易图灵测试模拟实验

1. 实践目的

通过模拟图灵测试的过程,深入理解图灵测试的概念和意义,探索人工智能系统(以聊天机器人为例)在文本交互中与人类表现的相似程度,并分析其智能表现的优势与不足。

2. 实践准备

(1) 选择一款现有的聊天机器人平台或软件,如天工 AI、文心一言等。

(2) 在班级中招募 20 名志愿者作为测试者①。

(3) 设计一系列涵盖不同主题(如历史、科学、文化、日常生活等)的问题集,问题总数不少于 30 个。

3. 实践步骤

(1) 将 20 名志愿者随机分为两组,每组 10 人。

(2) 第一组志愿者与选定的聊天机器人进行文本对话。志愿者依次从问题集中选取问题向聊天机器人提问,聊天机器人进行回答。在对话过程中,志愿者记录聊天机器人的回答内容、回应速度,以及在逻辑性和连贯性等方面的表现。每名志愿者与聊天机器人的对话时长不少于 15 分钟。

(3) 第二组志愿者与一位身份隐匿的人类展开文本对话。在对话过程中,志愿者从问题集中选取问题向身份隐匿的人类提问,人类回答志愿者的问题。志愿者需详细记录人类回答者的种种表现,如回答内容、语言风格、回应速度等。为确保对话的充分和深入,对话时长不得少于 15 分钟。

简易图灵测试模拟实验评估问卷

(4) 对话结束后,两组志愿者分别填写一份评估问卷。问卷内容包括对交流对象是否为人类的判断、对交流对象智能程度的打分(1—10 分,1 分为最低,10 分为最高)、对回答内容准确性和丰富性的评价、对交流过程流畅性的感受等多个维度的评估。

4. 实践结果分析

(1) 统计两组志愿者对交流对象是否为人类的判断准确率。计算聊天机器人被误判为人类的比例,以及人类被误判为机器人的比例。

(2) 对比两组志愿者对交流对象智能程度的打分平均值,分析聊天机器人在智能程度得分上与人类的差异。

(3) 综合评估问卷中关于回答准确性、丰富性和交流流畅性等方面的结果,总结聊天机器人在文本交互中的优势(如快速的信息检索和整合能力)与不足(如对情感和语境的细微理解偏差)。

(4) 思考图灵测试在评估人工智能发展水平方面的局限性。

---

① 说明:若有条件,可招募具有不同的知识背景、年龄层次和语言表达能力的志愿者。

任务 2
认知人工智能的产业结构

学习目标

知识目标
- 掌握人工智能产业结构的组成及其各层次的作用
- 理解感知智能与认知智能的主要功能和技术特点

能力目标
- 能够分析人工智能各类技术在特定领域中的应用情况
- 能够初步体验人工智能的感知智能与认知智能技术

素养目标
- 提升对人工智能产业结构的整体认识与全局意识,能够理解技术和产业发展的逻辑与潜力
- 培养跨学科思维和产业洞察能力,能够关注人工智能技术的社会价值及其对产业发展、经济转型的贡献

任务情境

小张最近发现自己接触到的人工智能应用越来越多。无论是手机里的语音助手,还是学校图书馆里的自动化管理服务,都让他感到神奇不已。一天,他在课堂上听到老师提到"人工智能产业链",这让小张产生了浓厚的兴趣。他开始思考:这些 AI 技术是如何被生产和应用的?背后有什么样的产业结构支撑它们的发展?为了弄清楚这些问题,小张决定展开研究。他在网上搜集资料时发现,人工智能产业主要分为基础层、技术层和应用层,每一层都有不同的任务。然而,面对如此庞大的体系,他感到有些困惑:这三个层次之间的关系是什么?它们各自发挥着怎样的作用?带着这些疑问,小张决定深入了解人工智能的产业结构,试图找到这些问题的答案。

知识学习

《国家人工智能产业综合标准化体系建设指南(2024 版)》明确指出:"人工智能是引领新一轮科技革命和产业变革的基础性和战略性技术,正成为发展新质生产力的重要引擎,加速和实体经济深度融合,全面赋能新型工业化,深刻改变工业生产模式和经济发展形态,将对加快建设制造强国、网络强国和数字中国发挥重要的支撑作用。"这充分体现了国家对人工智能发展的高度重视及其深远的战略意义。

从产业结构的角度来看,人工智能产业主要分为三个层次:基础支撑层(基础层)、技术

驱动层(技术层)和场景应用层(应用层),如图1.2.1所示。其中,基础层是人工智能产业的底层基础,为人工智能提供最基础的硬件设施以及支持性技术;技术层是人工智能产业的核心,主要包含感知智能与认知智能两大能力;应用层是人工智能技术落地到具体领域的体现。这三个层次共同构成了完整的人工智能产业体系,有力推动了人工智能行业的快速发展和广泛应用。

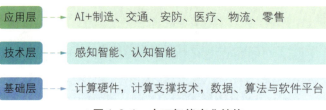

▲ 图1.2.1 人工智能产业结构

一、了解基础支撑层(基础层)

基础支撑层是人工智能产业的基石,涵盖计算硬件、计算支撑技术以及数据、算法与软件平台等部分。

1. 计算硬件

计算硬件是人工智能系统的核心组成部分,包括人工智能芯片和传感器。人工智能芯片为系统提供强大的算力支持,能够高效处理海量数据;传感器则负责采集外界各类信息,为系统提供丰富输入。通过两者的紧密协作,人工智能系统实现了对环境的高效感知、数据的精准处理以及决策的迅速制定。技术的持续进步推动了计算硬件性能的飞跃式提升,为人工智能的蓬勃发展奠定了更为稳固的基础。

▲ 图1.2.2 目前主流的人工智能芯片示例

(1) 人工智能芯片

人工智能芯片是专为执行机器学习算法和神经网络计算而设计的。相比传统的中央处理器(CPU),它具有更高的计算效率,且能耗更低,如图1.2.2所示。人工智能芯片能加速完成复杂计算任务,从而提高人工智能系统的性能。项目3将详细介绍人工智能芯片,此处不再展开。

(2) 传感器

传感器是用于收集环境数据(如温度、光线、声音、运动等)的设备,这些数据可被人工智能系统用来进行分析和决策,如图1.2.3所示。传感器技术的不断进步,赋予了人工智能系统更强的环境感知与适应能力,进而显著提升了其智能化水平。在机器人领域,传感器如同机器人的"感官之窗",使机器人能够全方位地感知环境,无论是距离、方向的精准判断,还是温度、声音、光线的细腻捕捉,都游刃有余。机器人通过收集这些传感器的数据,可以分析环境、检测障碍物、识别物体,并相应调整行为。

▲图1.2.3 工业机器人中的各类传感器示例

在自动驾驶领域,传感器的应用同样至关重要。例如,华为的乾崐智能驾驶系统(Qiankun ADS)集成了先进的传感器和摄像头技术,使车辆具有360度的感知能力,能够检测近距离和高速掉落的物体以及其他车辆。这些传感器所搜集的丰富信息,均由车辆内置的高性能车载计算机进行处理。该计算机由人工智能计算平台驱动,运行乾崐智能驾驶系统软件。

目前,众多智能设备均搭载了智能传感器。它是一种集信息采集、处理与交换功能于一体的传感器,内置微处理机,是传感器技术与微处理机技术相结合的产物。智能传感器能够接收来自物理环境的输入信息,利用自身的计算资源,根据检测到的信息类型执行预定义的任务,并处理和传输相关数据。与传统传感器相比,它能够更精确地收集环境数据,显著降低错误干扰。从监控工业设备到优化城市管理,再到远程监控健康参数,智能传感器开辟了众多新的应用领域。它们能够预测问题,做出最佳决策,并持续优化流程。

2. 计算支撑技术

计算支撑技术包括大数据技术、云计算技术和通信技术等,给予了人工智能关键的数据处理和传输能力。

(1) 大数据技术

大数据技术涵盖数据的收集、存储、管理和分析,已成为人工智能领域不可或缺的基石。它为机器学习模型的训练提供了丰富的数据资源,使人工智能系统能够通过分析大量数据来学习识别模式、趋势和关联,进而提升预测和决策的准确性。大数据为人工智能系统构建了坚实的学习基础,使机器能够实现更精确的预测以及提供更有价值的信息,从而在医疗、金融等多个领域做出更加明智的决策。

(2) 云计算技术

云计算作为一项革命性的技术,为人工智能领域提供了前所未有的资源获取与服务模式。它通过按需提供计算资源,如服务器、存储空间、数据库和软件等,极大地增强了人工智能应用的灵活性和可扩展性。这种服务模式不仅有效降低了企业的运营成本,还显著提高了资源的利用效率,使得各种规模的企业均能借助强大的计算能力来加速创新进程。

云计算支持多种服务模式，包括基础设施即服务（IaaS）、平台即服务（PaaS）和软件即服务（SaaS）等，如图1.2.4所示。这些模式各自提供了不同级别的管理和控制权限，旨在满足不同用户的多样化需求。IaaS提供了基础的计算资源，用户可以在其上部署和管理自己的应用程序；PaaS提供了一个平台，用户可以在此平台上开发、运行和管理应用程序，无须担心底层基础设施；SaaS提供了完整的软件解决方案，用户可以直接使用，无须进行任何维护。

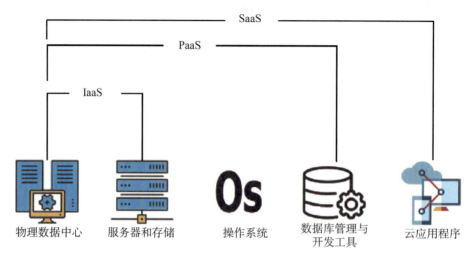

▲图1.2.4　云计算架构服务模式

基于云计算平台，企业能够快速获取高性能算力、海量存储和数据分析能力，满足人工智能对大规模数据处理和模型训练的需求。云计算平台通过提供GPU即服务（GPUaaS）模式，让企业按需租用高性能GPU资源，用于人工智能模型的训练和推理。同时，云计算平台还提供了大规模的数据存储解决方案，能够存储和管理海量的训练数据，并集成了强大的数据分析工具，对海量数据进行快速处理和分析，为人工智能模型的训练提供高质量的数据输入。此外，云计算平台降低了人工智能开发和部署的成本，使中小企业也能负担得起相关费用。

(3) 通信技术

通信技术的演进，尤其是5G、6G以及未来的7G技术，对人工智能等领域产生了深远影响。这些技术不仅提升了数据传输速度和网络连接能力，还为人工智能的发展提供了更强大的支持，推动了人工智能在更多领域的应用和创新。

5G技术为人工智能提供了高速、低延迟的数据传输能力，支持大规模物联网设备的连接。6G技术将进一步提升这些能力，预计能提供高达1Tbps的传输速度，同时将延迟降低至0.1毫秒。这将极大促进人工智能在实时应用场景中的部署，如自动驾驶和智能医疗领域。6G技术还将具备支持每平方千米内多达1000万个设备接入的能力，从而显著提升物联网生态系统的连接能力。7G技术虽然仍处于概念阶段，但已经展现出巨大的潜力，包括基于太空的网络和无处不在的连接性。7G技术有望通过量子计算来优化网络，这将显著提高人工智能在网控中的能效。

3. 数据、算法与软件平台

数据是人工智能技术不可或缺的基础资源。经过清洗、标注和处理后，这些数据为上层的技术开发和模型训练奠定基础。算法是一系列解决问题的步骤或规则，决定了如何利用数据完成特定任务。不同的算法适用于不同的问题类型，例如，卷积神经网络擅长图像处理，而Transformer架构则在自然语言处理领域表现出色。仅靠数据与算法的结合还不够，软件平台的支持同样不可或缺。软件平台由系统软件和开发框架两部分组成。其中，系统软件是指那些直接管理、监控或维护计算机硬件及其他系统组件的软件，为人工智能模型的训练和推理提供了稳定的运行环境。开发框架是一种为开发者提供预定义功能模块和代码库的软件工具包，旨在简化特定类型应用的开发过程，如PaddlePaddle（飞桨）、TensorFlow等。

数据、算法与软件平台分别提供数据基础、计算方法以及运行环境和支持工具，三者协同合作，才能实现高效的模型构建与应用部署。

二、了解技术驱动层（技术层）

技术驱动层是人工智能产业的核心，包括感知智能和认知智能两大领域。借助这些技术，机器能够模拟人类的感知与认知能力，进而实现更高级别的智能行为表现。

1. 感知智能

感知智能是指机器通过模拟人类的感官系统来理解和解释外部世界的能力，包括图像识别、文字识别、语音识别、生物特征识别和环境感知等技术。

（1）图像识别技术

图像识别技术使机器能够识别和理解视觉信息，具体包括对图像中的物体、场景和活动的辨别，如图1.2.5所示。这项技术在安全监控、自动驾驶、医疗诊断等领域有着广泛的应用。例如，在自动驾驶汽车领域，图像识别技术能够协助车辆精准识别道路标志、行人及周围车辆，为驾驶决策系统提供数据支撑。在医疗领域，图像识别技术可以辅助医生分析X光片、核磁共振成像（MRI）以及其他医学图像，提高诊断的准确性。

（2）文字识别技术

文字识别技术，又称光学字符识别技术，它基于人工智能算法，对包含文字符号的数字影像进行识别，并将其转换为对应的数字文本，实现文字的可识别、可编辑与可转化应用。文字识别技术以其强大的功能，使机器能够从图像或扫描文档中捕获文字信息，并将其无缝转化为可编辑、可搜索的宝贵数据。这项技术在文档数字化、自动化数据输入和无障碍阅读等领域非常重要。例如，通过文字识别技术，古老的手稿可以被数字化保存，大量的纸质文档可以被快速转换为电子格式。

人工智能帮助人类识别西夏文

▲图 1.2.5 图像识别技术

(3) 语音识别技术

语音识别技术可将语音精准转化为文本,使机器迅速响应口头指令。例如,小度、天猫精灵等智能音箱,能够提供信息查询、日程管理、智能家居控制等服务。此外,该技术在客户服务、汽车控制、多语言翻译等领域也展现出巨大潜力,提高了服务响应效率。总体而言,语音识别技术能够显著提升人机交互体验,未来有望在更多领域发挥更大作用。

(4) 生物特征识别技术

生物特征识别技术通过指纹、面部特征、虹膜或声音等生物特征来识别个体身份,为安全认证、个人设备解锁等领域提供了一种安全且便捷的认证方式。例如,智能手机借助面部识别或指纹识别技术实现解锁,这一功能极大地提升了设备的安全防护能力。又如,人脸识别技术可用于门禁系统,提高安全防护水平,如图 1.2.6 所示。

▲图 1.2.6 人脸识别技术应用场景——门禁系统

(5) 环境感知技术

环境感知技术使机器能够感知周围环境,如温度、湿度、光线等,以便做出相应的反应。这项技术在智能家居、工业自动化和环境监测等领域有着重要应用。例如,智能家居系统能够依据环境光线的强弱自动调节灯光亮度;工业机器人能够依据环境变化灵活调整操作流程。

2. 认知智能

认知智能是指机器模拟人类的认知过程,理解和处理信息的能力。它包括自然语言处理、知识图谱、机器问答、机器学习等技术。

(1) 自然语言处理技术

自然语言处理使机器能够理解人类语言,包括语言的语法、语义和语境,并在此基础上生成人类语言。通过自然语言处理技术,机器能够洞悉用户的查询意图,从而精准推送搜索结果,提升用户体验。

在自然语言处理实现对人类语言的理解、生成及意图洞察后,机器翻译和情感分析作为该领域的重要分支,进一步拓宽了语言智能的应用边界。机器翻译技术使机器能够翻译不同语言,打破语言障碍。这项技术在国际贸易、旅游和文化交流等领域有着广泛的应用。例如,人们在国外旅行时,可以利用机器翻译技术与当地人交流,不再受语言障碍约束。情感分析使机器能够识别和理解人类语言中的情感色彩,如快乐、悲伤或愤怒等。这项技术在社交媒体监控、客户反馈分析和品牌管理等领域非常重要。例如,企业的情感雷达可以敏锐捕捉消费者对产品或服务的情感动态,帮助企业灵活调整市场策略。

(2) 知识图谱技术

知识图谱技术通过构建知识图谱存储和表示信息,使机器能够进行推理并提供更丰富的信息。该项技术在搜索引擎、推荐系统和决策支持等领域有着重要应用。例如,知识图谱能够帮助搜索引擎深入理解上下文,从而精准推送搜索结果。

(3) 机器问答技术

机器问答技术能够让机器理解用户提问,并据此提供信息或解决方案。这项技术在在线客服、教育辅导和信息检索等领域有着重要应用。例如,智能客服系统凭借机器问答技术,可以轻松应对用户的各种疑问,从而大幅提升服务响应效率。机器问答业务处理流程,如图 1.2.7 所示。

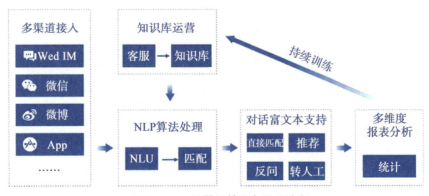

▲图 1.2.7 机器问答业务处理流程

(4) 机器学习技术

机器学习是指利用某些算法指导计算机基于已知数据构建合适的模型,并运用此模型对新情境做出判断的过程。在机器学习的"训练"过程中,需要积累大量数据,通过特定的算法归纳出"规律",并将其应用于"预测"过程。除了机器学习,深度学习也经常被提及。深度学习是一种特殊的机器学习形式,相较于传统的机器学习,其运作机制更接近人脑的信息处理方式。深度学习的本质是通过构建深层神经网络来模拟人脑的多层抽象学习过程。

三、知道场景应用层(应用层)

场景应用层作为人工智能产业的延伸拓展,正将人工智能技术深度融入各行各业,旨在推动效率提升与模式创新。该层级广泛涵盖了"AI+制造""AI+交通""AI+安防""AI+医疗""AI+物流"及"AI+零售"等多个领域的应用实践。

1. AI+制造

在制造业中,人工智能技术的应用正在改变生产流程,从而提高了生产效率和产品质量。例如,汽车企业借助人工智能优化生产线,大幅提升了汽车产量;物流企业通过智能调度系统,实现了运送过程的智能化和自动化,大大降低了配送成本。"AI+制造"的应用主要包括以下三个方面。

① 预测性维护:通过分析设备的历史数据和实时运行数据,人工智能能够预测潜在的故障,并据此提前进行维护,从而降低意外停机的风险和维修成本。

② 自动化生产线:借助机器人和自动化系统,可有效提升生产效率,加强质量控制。自动化生产线可以全天 24 小时不间断运行,减少人为失误,提高产品的一致性与质量。

③ 供应链优化:人工智能可以帮助企业预测产品需求,优化库存水平,降低库存过剩或缺货的发生概率,同时还能优化物流路径,削减运输成本。

2. AI+交通

随着人工智能技术在交通领域的深入应用,如智能交通信号灯控制系统和智能导航系统的部署实施,城市交通的运行效率和交通安全水平得到了显著提升。"AI+交通"系统的具体内容,如图 1.2.8 所示。

① 自动驾驶汽车:实现车辆的自主导航和驾驶,显著提升交通的安全性和便利性。例如,百度 Apollo 在自动驾驶技术上取得显著进展,并在多个城市开展商业化运营,提供便捷的出行服务。

② 智能交通系统:凭借对交通数据的深度分析,实时灵活地调整交通信号,智能引导车辆绕开拥堵路段,从而整体提升交通流畅度。

③ 车辆维护预测:通过分析车辆数据预测维护需求。基于该功能,车主和制造商能够未雨绸缪,及时发现并解决潜在问题,从而有效预防车辆故障的发生。

▲图 1.2.8 "AI+交通"系统

3. AI+安防

在安防领域,人工智能技术的发展正不断促进安全防护水平与快速反应能力的提升。小区安防智能一体化系统的工作原理,如图 1.2.9 所示。

▲图 1.2.9 小区安防智能一体化系统

① 视频监控分析:利用图像识别技术实时分析监控视频,识别异常行为。这一技术可以帮助安防系统快速响应潜在的安全威胁,如入侵、盗窃等。

② 入侵检测系统:分析网络流量,识别异常模式,及时发现并阻止网络攻击。

③ 身份验证:通过生物识别技术提高访问控制的安全性。

4. AI+医疗

在医疗领域,人工智能技术的应用能够有效提高诊断准确性和治疗效率。

① 疾病诊断:辅助医生深入分析 X 光片、CT 扫描等医学图像,从而显著提升疾病诊断的精确度。

② 个性化治疗:根据患者的遗传信息和病史,为其定制治疗方案,优化治疗效果。

③ 药物研发:通过对海量化合物数据的深度挖掘,预测药物疗效及潜在副作用,从而有效加速新药的研发进程。

5. AI+物流

在线阅读

智慧物流与无人超市

在物流领域,人工智能技术的应用能够提高物流运输效率,降低成本。

① 路线规划:凭借实时交通数据与货物详情,智能规划出最优配送路径。

② 仓库自动化:使用机器人和自动化系统,提高仓库操作效率。

③ 需求预测:通过分析历史数据,预测物流需求,优化库存和物流计划,降低库存积压和缺货风险。

6. AI+零售

在零售领域,人工智能技术的应用可以大幅度提升顾客体验及运营效率。

问题探究

结合实际生活,谈谈人工智能技术在以上场景中的应用实例,以及这些技术的应用给你带来了哪些便利的体验。

① 个性化推荐:基于顾客的购物历史与偏好,智能推荐适宜的产品。

② 库存管理:精准预测产品需求,灵活调整库存,从而有效防止库存过剩或缺货现象的发生。

③ 顾客服务:通过聊天机器人,提供全天 24 小时不间断的客户支持,提升顾客满意度。

拓展提高

高端研发

高端研发在计算硬件领域的发展中扮演着核心角色,推动了新材料、新架构和新制造技术的创新,这些进步不仅极大地提升了硬件性能,还降低了成本,为人工智能技术的进步提供了强有力的支持。这些技术的发展正在塑造未来计算的轮廓,为各种智能应用提供了必要的基础。

新材料,如石墨烯和氮化镓(GaN),因其独特的物理特性,正在被探索用于制造更高效、更强大的半导体器件。这些新型材料的应用,预计将在提升数据中心运营效率、增强电动汽车性能以及提高 5G 通信效率方面引发革命性变革。新架构,如神经形态计算和量子计算,正在打破传统计算模式的局限,提供更高效的并行处理能力和解决复杂问题的新途径。新制造技术，如极紫外光刻(EUV)和3D堆叠技术，能够有效提升芯片的集成度和性能，使得制造出更小、更快、更节能的处理器成为可能。近年来，一些科技公司已将目光聚焦于"物理人工智能"(Physical AI)领域。在人形机器人计算平台方面，华为的昇腾系列芯片及相关解决方案便是其中的典型案例。

在计算硬件领域，高端研发在新材料、新架构以及新制造技术方面的突破，正持续为人工智能技术的发展提供强大动力。这些技术的实际应用价值不断得到证明，其影响不仅限于人工智能领域，更在自动驾驶、云计算等多个领域展现出广阔潜力。

评价总结

自查学习成果，填写任务自查表，已达成的打"√"，未达成的记录原因。

任务自查表

课前准备：____分钟　　课堂学习：____分钟　　课后练习：____分钟　　学习合计：____分钟

学习成果	已达成	未达成(原因)
掌握人工智能产业结构的组成及其各层次的作用		
理解感知智能与认知智能的主要功能和技术特点		
能够分析人工智能各类技术在特定领域中的应用情况		
能够初步体验人工智能的感知智能与认知智能技术		
提升对人工智能产业结构的整体认识与全局意识，能够理解技术和产业发展的逻辑与潜力		
培养跨学科思维和产业洞察能力，能够关注人工智能技术的社会价值及其对产业发展、经济转型的贡献		

课后练习

一、填空题

（1）人工智能产业结构主要分为三个层次：基础层、_____层和应用层。

（2）在人工智能的_____智能领域，机器通过模拟人类的感官系统来理解和解释外部世界。

（3）在人工智能系统中，_____技术的发展使得系统能够更好地理解和适应环境，从而提高系统的智能水平。

（4）云计算支持多种服务模式，包括基础设施即服务（IaaS）、平台即服务（PaaS）和_____即服务（SaaS）。

（5）自然语言处理技术使机器能够理解人类语言，包括语言的_____、语义和语境，并在此基础上生成人类语言。

二、实践题

1. 实践背景

在当今数字化时代，人工智能和物联网（IoT）技术已广泛应用于智能家居领域，极大地提升了人们生活的便利性和舒适度。许多家庭配备了智能音箱、智能灯泡、智能温控器等设备。这些设备通过传感器收集数据，并利用人工智能算法进行智能决策，实现自动化控制和优化。

2. 实践目的

通过简单的实践任务，深入了解智能家居设备的功能特点和自动化逻辑，培养观察力和分析能力；探讨设备在节能、便利性和用户体验方面的表现及未来的发展趋势。

3. 实践步骤

① 选择家中的一件或几件智能家居设备，如智能音箱或智能灯泡，查阅其用户手册或官方网站，了解基本功能和操作方法。

② 尝试实际操作设备，记录其在不同设置下的表现，如智能音箱的语音识别能力，或智能灯泡的亮度调节功能。

③ 模拟不同的使用场景，观察设备的响应情况，如夜间模式下智能灯泡的亮度变化。

④ 在设备 App 中设置一些自动化规则，如让智能灯泡在特定时间自动开启，或让智能温控器在温度低于设定值时自动启动加热功能，观察并记录设备的自动响应情况，分析其自动化逻辑。

任务 3
展望人工智能的应用未来

学习目标

知识目标
- 了解人工智能未来的发展趋势及其核心领域
- 了解人工智能对社会的影响与变革

能力目标
- 能够结合实际案例，尝试提出未来人工智能在某一领域的应用场景或解决方案
- 能够辩证地看待人工智能技术对职业与工作形态的重塑，以及由此带来的潜在社会风险与机遇

素养目标
- 提升科技意识与社会责任感，培养对人工智能技术未来发展的敏锐洞察力
- 培养批判性思维和创新精神，能够从多角度审视人工智能技术的进步与挑战

任务情境

小张在一次实验室体验活动中，第一次"面对面"地与智能体交流。回想一年多以前，他在课堂上接触过类似的人工智能技术，当时的印象是机器的对话生硬、反应迟钝，甚至有些"假"。可这次，智能体的表现却让他非常吃惊。现在的智能体不仅能够像真人一样流畅交流，还能根据上下文理解他的语气和情绪，甚至能通过表情传达情感。小张感慨道："以前觉得这些 AI 不过是'花架子'，现在才发现它们已经真正走进了我们的生活。"这次的体验让小张对未来的人工智能技术产生了浓厚的兴趣。他开始思考：未来的人工智能会怎样？能否在更多领域帮助人类解决实际问题？

知识学习

人工智能技术正在深刻改变社会生活的方方面面，其发展速度和应用广度令人瞩目。党的二十大报告指出，要加快实施"创新驱动发展战略"，加快实现"高水平科技自立自强"，并强调推进"绿色低碳发展"，推动经济社会全面转型。在这一背景下，人工智能将向更加智能化、自主化、安全可控的方向发展，成为助力国家高质量发展的关键引擎，其对社会的影响与变革也将日益显著。

一、了解人工智能未来的发展趋势

人工智能正经历前所未有的变革。从简单规则引擎到能够深度学习和理解人类情感的智能体，其发展速度令人惊叹。人工智能正在推动人类社会进入一个全新的智能时代。

1. 人机混合增强智能

当下，我们已经见证了人工智能技术的飞速发展，它正在重塑我们的工作方式和经济结构。人机混合增强智能通过人机协同的方式，旨在提升人类的认知能力与工作效率，已成为推动创新、提高生产力的关键因素。在此模式下，人类应专注于发挥自身独特的创造性智慧与人际交往优势，以应对那些机器难以企及的复杂挑战，诸如艺术创作之精妙、战略规划之深远、复杂决策之睿智等。与此同时，人工智能承担数据处理、模式识别和预测分析等技术密集型工作，有效扩展了人类的技术能力边界。这种合作不仅大幅提升了工作效率，还催生了新业务模式的蓬勃发展，为社会进步和经济增长注入了新的活力。如图 1.3.1 所示，机器人辅助焊接是人机混合增强智能在工业生产中的实际应用。

> **问题探究**
>
> 人机混合增强智能将如何改变我们的职业发展路径？我们需要具备哪些能力以适应全新的人机协作模式？

▲图 1.3.1　机器人辅助焊接

2. 自适应决策智能

AI无人驾驶

在企业数字化转型进程中，自适应决策这一前沿领域，正借助人工智能算法推动物流、客户支持和营销等关键业务流程实现自动化。这一决策模式不仅显著提升了运营效率，还为快速响应市场动态提供了有力支撑。

一些先进的人工智能系统（如 DeepSeek），已经在多个行业中展示出其在自适应决策方面的巨大潜力。人工智能系统通过深度学习和自然语言处理等技术，能够处理复杂的数据集，提供准确的预测和决策支持，从而帮助企业在快速变化的市场环境中保持竞争力。例如，在客户支持方面，人工智能驱动的聊天机器人能够处理大量客户咨询，快速响应常见问题，并在必要时将复杂问题转接给人工客服，从而提高整体服务效率。在无人驾驶领域，通过人工智能技术实现实时决策，不仅能够提升道路安全性，还能够优化交通流量配置。

3. 生成式人工智能

文生视频与新一代语音助手正成为生成式人工智能技术在实践应用中的前沿领域。例如,阶跃星辰 Step-Video-T2V 作为全球参数量最大的开源文生视频大模型,能够直接生成最长 204 帧的高质量视频;生数科技 Vidu 则兼具文生视频与图生视频功能,支持上传同一主体不同角度的图片,并生成自然流畅的立体画面。这些模型能够根据文本提示生成视频内容,不仅为内容创作者赋予了新的创作手段,同时也为教育、娱乐和营销等领域带来了创新的机遇。图 1.3.2 展示的是中国自主研发的、利用 AIGC 技术制作的系列动画片《千秋诗颂》。与此同时,新一代语音助手也展现出了强大的功能与市场潜力。以小度、天猫精灵和小爱同学为代表,这些智能语音系统已经从简单的命令响应升级到能够进行更自然、更具交互性的语音沟通。这些语音助手利用先进的自然语言处理和机器学习技术,能够理解复杂查询,并进行上下文感知对话,从而提供更加个性化和直观的用户体验。

▲图 1.3.2　利用 AIGC 技术制作的系列动画片《千秋诗颂》

4. 人工智能体

人工智能体(AI agents)是一种能够模拟或替代人类行为、具备自主决策和执行任务能力的智能系统。随着技术的不断进步,人工智能体的自主性和智能程度持续提升,已能够胜任复杂任务、做出明智决策,并与人类或其他系统实现流畅交互。然而,这种技术的广泛应用也带来了新的社会风险和伦理挑战,特别是在内容安全领域,如深度伪造技术的滥用,已成为重大安全隐患。

> **问题探究**
>
> 什么是深度伪造技术?这项技术是否存在被滥用的风险?我们该如何对其进行有效防范?

5. 人工通用智能

人工通用智能(Artificial General Intelligence,AGI)超越了传统 AI 的局限性,标志着机器智能迈出了向人类智能全面看齐的重要一步。AGI 的目标是创建一个无须针对特定任务编程或训练,就能像人类一样广泛认知和处理多种任务的智能系统。它具备理解复杂问题、进行推理、从经验中学习的能力,能在跨领域环境中灵活应对挑战。AGI 的核心优势在于通用性和适应性,与专用人工智能(Artificial Narrow Intelligence,ANI)有本质区别。ANI 专注于单一任务或领域,如图像识别、语音识别等,能力局限于特定场景。而 AGI 则具备自主学习、跨领域迁移、推理创新及情感社交智能等特性。它能够通过自主学习来适应环境变化,迁移知识技能至不同任务,进行复杂推理与创新,理解并表达情感,以及与人类协作。AGI 在医疗、金融、制造业及科研等多个领域展现出巨大应用潜力,具体体现在医疗数据分析、金融策略优化、生产流程改进以及科研加速等方面。未来,AGI 将推动技术创新,改变行业运作方式,催生新的应用场景和商业模式,成为推动社会进步的重要力量,为人类构建更智能高效的生活方式。

6. 量子人工智能

量子人工智能(Quantum AI)作为量子计算与人工智能结合的前沿领域,预示着一场技术革命的到来。这场革命不仅有望大幅度提高计算速度,还可能为金融、医疗、气候建模等领域带来颠覆性的变革。量子计算基于量子力学原理,通过控制原子和电子等微观粒子的状态进行运算。与传统计算机使用比特(bits)处理数据不同,量子计算机采用量子比特(qubits),能够同时表示 0 和 1 的叠加态。量子计算机在处理大规模并行计算任务和优化问题时具有潜在优势,其运算能力可以达到传统计算机的 100 亿倍,甚至更高。例如,中国科学技术大学的研究团队成功研制出了全新的"祖冲之三号"超导量子计算芯片(如图 1.3.3 所示),它具有高达 105 个超导量子比特,在各种性能指标上与国际先进水平相当,为实现大规模的"量子纠错"和"量子比特操控"铺平了道路。

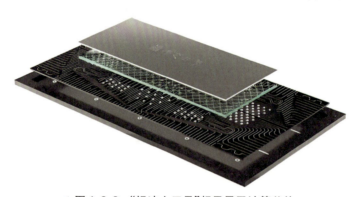

▲图 1.3.3 "祖冲之三号"超导量子计算芯片

随着量子计算的发展,量子人工智能将对多个领域产生重大影响。量子机器学习、量子优化、量子化学和生物学等领域将尤为受益。在技术融合层面,量子计算将在混合架构开发中取得进展,QPU(量子处理单元)与 CPU、GPU 和 LPU(语言处理单元)的集成度将进一步提升。其中,QPU 将被专门用于处理特定类别的算法问题或公式化计算任务;这种异构集成不仅能激发经典算法的创新活力,还将推动量子启发式经典算法的迭代升级。在实际应用领域,量子计算在药物研发、气候建模和计算机辅助工程等高性能计算场景的应用,将提升复杂系统模拟的效率与精度。值得关注的是,量子人工智能的发展在增强网络安全防御能力的同时,还将催化安全技术的革新,为人工智能的稳健发展奠定制度基础,促进实现技术创新与社会价值的深度融合。

7. 安全协防智能

在数字时代，人工智能在网络安全领域的应用变得尤为重要，它能助力识别潜藏的漏洞与异常状况。例如，华为 HiSecEngine 系列防火墙，凭借内置的人工智能高级威胁检测引擎，不仅能够识别加密流量中的威胁，而且在云端实现了高达 99％ 的威胁检测率。人工智能防火墙凭借智能检测技术，大幅增强了对高级威胁和未知威胁的检测能力。它采用虚拟化架构，能够灵活集成第三方检测服务，显著提升了整体威胁检测水平。此外，人工智能防火墙实现了多服务功能的深度融合，有效降低了用户的硬件投资成本和运维开支。人工智能防火墙的三大核心能力，如图 1.3.4 所示。

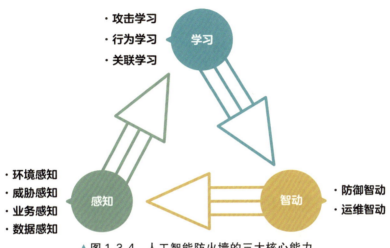

▲图 1.3.4　人工智能防火墙的三大核心能力

人工智能不仅能够提高威胁检测的准确性，减少误报，还能通过自动化响应加快事件的处理速度。人工智能技术能够通过行为分析检测内部威胁或账户被攻陷的情况，从而提高对网络安全威胁的整体防御能力。然而，人工智能在网络安全中的应用也带来了新的挑战，如对抗性人工智能攻击，即黑客利用人工智能技术来规避安全检测。为了应对此类威胁，未来网络安全发展将呈现两大核心趋势：一方面，借助可解释性人工智能技术提升安全模型的透明度，使安全防护机制的决策逻辑和判断依据可被理解与验证；另一方面，构建以人工智能驱动的零信任安全框架，对每个试图访问网络的用户与设备实施严格的身份验证和权限动态管理。总而言之，人工智能在网络安全领域的广泛应用，不仅能够提升防御效能，而且可以促进安全技术的持续创新与发展。

问题探究

如何借助人工智能技术提升校园安全水平？以你熟悉的校园场景为例，设想一个具体的人工智能应用方案。具体要求是：既能提升安全效果，又能平衡隐私与便利性。

提示：针对校园出入管理场景，可以通过人脸识别技术来确保安全性。

8. "可持续"的人工智能

在线阅读
人工智能助力可持续发展

"可持续"的人工智能正逐渐成为技术发展的关键方向,它强调在人工智能系统的设计和运行中融入可持续性原则,注重可再生能源的使用以及减少对环境的影响。其应用价值不仅体现在提升生产效率、驱动技术创新等领域,更在于通过技术赋能,减少人工智能自身及其所服务行业对环境造成的负担。例如,智能电网和需求侧管理通过借助人工智能技术优化能源分配,显著提升了资源的利用效率。在可再生能源领域,人工智能用于优化太阳能板和风力涡轮机的布局,以提升能源产出。人工智能在材料科学和化学工程中的应用推动了新型能源材料的开发,进一步促进了可持续能源技术的进步。人工智能还在环境监测、天气预报和水资源管理等方面发挥作用,帮助预防自然灾害和应对气候变化,从而在环境保护方面发挥着越来越重要的作用。

人工智能技术的蓬勃发展,伴随着环境方面的严峻挑战,尤其是能耗攀升与电子废弃物的处理问题。为了解决这些问题,研究人员和企业正在探索更环保的人工智能解决方案,如开发更高效的算法和使用更少的数据来减少能源消耗。同时,人工智能在促进循环经济和可持续产品设计方面的应用,有助于减少资源消耗和废物产生。通过"负责任"地开发和使用人工智能,不仅能够推动技术进步,还能够促进环境保护,从而为实现全球可持续发展目标贡献力量。

二、了解人工智能对社会的影响与变革

人工智能对社会的影响与变革全面而深远,从改变生活方式到塑造行业形象,再到提升生产力、完善社会治理以及重塑职业与工作形态,人工智能正全面融入社会发展。它不仅推动技术进步,更为国家高质量发展注入新动能。

1. 生活方式的改变

人工智能正在深刻地改变人们的生活方式,特别是在智能家居、健康管理、个性化推荐、智能出行和智能物流等领域。

智能家居系统通过集成智能灯光、智能安防、智能娱乐等设备,不仅提高了家庭生活的便利性和安全性,还通过自动化和远程控制功能,为居住者提供更加舒适和个性化的居住环境。在健康管理方面,人工智能通过智能可穿戴设备实时监测用户的健康数据并分析其健康状况,提供定制化的健康建议,从而帮助用户更好地管理自己的健康。个性化推荐系统通过分析用户的行为和偏好,为用户提供定制化的娱乐体验。智能出行系统凭借精准的路线规划、有效的交通疏导,让人们的出行之路变得更

> **问题探究**
>
> 同学们成长于人工智能时代,能够较快适应和跟上技术进步的步伐。然而,家中的长辈在适应智能技术方面却存在困难。那么,如何利用人工智能帮助家中的长辈更好地适应智能技术?以语音控制为例,谈谈可以采取哪些措施来降低老年人的学习成本,并提升他们的使用体验。

加顺畅。智能物流借助自动化的仓储管理、高效的配送网络,以及实时的货物追踪技术,大幅提升了物流效率,为消费者带来了更加迅速、安心的服务体验。随着人工智能技术的不断进步和应用的不断深入,未来的生活将变得更加智能,人工智能将成为我们日常生活和工作中的重要伙伴。

2. 行业形象的塑造

人工智能对行业形象的塑造起着至关重要的作用,它通过提升服务质量和效率,显著推动了行业变革与品牌建设。在零售行业,智能推荐系统能够分析消费者的购物习惯和偏好,提供个性化的产品推荐。这种个性化服务不仅能够提升顾客的满意度,而且能够帮助零售商更有效地进行库存管理和销售预测,进而强化品牌形象。在金融行业,智能投资顾问和风险评估工具能够提升服务的精准度与效率,同时增强客户对金融机构专业能力的信赖,进而促进品牌正面形象的塑造。医院智能辅助导诊能够为患者提供精准的分诊、预约、查询等服务,同时优化医院资源配置,提升医疗服务效率和质量,如图1.3.5所示。智能诊断系统能够快速分析医疗影像,提供精准的诊断建议。具体到肿瘤诊断,人工智能系统可以自动分析肿瘤影像,快速判断肿瘤的类型、大小和位置,从而提高诊断的准确性。这些系统不仅能够减轻医生的工作压力,缩短诊断时间,而且能够为医生提供客观全面的诊断依据,帮助他们制定更有效的治疗方案,从而提升医疗服务的质量和医疗机构的专业形象。在制药领域,人工智能被用于加速新药的研发流程,通过预测分子活性和副作用,缩短药物上市时间。这不仅提高了医疗行业的创新能力,也加强了相关品牌的市场竞争力。

微课 智慧医疗

▲图1.3.5 智能辅助导诊

3. 生产力的提升

人工智能作为提升生产力的关键技术,正在全球范围内推动经济增长和产业升级。2024年政府工作报告强调要"大力推进现代化产业体系建设,加快发展新质生产力",特别指出"推动传统产业高端化、智能化、绿色化转型""积极培育新兴产业和未来产业""深入推进数字经济创新发展"以及"积极推进数字产业化、产业数字化"的重要性。其中,"开展'人工智能+'行动"被特别提及,这一行动是各行业应用人工智能技术的重要方向。

在这一背景下,人工智能技术通过优化资源配置和提高生产效率,为新质生产力的发展提供了强有力的支持。人工智能在制造业中大放异彩,智能机器人与自动化生产线不仅显著提升了生产效率,还显著降低了人为失误率。农业领域同样见证了人工智能的卓越贡献。通过智能灌溉系统和病虫害预测模型等精准农业实践,人工智能不仅提升了作物产量,还有效提高了农业资源的利用效率。通过自动化与智能化技术的深度应用,人工智能能够提升生产效率,降低人力成本。同时,借助数据分析能力和优化决策支持系统,人工智能还能帮助企业精准把握市场动态、优化运营决策,增强市场竞争力。人工智能技术的广泛应用,不仅加快了传统产业向智能化、数字化转型的步伐,更为新兴产业的蓬勃发展提供了强大助力,成为经济增长不可或缺的动力源泉。

4. 社会治理的完善

党的二十大报告提出:"健全共建共治共享的社会治理制度,提升社会治理效能。"在这一过程中,人工智能发挥着重要作用。它在健康、教育、公平等多个核心领域,彰显出非凡的影响力。人工智能能够追踪基础设施项目的进展情况,检测是否存在工期延误或成本超支的问题,并提出调整建议,以确保项目能够按时且在预算范围内完成。此外,人工智能在公共政策评价与反馈机制中也扮演着至关重要的角色。通过持续监控关键绩效指标、收集公民反馈,人工智能能够帮助决策者及时发现问题并调整政策。同时,人工智能还能帮助识别潜在的非预期后果,并提供缓解负面影响的策略建议。

人工智能在公共服务诸领域的应用显著提升了社会治理效能。例如,人工智能在公共医疗保健领域可以提供疾病暴发的预测分析、个性化诊断和治疗计划以及高效的资源分配建议;"一网统管"的智能化政府服务平台,通过简化办事流程、实现快速对接,确保符合条件的个人能够及时获得所需帮助,从而有效提升公共服务的交付效率与质量。

展望未来,人工智能在增进社会福祉方面的潜力巨大。通过全面、细致的数据分析,人工智能能够为政府制定政策提供科学依据。同时,人工智能在自动化和智能化方面的应用,有助于优化资源配置,提高社会服务的普及率和效率。

5. 职业与工作形态的重塑

▲ 图 1.3.6　自动传餐机器人正在取代部分人工服务

人工智能技术的快速发展正在改变就业结构,既带来了挑战,也孕育着机遇。一方面,传统岗位面临被替代的风险,低技能工作岗位可能会逐渐消失(如图 1.3.6 所示);另一方面,新兴职业不断涌现,为劳动力市场注入新的活力。根据世界经济论坛发布的《2023 年未来就业报告》,预计到 2027 年,将有 8300 万个工作岗位被人工智能技术所替代,这些岗位主要集中在制造业、行政领域以及设计行业。与此同时,也将有 6900 万个新的职位诞生,这些新职位不仅涵盖高技能岗位,还包括一系列全新职业,如 AI 训练师、数据科学家等,为学生提供了广阔的发展空间。在我国,人力资源和社会保障部于 2024 年发布了 19 个新职业,其中包括生成式人工智能系统应用员等。据行业报告预测,到 2030 年,中国人工智能人才缺口预计将达到 400 万,这一数据凸显了人工智能人才市场的紧迫性和产业巨大的发展潜力。

此外,随着人工智能技术的发展,人们的工作形态也发生了显著变化。远程办公、弹性工间和项目制协作变得更加普遍。人工智能技术通过自动化任务分配,促进了远程团队协作的顺畅进行;智能日程管理工具可以根据个人偏好和进度安排智能匹配工作任务,实现弹性工作目标;基于人工智能的动态任务管理与资源分配系统,推动了项目协作模式的普及。

由此可见,人工智能技术对劳动市场和工作形态的影响是深远且复杂的。它不仅改变了我们的工作方式,还改变了我们对工作本身的认知。我们需要具备持续学习素养、跨学科思维、创新创造能力以及良好的团队协作能力,以便更好地应对未来可能出现的挑战和机遇。

> **问题探究**
>
> 面对人工智能技术对就业岗位带来的冲击与机遇,我们应当如何主动应对、把握先机,以更好地迎接未来的挑战和变革?

拓展提高

大语言模型

大语言模型(Large Language Model,LLM)是人工智能领域的一项重要创新,近年来取得了显著的发展与进步。大语言模型是基于深度学习与海量数据训练的人工智能系统,其参数规模已跃升至千亿级别,甚至更高。大语言模型能够深入理解并生成人类语言,展现出超越传统自然语言处理技术的复杂逻辑推理和知识运用能力。从早期的统计语言模型逐步发展到如今的 Transformer 架构,大语言模型在模型设计、数据构建、预训练与微调等方面持续演进,性能实现了质的飞跃。新一代的大语言模型,如 DeepSeek、ChatGPT 等,已成为驱动人工智能技术革新的核心力量。

大语言模型的应用领域广泛,涵盖专业模型构建、知识整合与梳理、数据挖掘与分析以及智能设计与操作等方面,为科技、金融、教育、医疗等行业带来了革命性的变化。尽管目前大语言模型在可解释性、安全性、真实性及训练成本等方面仍面临挑战,但随着技术的不断进步,它们有望成为实现人工通用智能的关键一步,从而推动人工智能技术在更多领域发挥重要作用。

总体而言,大语言模型不仅重塑了传统行业的格局,还为科学研究和技术创新开辟了新的方向,在全球数字经济和科技竞争中扮演着日益重要的角色。

评价总结

自查学习成果,填写任务自查表,已达成的打"√",未达成的记录原因。

任务自查表

课前准备：____分钟　　课堂学习：____分钟　　课后练习：____分钟　　学习合计：____分钟

学习成果	已达成	未达成(原因)
了解人工智能未来的发展趋势及其核心领域		
了解人工智能对社会的影响与变革		
能够结合实际案例，尝试提出未来人工智能在某一领域的应用场景或解决方案		
能够辩证地看待人工智能技术对职业与工作形态的重塑，以及由此带来的潜在社会风险与机遇		
提升科技意识与社会责任感，培养对人工智能技术未来发展的敏锐洞察力		
培养批判性思维和创新精神，能够从多角度审视人工智能技术的进步与挑战		

课后练习

一、填空题

（1）在人机协作模式下，人工智能承担着数据处理、模式识别和预测分析等_____型工作。

（2）自适应决策借助人工智能算法，在物流、客户支持和营销等关键业务流程中实现_____。

（3）文生视频技术，已经能够根据文本提示生成_____内容。

（4）AGI具备_____、_____、_____及情感社交智能等特性。

（5）"可持续"的人工智能强调在人工智能系统的设计和运行中融入可持续性原则，注重_____能源的使用以及减少对环境的影响。

二、实践题

1. 实践目的

通过使用DeepSeek、即梦AI和Tripo AI等工具，设计并生成一个哪吒的3D模型，深入理解人工智能在角色设计和3D建模中的应用，探索人工智能在创意设计中的自动化能力，并分析其在提高设计效率和质量方面的优势与不足。

2. 实践准备

（1）注册并登录各平台，熟悉其功能。

（2）（选做）准备一台可以运行 Blender 软件的计算机，并安装 Blender 软件。

3. 实践步骤

（1）使用 DeepSeek 生成提示词。

① 打开 DeepSeek。输入描述："我现在要设计一个哪吒的 IP 形象，3D 渲染的质感，纯白色背景。"

② 运用深度思考生成一段详细的人工智能绘画提示词，复制并保存生成的提示词。

（2）使用即梦 AI 生成 2D 图像。

① 打开即梦 AI 平台，将 DeepSeek AI 生成的提示词粘贴到即梦 AI 的输入框中。

② 点击生成，等待平台生成图像，然后将生成的图像保存到本地。

（3）使用 Tripo AI 生成 3D 模型。

① 打开 Tripo AI 平台，上传上一步保存的图片，图片需逐张上传。

② 点击生成，等待平台生成 3D 模型。点击放大，查看生成的 3D 模型。

③ 下载并保存生成的 3D 模型。

（4）（选做）使用 Blender 进行二次修改。

① 打开 Blender 软件，导入上一步保存的 3D 模型。

② 根据需要进行二次修改和优化，保存最终的 3D 模型。

4. 实践总结与思考

（1）根据实践结果，撰写一份实践心得，记录本次实践的过程、结果以及对人工智能在角色设计领域应用的认识。

（2）分析人工智能工具在生成提示词、2D 图像和 3D 模型中的表现，以及在创意设计中的优势和局限性。

（3）思考人工智能工具在创意设计领域的发展潜力。

Artificial
Intelligence

项目 2
认知人工智能的基础支撑

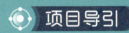
项目导引

随着科技的日新月异,人工智能正逐步成为推动社会进步和产业升级的重要力量。在这一波人工智能浪潮中,基础支撑体系——数据、算法与算力,构成了人工智能发展的三大基石。本项目将全面解析这三者如何协同作用,共同支撑起人工智能的宏伟蓝图。

学习本项目将有助于我们深刻理解数据对人工智能的核心作用,掌握算法的主要类型与应用场景,并认识算力在提升模型训练效率中的关键地位。掌握人工智能的基础支撑体系,将能够帮助我们提升人工智能专业素养与技术能力,从而更好地抓住时代赋予的机遇。

任务 1
认识数据——人工智能的燃料

  学习目标

知识目标
- 掌握数据的含义、特点和类型
- 理解数据在人工智能应用中的作用和价值

能力目标
- 能够从互联网中采集数据，并对数据进行初步的处理和分析

素养目标
- 具备数据意识和数据素养
- 具备对人工智能技术的学习兴趣和探索精神

 任务情境

在社会实践期间，小张进入一家科技创新公司实习，了解到公司正在开发一款智能音箱产品。为提升产品性能和用户体验，该产品项目组希望通过数据分析与优化手段，改进语音识别准确率，完善音乐推荐算法等核心功能。作为团队中的一员，小张有机会参与数据管理工作，在师傅的带领下负责协助完成项目的数据收集、整理和分析任务。在这一过程中，小张需要学习如何将数据有效应用于模型训练，辅助项目决策优化。

知识学习

一、认识数据

1. 数据的定义与特点

数据是用来描述或记录世界上一切事物的事实、数字或信息。人工智能通过对数据进行分析和学习，能够识别其中的模式，进而进行预测或决策。它是原始的、未经处理的记录，比如一张图片、一串数字、一些文字或一段语音等，这些都可以视为数据。数据作为信息的载体，具有多个显著的特点，这些特点决定了它在人工智能领域中的重要作用。

① 原始性。数据是原始的、未经处理的，这意味着它本身并不具有直接的意义。比如，一组温度记录数据仅仅是温度的数字表现，除非经过分析，否则无法从中得出天气变化的结论。

② 多样性。数据能以不同的形式存在，如文本、图片、声音、视频、数字等，每一种形式都

承载着不同类型的信息。不同类型的数据在人工智能的各应用中发挥着不可替代的作用。比如,文本数据可以用来进行自然语言处理,图像数据可以帮助计算机"看"懂世界,而声音数据则常常用于语音识别。

③ 可测量性。数据常常代表了某种可量化的事物或现象,如某个产品的销售量、某个地区的气温变化等。正是这些可量化的信息,使得数据可以通过各种分析方法进行处理和解读,从而提供洞察和决策支持。

④ 可能存在的不完整性。在很多情况下,数据并不是完整的,它可能存在缺失值、噪音或者不准确的部分。因此,在使用数据时,需要先对其进行预处理,以确保数据的质量和有效性。这一步骤对人工智能的学习过程尤为重要,因为不准确的数据可能会导致不准确的结果,进而影响模型的表现。

2. 数据的类型

根据结构化程度,可以将数据分为结构化数据、非结构化数据和半结构化数据。针对不同类型的数据,应选择不同的数据存储、处理和分析技术。

① 结构化数据:是指具有明确的结构模式,可以使用关系型数据库进行表示、存储和管理的数据。它通常以二维表格形式呈现,由行(记录)和列(字段)组成,每个字段具有明确的类型和约束。

表 2.1.1 结构化数据示例

商品编码	商品名称	库存量(件)	单位价格(元)
P1001	无线耳机	150	299
P1002	智能手表	80	899

② 非结构化数据:是指那些没有预定义的数据模型,结构不规则或不完整,难以通过传统关系型数据库的二维表形式存储和管理的数据。这类数据广泛存在于文本、图像、音频、视频、日志、社交媒体内容等多样化格式中,如办公文档(Word、PDF)、多媒体文件等。与结构化数据相比,非结构化数据的容量更大、产生速度更快,且来源更加多样。

③ 半结构化数据:是指介于结构化数据与非结构化数据之间的数据形式。它虽未遵循严格的关系型数据库模型规范,但包含特定的标记或层级结构,能够分隔不同的语义元素,常见的如 JSON、XML、HTML 等格式均属此类。这类数据常应用于邮件系统、档案系统、新闻网站等领域。其特点在于自描述性,即数据的结构与数据本身相融合,无须预先严格定义模式,允许动态地调整字段和属性。以下为 JSON 半结构化数据示例。

JSON

```
{
"用户ID": "U123",
```

```
    "订单": [
        {"产品": "手机", "价格": 5999},
        {"产品": "耳机", "促销价": 299}
    ]
}
```

二、数据对人工智能的作用

1. 数据是人工智能的"燃料"

数据是人工智能系统运行的基础，正如燃料是发动机的动力来源。无论是机器学习、深度学习还是其他人工智能技术，都需要依赖数据进行训练和优化。模型通过对历史数据的学习，提取其中蕴含的规律，并对未来事件进行预测或决策。因此，若没有数据，人工智能模型便无法启动，更无法实现其功能。数据的处理和应用是人工智能开发中的核心环节。

2. 数据驱动模型的学习与优化

人工智能模型的学习过程本质上是对数据的分析和总结。在监督学习中，模型通过输入数据和对应的标签来学习映射关系；在无监督学习中，模型通过分析数据的分布和结构来发现隐藏的模式；在强化学习中，模型通过与环境的交互数据来优化决策策略。数据的丰富性和多样性直接影响模型的学习效果。[①] 通过不断输入新数据，模型可以持续优化其性能，适应更复杂的任务。

3. 数据支持模型的验证与评估

在人工智能开发中，数据不仅用于训练模型，还用于验证和评估模型的性能。通常，数据集会被划分为训练集、验证集和测试集。训练集用于模型的学习，验证集用于调参和选择最佳模型，测试集用于最终评估模型的泛化能力。通过在不同数据集上的表现，开发者可以判断模型是否过拟合、欠拟合或存在偏差，从而采取相应的改进措施。数据的多样性和代表性对评估结果的可靠性至关重要。

4. 数据推动人工智能应用拓展与技术创新

随着互联网、物联网等技术的飞速发展，每天都会产生海量的数据以及新的数据类型，这些数据涵盖了各个领域和行业，促使研究人员不断探索新的人工智能算法和模型，从而提升人工智能应用的效果和普及程度，拓展人工智能的应用边界。此外，数据的不断积累和多样化推动了人工智能技术的创新。例如，大规模图像数据集的出现促进了计算机视觉技术的突破；复杂时空数据的出现催生了时间序列分析和图神经网络等新方法。同时，数据应用

---

① 说明：监督学习、无监督学习和强化学习将在项目3的任务4中进行介绍，这里不再展开。

面临的诸多挑战也激发了一系列新技术的诞生,例如,联邦学习解决了数据孤岛问题。

三、处理与应用数据

人工智能的核心是通过大量的数据进行学习和训练,因此,数据在人工智能的应用中起着至关重要的作用。数据采集、数据存储、数据预处理、数据分析、数据应用与智能化,构成了人工智能从原始数据到智能决策与应用这一过程的基础环节。

1. 数据采集

数据采集,又称数据获取,是指从各类数据库、机器设备、传感器等多样化数据源中自动提取信息的过程,是人工智能项目的起点。这些从多种渠道采集的数据,是人工智能系统进行"学习"的重要基础。采集的对象可以是各种被监测的物理量,如温度、湿度、水位、风速和压力等;也可以是各类影音图文信息,如图像、视频、音频和文本等;还可以是各类与生产生活相关的往来记录,如交易记录、通话记录、交通轨迹等信息数据。在进行数据采集时,核心挑战在于如何确保数据的广泛性和代表性。若使用存在偏差的数据,将直接干扰模型的学习效果和表现。

2. 数据存储

数据存储是支撑数据处理与应用的基础,尤其在大数据和人工智能蓬勃发展的当下,其作用在于实现海量数据的高效存储、管理和访问。随着数据规模的不断增加,传统的存储技术难以满足需求,在此背景下,多种新型存储技术应用而生,它们能够适配不同应用场景的数据存储需求。

① 数据库存储技术。数据库存储技术是数据存储的基础,主要分为关系型数据库和非关系型数据库两大类。关系型数据库是最传统和广泛使用的数据存储技术之一。它基于表格结构,将数据组织成行和列,通过 SQL 语言进行查询和操作。典型的关系型数据库包括 MySQL、Oracle、PostgreSQL 等。关系型数据库的优点在于其结构化数据存储规范,适用于存储业务管理中格式固定的数据,如用户信息、订单记录等。然而,随着数据量的增加,关系型数据库在处理大规模、高并发的操作时,容易出现性能瓶颈,尤其在分布式环境下,难以高效扩展。为了应对大数据的存储需求,非关系型数据库应运而生。非关系型数据库能够更为灵活地处理不同类型的数据,包括结构化、半结构化和非结构化数据。常见的非关系型数据库包括 MongoDB、Cassandra 等。与传统关系型数据库不同,非关系型数据库无须遵循固定的表结构约束,因此可以更高效地处理大规模、高吞吐量的数据。例如,MongoDB 采用文档存储模型,可以存储 JSON 格式的数据;Cassandra 则采用列式存储,适合处理大量写入操作。

② 分布式存储技术。随着数据量和访问需求的多样化,分布式存储技术成为大规模数据存储的主要解决方案。分布式存储将数据分散存储在多个物理设备上,通过分布式算法

确保数据的高可用性和一致性。例如，Hadoop 分布式文件系统（HDFS）和谷歌文件系统（GFS）等技术，能够处理拍字节（PB）级别的数据量，支持大规模数据的存储和处理。分布式存储技术能够有效避免单一存储设备故障对整个系统的影响；同时，借助数据复制与备份机制，提高系统的容错能力。

③ 云存储技术。云存储技术支持将数据存储在云服务提供商的服务器集群中，用户可通过网络访问和管理这些数据。云存储技术具有弹性强、高可用性和按需付费等优势，能够有效解决数据存储的扩展性问题。常见的云存储服务包括百度网盘、阿里云等。用户可以根据自己的需求，选择不同的存储类型，如对象存储、文件存储和块存储等。

④ 对象存储技术。该技术被广泛应用于海量非结构化数据的存储，如图片、音视频文件、日志数据等。与传统的文件存储方式不同，对象存储将数据以"对象"的形式存储，每个对象包含数据本身及其元数据，支持高效的数据访问和管理。对象存储不仅具有高扩展性，还能实现灵活的权限管理，以满足大数据时代对海量数据的存储需求。

3. 数据预处理

数据预处理涵盖数据清洗、集成、转换、降维和标注等多个步骤。通过这一系列步骤，能够提升数据质量，统一数据格式，使其更契合计算机后续的学习与应用需求。

① 数据清洗：数据处理的首要步骤，旨在消除数据中的错误、重复项和缺失值，确保数据的准确性和完整性。在实际应用中，数据常源自多样化渠道，质量参差不齐，存在诸多问题。例如，在处理用户行为数据时，我们可能会发现部分用户的年龄数据为负数，这显然是错误的，因此需要清洗掉这些无效数据。若清洗不当，则可能会导致模型学习到错误信息，进而影响预测结果。

② 数据集成：将来自不同渠道的数据进行合并和统一处理的过程。例如，在电商平台中，用户数据可能被分散存储在多个数据库中。为了分析数据或训练模型，我们需要将这些数据整合到一起。在进行数据集成时，必须确保数据的兼容性和一致性，因为不同来源的数据格式可能存在差异，这可能会给后续的数据分析带来困难。

③ 数据转换：将数据转化为适合分析和建模的格式。例如，机器学习模型通常要求输入的数据为数字型，然而原始数据可能以文本或图片等形式存在。因此，为了使这些数据能够被模型处理，我们需要进行特征工程、标准化或归一化等预处理步骤，以确保数据符合模型的输入要求。

④ 数据降维：数据预备处理中的一项重要技术。数据的维度是指数据在不同方面上的独立特征数。例如，一张彩色图片通常有三个维度（红、绿、蓝通道），而一个包含时间序列的表格可能有时间、温度、湿度等多个维度。在许多情况下，数据的维度可能非常高，这不仅增加了计算成本，还可能导致过拟合。降维技术能够帮助用户从高维数据中提取最具代表性的特征，减少数据的复杂性，从而提高模型的效率与效果。

⑤ 数据标注：为数据添加标签或类别信息，以帮助人工智能理解数据的具体含义，是监

督学习中的关键环节。例如,在图像识别任务中,标注人员需要为每张图片添加标签,告知计算机图片中的物体是什么(如"猫"或"狗")。在语音识别任务中,标注人员则需要为音频数据提供准确的转录文字。数据标注不仅使人工智能能够理解数据的具体含义,还为其在训练过程中提供了明确的学习目标。标注的质量对人工智能训练结果的准确性具有至关重要的影响。若标注存在错误,则可能会导致模型学习到错误的信息,进而影响最终结果。

4. 数据分析

数据分析是从处理过的数据中提取有意义信息的过程,其核心目的是发现数据中的规律和模式,为决策提供科学依据。通过描述性统计,分析人员可以快速了解数据的基本情况,如均值、标准差等关键指标,从而初步理解数据的整体分布情况。然而,描述性统计仅能揭示数据的表面特征,无法深入挖掘数据背后的深层次关系。因此,进一步的探索性分析显得尤为重要。借助图表和可视化工具,分析人员可以直观地发现数据中的趋势和相关性,从而为进一步的深入分析奠定基础。

在数据分析的过程中,选择合适的技术与方法至关重要。随着人工智能技术的飞速发展,机器学习和深度学习已经成为数据分析的主流方法。机器学习在数据处理方面的最大优势在于其"自我学习"的能力。它能够根据历史数据和已知的结果自动调整模型,进行预测或分类。深度学习能够从大量数据中提取复杂的、深层次的特征,特别适用于处理非结构化的数据(如图像、语音等)。虽然机器学习和深度学习在数据处理方式和应用场景上存在差异,但二者并非相互排斥。在众多实际任务中,二者可协同工作,从而更好地发挥各自优势。机器学习可以用于对数据进行初步的处理和简单的特征提取,而深度学习则可以在此基础上进行更深层次的特征学习和复杂模式建模。例如,在自然语言处理任务中,机器学习可以用于提取文本的初步特征,而深度学习则可以进一步挖掘语义信息,提升模型的理解能力。

5. 数据应用与智能化

数据应用与智能化是人工智能技术发展的关键环节。经过数据的采集、存储、预处理和分析,数据本身的价值已经得到了充分挖掘。而在应用与智能化阶段,数据不仅仅是供人工智能系统学习和训练的"原料",它还是人工智能系统实际应用的基础。依托深度学习及其他前沿技术,数据的智能化应用得以实现,进而使人工智能系统具备执行预测、决策、识别、推荐等复杂任务的能力。

(1)预测与决策

预测与决策是人工智能应用中最常见的任务之一。在很多行业中,数据驱动的预测可以极大地提高工作效率,并帮助决策者做出更加准确的判断。例如,在金融领域,银行和投资公司可借助人工智能技术,依据历史数据和市场模式来预测股票市场的趋势,从而辅助投资者做出投资决策。预测与决策不仅依赖于历史数据的学习,还涉及对数据中潜在规律的深度理解。比如,在天气预测中,人工智能通过分析历史气象数据、卫星数据和气象模型,可以预测未来一段时间内的天气情况。

(2) 模式识别与分类

模式识别与分类是数据智能化应用中的另一个重要任务。人工智能可以通过分析大量数据，识别其中的规律或模式，并将数据按照某些特征进行分类。这项技术被广泛应用于图像识别、语音识别、文本分类等领域。

在图像识别领域，人工智能系统通过学习大量已标注的图像数据，能够精确地识别出图像中的物体、场景以及人脸。比如，自动驾驶汽车系统能够分析来自摄像头、激光雷达等设备的数据，识别道路上的行人、车辆、交通标志等，从而做出相应的驾驶决策，如图 2.1.1 所示。这些识别结果来自对数据中模式的学习，而这一过程的核心正是模式识别与分类技术。语音识别也是模式识别的重要应用领域。人工智能系统通过对语音数据的训练，能够识别出语音中的字词和语句，并将其转换成文字信息。例如，智能助手（如小艺、小度）便是通过语音识别技术理解用户的语音指令，进而做出响应。此外，文本分类是另一项重要的模式识别任务。人工智能系统可以利用自然语言处理技术，对大量文本数据进行分析，从中提取关键信息并进行分类。例如，在社交媒体平台中，人工智能技术可自动识别有害言论、垃圾邮件、虚假信息等，并进行处理或删除操作。

▲图 2.1.1　人工智能系统自动识别行人、车辆、交通标志

(3) 优化与自动化

优化与自动化是数据智能化应用中的重要方向，旨在通过数据的分析和模型的学习，自动调整和优化系统的运行效率。例如，自动化仓库系统通过使用机器人和传感器，能够实现物品的自动存取和分拣，提高仓储效率。

(4) 个性化与推荐

个性化与推荐是数据应用的常见形式，在互联网行业已得到广泛应用。通过分析用户的历史行为和兴趣，人工智能系统能够为用户提供量身定制的内容或产品推荐，极大地提升了用户体验和平台的业务转化率。比如，用户在某个电商平台浏览了一款跑步鞋，人工智能系统便会推荐类似的运动装备，或相关的运动视频和健康食谱，从而促进用户的进一步购买。

尽管数据应用与智能化已经取得了显著的成效,但这一过程仍面临许多问题。例如:高质量数据获取难度较大,难以充分保障模型预测的准确性与决策的公平性;用户数据隐私保护与安全防护面临严峻考验;算法的"黑箱"特性使得人工智能系统的决策过程缺乏透明度,容易引发公众信任危机。

> **问题探究**
>
> 请分享你自己的"被推荐"经历,可以是商品或服务。你觉得这样的推荐对你的使用体验有什么积极影响吗?此外,这种推荐方式是否有可能存在一些问题或需要改进的地方?

四、大数据技术

随着人工智能技术的飞速发展,数据已从传统的"信息载体"转变为驱动智能决策的"战略资源"。数据的规模和复杂性迅速增长,传统的数据处理方法已难以应对这种变化。正是在这样的背景下,"大数据"这一概念应运而生。大数据指的是规模庞大、类型复杂且增长迅速的数据集合,通常具有"5V"特征:数据量大(Volume)、处理速度快(Velocity)、数据类型多样(Variety)、数据具有潜在的应用价值(Value)和数据的真实性(Veracity)。

为了有效应对大数据带来的挑战,从中挖掘出有价值的信息,一系列专门针对大数据处理和分析的技术随之兴起。大数据技术主要包括大数据处理技术、大数据分析技术、大数据可视化技术和大数据安全技术。

1. 大数据处理技术

大数据的处理不仅要求处理速度快,还需要能够高效地处理多种数据类型。Hadoop MapReduce 是大数据处理的经典框架之一,它采用"映射—归约"模式,将任务分解为小的子任务,在集群中并行执行,从而大幅提高处理效率。MapReduce 技术广泛应用于大规模数据集的处理,尤其在批量处理场景中具有优势。

与 MapReduce 相类似,Apache Spark 是近年来被广泛应用的另一种大数据处理技术。Apache Spark 的优势在于它不仅支持批处理,还支持流式处理和交互式查询。相较于 MapReduce,它在计算速度上具有显著优势。Apache Spark 采用内存计算技术,能够将数据加载到内存中进行处理,从而提高计算速度和处理效率。Apache Spark 在实时数据分析、机器学习等领域应用广泛,推动了大数据技术的发展。

2. 大数据分析技术

大数据分析技术能够从海量数据中提取出有价值的信息,为决策者提供有力支持,帮助他们做出更好的选择。数据挖掘就是其中的核心技术之一。数据挖掘是一种从大数据中提取有价值模式和规律的技术,它借助统计学、机器学习、人工智能等方法,从复杂且庞大的数据中识别出潜在的关联和趋势。例如,商家通过分析消费者的购买数据,能够发现消费者的购买行为规律,并据此进行精准的营销推荐。

与此同时,随着数据生成速度的日益加快,如何在短时间内完成数据分析成了新的需求。Apache Kafka 和 Apache Flink 是实时数据流处理的重要工具，它们能够帮助企业监控数据流，支持即时决策。在金融行业，通过实时数据分析，企业可以及时发现并响应市场变化，从而灵活调整投资策略。

3. 大数据可视化技术

大数据可视化技术将复杂的数据转化为易于理解的图形、图表等形式，帮助决策者更直观地理解数据背后的深层含义，如图 2.1.2 所示。通过大数据可视化技术，决策者能够迅速洞察数据中的趋势、模式和异常点，从而做出更加精准的决策。常见的大数据可视化工具，如 Tableau、Power BI 和 D3.js 等，不仅支持数据的动态展示和交互式操作，还具备多维度分析功能，被广泛应用于各行业的决策支持中。

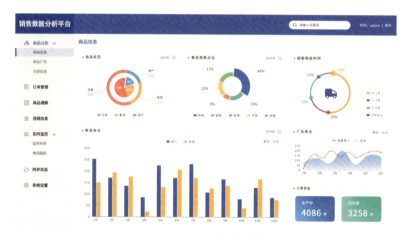

▲图 2.1.2　大数据可视化

4. 大数据安全技术

随着大数据的广泛应用，数据安全已成为一个不容忽视的问题。由于大数据中可能包含敏感信息，因此必须采取切实有效的安全措施，以保障数据的隐私安全和完整性。加密技术和身份认证是增强大数据安全性的两大基本手段，它们能够确保数据仅被经过授权的用户访问。同时，数据的访问控制和审计机制也极为重要，通过记录和分析数据的访问日志，可以确保数据使用的合法性，追踪数据的安全状况。

拓展提高

数据保护技术

随着数据隐私与伦理问题的日益凸显，数据保护技术也在不断进步。这些技术能够协助企业和机构在处理、使用数据时，有效降低数据泄露和滥用的风险。以下是一些常用的数据保护技术。

(1) 数据加密技术

数据加密是一种保护数据安全的核心技术。它将数据转换成一种不可读的形式，只有持有相应密钥的人才能解密并读取这些数据。在数据传输过程中，采用加密技术能够有效防止数据在传输过程中被窃取或篡改。

(2) 匿名化与脱敏技术

数据匿名化和脱敏技术用于将个人信息中的敏感部分去除或进行替换，以保证数据的匿名性。通过这些技术，即使数据被泄露，外部人员也无法识别出其中的个体信息。匿名化和脱敏技术常用于医疗健康、金融等领域，以保护用户隐私。

(3) 差分隐私技术

差分隐私是一种前沿的数据保护技术。它在对数据进行统计分析的过程中，通过加入噪声来确保个体隐私信息不被泄露。

评价总结

自查学习成果，填写任务自查表，已达成的打"√"，未达成的记录原因。

任务自查表

课前准备：____分钟　　课堂学习：____分钟　　课后练习：____分钟　　学习合计：____分钟

学习成果	已达成	未达成（原因）
掌握数据的含义、特点和类型		
理解数据在人工智能应用中的作用和价值		
能够从互联网中采集数据，并对数据进行初步的处理和分析		
具备数据意识和数据素养		

课后练习

在线自测

一、填空题

（1）数据具有_____性、_____性、_____性，以及可能存在的_____性，使得它在人工智能中扮演着关键角色。

（2）_____、_____、_____、_____和_____，构成了人工智能从原始数据到智能决策与应用这一过程的基础环节。

（3）根据结构化程度，可以将数据分为_____、_____和_____。

（4）分布式存储将数据分散存储在多个物理设备上，通过_____确保数据的高可用性和一致性。

（5）大数据可视化技术将复杂的数据转化为易于理解的_____、_____等形式，帮助用户更直观地理解数据背后的含义。

二、实践题

选择自己感兴趣行业的订单系统（如超市、茶饮店、票务、酒店等），利用简易工具（如Excel）完成从数据采集、存储、预处理、分析到应用的全流程模拟，深入理解数据如何驱动业务优化。

提示：可通过互联网采集少量订单数据，使用Excel进行数据处理和分析，并将结果可视化展示；基于这些数据，思考在推荐商品、预测需求、调整库存等方面可以采取的优化措施。

任务 2
认识算法——人工智能的灵魂

学习目标

知识目标
- 理解人工智能算法的定义、特点及其重要性
- 掌握常见的人工智能算法类型及其应用场景
- 了解人工智能算法的发展现状和未来趋势

能力目标
- 能够识别应用场景中的常见人工智能算法，并对这些算法的应用情况进行简要分析

素养目标
- 具备算法思维、创新意识和问题解决能力
- 具备对人工智能技术的学习兴趣和探索精神

任务情境

某日，小张在社交媒体上读到了一篇关于人工智能算法的报道。该算法通过深度学习大量的文本数据，能够自动生成高质量的新闻报道和各类文章。这激起了小张的好奇心，他设想，如果自己也能掌握这种算法技术，或许就能编写一个程序，只需输入一系列关于某个主题的数据，程序便能自动生成一篇结构清晰、内容丰富的分析报告。

于是，小张决定动手实践，他想要了解当前前沿的算法有哪些，它们是如何工作的，以及它们在实际应用中能发挥怎样的作用。他希望通过自己的学习和实践，逐步掌握算法设计与优化的技能，实现自己的目标。请你帮助小张完成这个任务，引导他深入了解各类常用算法，让他真正认识到算法作为人工智能灵魂的重要地位。

知识学习

一、认识人工智能算法

1. 人工智能算法的定义

人工智能算法是指用于实现人工智能功能的算法，是人工智能技术的核心组成部分。它体现为一系列指令和步骤的集合，用于解决特定问题或实现特定目标。比如，导航软件会基于算法，综合考虑路况、距离等因素，为用户规划出最优路线。人工智能算法通过学习和优化，使机器能够执行通常需要人类智慧才能完成的任务，包括学习、推理、感知、理解和创

造等活动。

2. 人工智能算法的特点

(1) 适应性强

人工智能算法具有强大的自适应性能力和智能,能够基于数据进行自主学习和调整,从而不断改进模型性能。这种适应性使得人工智能算法能够在不同的环境和场景下均有出色表现。

(2) 处理复杂问题

人工智能算法,特别是深度学习算法,能够处理大量复杂数据,并从中发现数据背后的规律和趋势。这种能力使得人工智能算法在图像识别、语音识别、自然语言处理等领域取得了显著的成果。

(3) 高精度与高速度

人工智能算法之所以具备高精度、高速度地执行预测、分类、识别和推荐等任务的能力,主要归功于算法本身的持续优化以及计算能力的显著提升,从而在实际应用中展现出卓越性能。

(4) 自动化处理

人工智能算法通过实现自动化的数据处理和决策,降低了人力成本,提高了效益,其在工业生产、金融服务、医疗健康等领域展现出广泛的应用前景。

问题探究

你是否注意到在一些学习类 App 中,自己看到的内容总是像"量身定制"的一样?那些经 App 推荐的课程、文章或视频是否总能吸引你的注意力?这是为什么呢?试着从人工智能算法的角度分析:这些算法究竟是如何根据你的行为和偏好,为你进行个性化推荐的?

(5) 持续学习与优化

人工智能算法具有持续学习与优化的能力。通过不断接收新的数据和反馈,算法可以不断调整和优化自身参数,以提高性能和准确性。基于这种能力,人工智能算法能够不断适应新的环境和需求。

(6) 跨学科融合

人工智能算法的发展涉及多个学科的交叉融合,包括数学、计算机科学、认知科学、神经科学等。这种跨学科的特点赋予了人工智能算法更广泛的应用前景和更深远的研究价值。

3. 人工智能算法与传统算法的区别

传统算法通常针对具体问题设计,如排序、搜索、数值计算等。它们依赖于明确的规则和逻辑来处理结构化数据,强调精确性和效率。而人工智能算法则具有更强的灵活性和自适应性,能够处理复杂、不确定和非结构化的数据。它们依赖于机器学习、深度学习、强化学习等技术,通过训练和优化来改进性能。两者的具体区别,如表 2.2.1 所示。

表 2.2.1　传统算法与人工智能算法对比

维　　度	传统算法	人工智能算法
数据依赖性	结构化数据	非结构化数据
适应性	固定不变	不断学习和优化
目标	精确解	近似最优解

4. 人工智能算法的重要性

① 推动技术进步。算法是人工智能技术的核心，推动了语音识别、图像识别、自然语言处理等领域的快速发展。算法能使机器模拟人类的智能行为，解决复杂问题。

② 促进产业升级。人工智能算法的应用促进了制造业、金融业、教育业等多个行业的转型升级。通过智能化改造，企业不仅显著提高了生产效率、降低了运营成本，还极大改善了用户体验。

③ 引领未来趋势。随着大数据、云计算、物联网等技术的不断发展，人工智能算法将在更多领域发挥重要作用，成为推动社会进步与创新的关键力量。

二、了解人工智能常见的算法类型

人工智能算法是构建和实现人工智能系统的核心要素。根据算法的功能和应用场景的不同，可以将其划分为多种类型。常见的人工智能算法主要包括监督学习算法、无监督学习算法、强化学习算法以及深度学习算法等。

1. 监督学习算法

在人工智能领域，监督学习算法是非常重要的算法类型。它就像是一位老师带着学生学习：老师已经知道正确答案（即数据的标签），学生通过反复学习这些带有正确答案的数据和相关特征，逐渐掌握其中的规律和知识。这样，当遇到新的、未知的数据时，学生就可以利用所学知识进行有效的预测。下面我们来认识几种常见的监督学习算法（项目 3 的任务 4 会有具体介绍，这里仅做简单概述）。

微课　常见的算法类型

（1）线性回归

线性回归（Linear Regression）是一种非常基础且常用的算法，也是数据挖掘和统计学中的一个非常重要的方法。它利用线性回归方程对一个或多个自变量（X）和因变量（Y）之间的关系进行建模。例如：

你有一堆散乱的数据点，这些数据点代表了一些变量之间的关系。线性回归的任务就是找到一条直线，以描述这些数据点的整体趋势。当你找到这条直线后，就可以用它来预测新的数据点了，如图 2.2.1 所示。

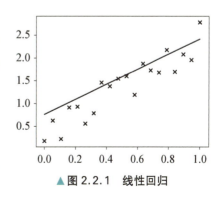

▲图 2.2.1　线性回归

线性回归分析在日常工作中的应用非常广泛,可以用于销售数据分析、股票价格预测、电影票房预估等场景。在这些场景中,线性回归可以帮助我们找到自变量与因变量之间的关系,从而进行预测和分析。

(2) 逻辑回归

逻辑回归(Logistic Regression)是一种用于解决二分类问题的监督学习算法,通常用于预测某个事件发生的概率,判断输入数据属于两个类别中的哪一个。也就是说,逻辑回归的原理是通过逻辑函数(通常为 sigmoid 函数)将线性回归的结果映射到 0 到 1 之间,得到对应事件发生的概率值。一般情况下,如果概率值大于 0.5,就将其归为正类;如果小于 0.5,则归为负类。需要注意的是,阈值 0.5 是一种常见选择,可根据实际需求调整这一阈值。例如,对于垃圾邮件判断,逻辑回归会根据邮件的各种特征(如关键词、发件人等)计算出一个概率值,以此来判断它是否为垃圾邮件。逻辑回归被广泛应用于数据挖掘、疾病自动诊断、经济预测、信用评估、欺诈检测、客户细分和定位、个性化推荐等领域。

(3) 支持向量机

支持向量机(Support Vector Machine,SVM)也是一种强大的分类算法。它的核心思想是在数据空间中找到一个最优的分类超平面,将不同类别的数据分开。这个超平面不仅要能正确分类所有的数据,还要使各类数据到这个超平面的距离尽可能地大,这样分类的效果才会更好、更稳定。SVM 被广泛应用于文本分类、图像识别、生物信息学、金融预测等领域。例如,在图像识别中,SVM 可以用于识别图像中的特定物体或人脸。

2. 无监督学习算法

如果把监督学习算法比作有老师指导的学习过程,那么无监督学习算法就如同学生在没有预设标准答案的情况下,自主探索并获取知识。在无监督学习中,输入的数据并没有预先标记的标签,算法的任务是通过聚类、关联规则挖掘、降维等技术手段,自行发现数据中隐藏的结构、模式和规律。

(1) 聚类算法

聚类算法的目标是将数据集中的样本依据某种相似性度量分成若干个簇,使得同一簇内的样本尽可能相似,而不同簇之间的样本差异尽可能大。根据算法的原理和实现方式,聚类算法可以分为划分聚类(如 K 均值聚类)、层次聚类(如凝聚层次聚类)、密度聚类等。这里以 K 均值聚类算法为例进行介绍。

K 均值聚类(K-means)是一种无监督学习算法,用于将数据集划分为 K 个不同的簇,使得同一个簇内的数据点尽可能相似,而不同簇之间数据点的差异则尽可能大。算法通过迭代来更新每个簇的质心(即簇内所有点的平均值),直到质心的位置不再发生显著变化或达到预设的迭代次数。例如:

你有一堆不同颜色、大小的糖果散落在桌子上,K-means 算法能把这些糖果按照一定的规则分成几堆。它首先会随机选几个"小队长"(这几个点就叫作聚类中心),然后每个糖果都根据自己离哪个"小队长"最近的原则,跑到那个"小队长"的队伍中去。在分好队之后,每个队伍重新选一个新的"小队长",这个新的"小队长"是队伍里所有糖果的中心。接着,糖果们又开始新一轮的找"小队长",直到每个队伍都稳定下来,不再变化。这样,我们就把糖果分成了不同的类别,这就是K-means聚类算法的基本过程,如图2.2.2所示。

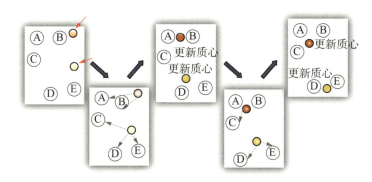

▲图2.2.2　K-means聚类算法

K-means算法被广泛应用于数据挖掘、图像处理、市场分析等领域。例如,在数据挖掘领域,K-means可以用于发现数据集中的潜在模式和结构;在图像处理领域,K-means可以用于图像分割和颜色量化;在市场分析领域,K-means可以用于客户细分和市场定位。

(2) 关联规则挖掘算法

关联规则挖掘(Association Rule Mining)是数据挖掘中的一项重要技术,旨在从大量数据中发现隐藏的关联关系。它通过寻找频繁项集(Frequent Itemsets)和生成关联规则(Association Rules)来揭示数据中潜在的模式。例如:

假设你开了一家超市,你想知道顾客通常会一起购买哪些商品。关联规则挖掘算法就可以帮你解决这个问题。它会把顾客的购物清单都拿过来,看看哪些商品经常一起出现。比如,很多顾客买面包的时候也会买牛奶,那么面包和牛奶之间就可能存在一种关联。关联规则挖掘算法通过不断地统计和分析,找出那些满足一定条件(比如同时购买的次数达到一定数量)的商品组合,这些组合就是我们发现的关联规则。这样你就可以根据这些规则来摆放商品或做促销活动。

关联规则挖掘被广泛应用于市场分析、销售预测、客户行为分析等领域。通过挖掘数据中的关联关系,企业可以优化商品陈列、制定促销策略,从而提高市场竞争力。

(3) 降维算法

在介绍数据处理的时候,我们已了解到,在现实生活中,数据往往具有很高的维度。高维度的数据不仅会增加计算的复杂度,还会影响算法性能。主成分分析(Principal Component Analysis,PCA)是一种常用的降维算法。它通过识别数据中变化最大的方向(即主成分),并将数据投影到这些主成分上,从而实现数据的降维。例如:

现在有一组电商的客户数据,其中包含许多特征,比如客户的年龄、消费金额、浏览时长、购买频率、退货率等。这些特征可能多达几十个，导致数据维度非常高，分析起来既复杂又耗时。在这种情况下，PCA 会分析这些特征之间的关系，找出对客户分类影响最大的几个关键特征。例如，它可能会发现"消费金额"和"购买频率"是区分客户群体最重要的因素，而其他特征的影响则相对较小。于是，PCA 利用这两个关键特征来表征原始数据，在降低数据维度的同时，保留了大部分重要信息。

3. 强化学习算法

强化学习通过与环境交互，并基于奖励信号来优化行为策略，这与依赖标注数据的监督学习和寻找数据内在结构的无监督学习有所不同。Q 学习（Q-learning）和深度 Q 网络（Deep Q-Network，DQN）是强化学习领域中的经典算法。

(1) Q 学习

Q 学习是一种无模型的强化学习算法，它通过学习一个被称为 Q 值（或动作值）的函数来找到最优策略。Q 值表示在给定状态下采取某个动作所能获得的预期回报。Q 学习的核心思想是不断试错，通过与环境交互来更新 Q 值，最终收敛到最优策略。例如：

你在一个迷宫里，你的目标是找到出口。Q 学习就像是你在迷宫探索时所采用的策略。一开始你不知道怎么走，所以每当你走到一个新的地方时，都会根据这个地方的情况以及之前的经验，给每个可能的下一步行动打个分（这个分数就是 Q 值）。比如说，当你走到一个路口，发现有三条路可供选择，你就会根据之前走这个岔口的结果给三条路分别打分。大部分情况下，你会选择分数最高的路走，当然有时候也会随机选一条路走，去探索新的可能性。在不断尝试和打分的过程中，你就会越来越接近出口，找到最优的路径。这就是 Q 学习的基本思想。

Q 学习算法可用于机器人导航、游戏 AI、自动驾驶等领域。在这些场景中，智能体需要通过不断试错来学习最佳行为策略。

(2) 深度 Q 网络

DQN 是在 Q 学习的基础上发展而来的，它就像是给 Q 学习装上了一个超级大脑。在 Q 学习中，需要为每个可能的行动打分，但是当环境复杂、行动可能性众多时，打分过程会变得很困难。而 DQN 运用深度学习中的神经网络，取代了原有的打分方法。神经网络可以学习到环境中的各种特征和规律，并依据这些特征和规律，给出更准确的行动分数。例如：

你是一位游戏玩家，正在玩一款复杂的视频游戏。游戏中有很多不同的场景（状态），每个场景下你都有多种可能的操作（动作）。你的目标是学会如何操作才能在游戏中获得最高的分数。但是，游戏的状态空间可能非常大，你无法记住每个状态下每个动作的结果。这时，DQN 就像是一个超级智能的游戏教练，它会观察你的游戏过程，学习在不同状态下哪些动作是好的，哪些动作是不好的，并为你提供操作建议。DQN 利用深度神经网络"记住"这些信息，这样即使面对从未见过的游戏场景，它也能给出合理的操作建议。

DQN 可用于视频游戏、机器人控制、自动驾驶等领域。在这些场景中，智能体需要通过与环境交互来学习最佳行为策略。

4. 深度学习算法

深度学习算法借助多层次的神经网络架构，能够自动从数据中学习抽象的特征表示。其中，卷积神经网络（Convolutional Neural Network，CNN）、循环神经网络（Recurrent Neural Network，RNN）和生成对抗网络（Generative Adversarial Networks，GAN）是常用的算法类型。

（1）卷积神经网络

卷积神经网络是一种专门用来处理具有网格状拓扑结构数据（如图像）的深度学习算法。它通过卷积层、池化层和全连接层等结构，自动提取图像中的特征，并进行分类或回归等任务。例如：

你拥有很多不同动物的照片，想让计算机识别每张照片中的动物种类。CNN 就像一个图像识别专家，它会一层一层地分析照片。在第一层（卷积层），它可能会检测照片里有没有简单的线条，并通过池化层对信息进行简化，以提高计算效率；在第二层（卷积层），它会根据这些线条找出更复杂的形状，如三角形、圆形，并通过池化层再次对复杂信息进行简化；后续层级（卷积层）会根据前面找到的形状，判断其是否属于某种动物的特征，如猫的耳朵、狗的尾巴。最终，CNN 会通过链接层整合所有特征信息，从而判断照片中的动物是猫、狗或其他动物。

CNN 常用于图像识别、图像分类、目标检测、图像分割、人脸识别等领域。随着技术的不断发展，CNN 在视频处理、自然语言处理（如文本分类、情感分析）等领域同样展现出潜力。

（2）循环神经网络

循环神经网络是一种专门用于处理序列数据（如时间序列、文本序列等）的深度学习算法。RNN 在处理序列中的每个元素时，能够保留之前元素的信息，这使得 RNN 能够捕捉序列数据中的时间依赖性和上下文信息。例如：

你在听一个故事，故事是一句一句展开的。RNN 就像是一个聪明的听众，能够记住前面讲过的故事内容。它在处理每一句话的时候，都会把前面听过的内容也考虑进去。比如，故事说"小明走进房间，他看到桌子上有一个苹果"。当 RNN 处理第二句话的时候，它会记得第一句话里提到了"小明"，这样就能更好地理解第二句话里的"他"指的就是小明。RNN 特别适合处理诸如语言、时间序列这类具有顺序特性的数据。

RNN 被广泛应用于自然语言处理（如文本生成、机器翻译、情感分析、语音识别等）、时间序列预测（如股票价格预测、天气预测等）以及视频分析等领域。

（3）生成对抗网络

生成对抗网络通过对抗训练的方式，使生成器能够生成逼真的数据样本，如图像、文本和音频等。GAN 由两个主要部分组成：生成器和判别器。生成器负责生成逼真的数据样本，而判别器则用于区分生成器生成的假样本和真实数据样本。例如：

有一个画家（生成器），他的任务是画出各种各样的画；还有一个评论家（判别器），他的任务是判断这些画是画家画的,还是从真实世界里找的。画家一开始画得不太好,很容易被评论家看出来。但是画家很努力,他会根据评论家的反馈不断改进自己的画,让画越来越逼真。同时,评论家也在不断提高自己的鉴别能力,不让画家蒙混过关。在这样的对抗过程中,画家画得越来越好,最后画出来的画几乎和真实的一样。在机器学习中,生成器可以生成图片、文字等各类数据,而判别器则可以帮助生成器生成更真实的数据。

GAN在图像合成、风格迁移、视频生成、文本生成等领域有着广泛的应用。例如,在图像合成领域,GAN可以生成与真实图像极为相似的新图像。

> **问题探究**
>
> 你是否注意到生活中的公共交通越来越"聪明"了?比如,在乘坐公交车或地铁时,App会提醒你车辆实时到站时间、拥挤程度,甚至还会推荐最优换乘路线。这些"聪明"的公共交通功能为你的出行带来了诸多便利。那么,它们能够根据历史数据预测车辆到站时间,这里面可能运用了什么算法呢?

拓展提高

算法的优化与创新

为了提升算法的性能和效率,研究人员正在不断优化和创新算法。例如,在深度学习中,模型压缩技术是一个热门研究方向。通过剪枝和量化等技术手段,可以在保持模型精度基本不变的前提下,有效减少模型的参数数量和计算复杂度,从而提升模型的运行速度和部署灵活性。此外,新的算法架构也在不断涌现,如 Transformer 架构,它在自然语言处理领域取得了巨大成功,改变了传统的基于循环神经网络的语言处理方式,能够更好地捕捉文本中的长距离依赖关系,使得机器翻译、文本生成等任务的性能得到了大幅提升。

多算法融合与跨领域应用

在实际应用中,单一算法往往很难解决所有问题,多算法融合已成为一种趋势。例如,可以先利用无监督学习算法对数据进行聚类分析,发现数据中的潜在模式和结构,然后再利用监督学习算法对聚类结果进行分类和预测。这种融合方式在客户细分、市场分析等领域有着广泛应用。同时,人工智能算法也在不断与其他领域交叉融合。例如,与生物学结合,用于蛋白质结构预测;与物理学结合,模拟复杂的物理系统。这种跨领域的应用为解决复杂的科学问题提供了新的思路和方法。

评价总结

自查学习成果,填写任务自查表,已达成的打"√",未达成的记录原因。

任务自查表

课前准备：____分钟　　课堂学习：____分钟　　课后练习：____分钟　　学习合计：____分钟

学习成果	已达成	未达成(原因)
理解人工智能算法的定义、特点及其重要性		
掌握常见的人工智能算法类型及其应用场景		
能够识别应用场景中常见的人工智能算法，并对这些算法的应用情况进行简要分析		
具备算法思维、创新意识和问题解决能力		

课后练习

在线自测

一、填空题

（1）人工智能算法通过学习和优化，使机器能够执行通常需要_____才能完成的任务。

（2）人工智能算法具有强大的_____和智能，能够基于数据进行自主学习和调整。

（3）逻辑回归是一种用于解决_____问题的监督学习算法。

（4）支持向量机的核心思想是在数据空间中找到一个最优的_____，将不同类别的数据分开。

（5）Q学习是一种无模型的_____学习算法。

二、实践题

请选择你感兴趣的领域（如医疗诊断、自动驾驶、智能客服、农业生产、金融风险评估等），完成以下任务。

（1）算法选择与简介。确定一种能够应用于该领域的人工智能算法，简要介绍该算法的名称、所属类别（如强化学习、深度学习等）。

（2）基本原理阐释。用通俗易懂且有条理的方式解释该算法的基本原理，可以借助图表、示例等辅助工具。

（3）领域应用分析。结合所选领域的具体需求和特点，深入讨论该算法如何在其中发挥作用。分析该算法能够解决哪些实际问题，具有哪些优势和价值。

（4）案例列举。查找并列举一个该算法在所选领域实际应用的成功案例。介绍案例的背景、使用该算法的具体方式以及最终取得的成效，以此进一步说明算法的实用性和有效性。

任务 3
认识算力——人工智能的加速器

学习目标

知识目标
- 理解算力的定义、类型及其在人工智能中的核心地位
- 了解算力的基础技术

能力目标
- 能够根据任务需求选择合适的算力平台
- 能够初步评估常见设备的算力

素养目标
- 具备算力意识和工程素养
- 具备对人工智能技术的学习兴趣和探索精神

任务情境

小张在观看新闻时,了解到国家启动的"东数西算"工程。该工程旨在支持云计算资源在全国范围内的灵活调度,以及加强算力基础设施建设。这引发了他的思考:算力在算法运行中究竟能起到什么作用? 国家为何如此重视算力的发展?

经过深入了解,他发现医疗影像分析中所采用的深度学习算法(如卷积神经网络)对算力有着极高的需求,尤其是在处理高清图像时更为明显。传统的图像处理算法或许仅需基本的计算能力,而深度学习算法则需要强大的硬件支持,特别是 GPU(图形处理单元)等专为大规模并行计算设计的硬件设备。只有具备了足够的算力,这些算法才能在合理的时间内完成诸如肿瘤识别等精准医疗诊断的复杂任务。

小张希望通过进一步的学习,详细了解什么是算力、算力的类型,以及算力在人工智能领域的应用。

知识学习

一、认识算力

1. 算力的定义

通俗地说,算力是指计算机执行计算、处理信息和解决问题的能力。在人工智能领域,算力特指在执行人工智能算法、训练模型、进行推理分析等过程中所需的计算资源总和。简

言之，算力是支持所有人工智能任务的"能源"，它决定了人工智能模型进行计算与学习的速度，也影响着模型的规模与复杂度。衡量算力的常见单位有"浮点运算每秒（FLOPS）"，即计算机每秒执行的浮点运算次数。浮点运算指的是计算机用来处理小数（而非整数）的运算，它对科学计算和机器学习任务至关重要。例如，如果一台计算机的处理器能够每秒执行10亿次浮点运算，那么它的算力就是10 GFLOPS（十亿次/秒）。《2025年中国人工智能计算力发展评估报告》显示，2024年，中国智能算力规模达725.3EFLOPS（百亿亿次/秒），同比增长74.1%。大模型和生成式人工智能推高算力需求，中国智能算力增速高于预期。

此外，从图像识别到自然语言处理，再到自动驾驶、智能医疗等领域，人工智能的每一个应用都展现出其独特的计算需求，如表2.3.1所示。例如，自动驾驶系统对实时性、准确性和安全性提出了极高的要求，这就要求算力不仅要高效，还应在各种计算环境中，特别是在边缘计算环境中，实现快速响应。此时，边缘算力就变得尤为重要，因为它能够把计算任务移至数据源附近，从而有效减少延迟，提高系统的整体响应速度。

表2.3.1 AI任务对算力的需求

任务类型	所需算力（FLOPS）	任务目标（相当于）
人脸识别	1万亿次	1部旗舰手机的算力
自动驾驶	100万亿次	200台游戏主机的算力
GPT-3训练	3.2×10^{23}次	约2亿台游戏主机同时运行16个月的算力

2. 算力的类型

算力分类多种多样，依据不同的维度和标准，可以将其划分为不同的类型。

（1）通用算力与专用算力

根据硬件架构和应用场景的不同，算力可分为通用算力和专用算力两大类。

① 通用算力：指能够处理多种类型计算任务的算力资源。通用算力的特点是灵活性强，能够适应各种不同的计算需求，但其效率相对较低，尤其是在处理特定任务时。通用算力通常由通用处理器提供，如CPU、GPU等。

CPU：通用算力的代表设备，擅长多任务处理。它是电脑、服务器、手机等设备的"大脑"，通常配备2至64个核心，适用于文本处理、浏览网页等日常任务。CPU处理任务的方式如同一个"全才"的工人，它可以独立完成任务，但不擅长大规模重复计算。例如，深度学习训练涉及大量的矩阵计算和数据并行操作，而CPU的架构设计并不擅长处理这类任务，因此训练效率相对较低。

GPU：也是一种通用算力设备，它最初是为图像渲染而设计的，但因其具备出色的并行计算能力，如今被广泛用于人工智能领域，尤其是深度学习任务。在人工智能领域，相对于CPU，GPU更专业。GPU拥有上千个核心，能够同时处理大量计算任务，特别适用于人工智能中的矩阵运算。GPU可以同时计算多个矩阵，其训练速度比CPU快几十倍甚至上百倍。

此外，人工智能在训练过程中需要不断计算权重、调整参数，GPU 能够快速执行这些任务，大幅缩短模型训练时间。当然，GPU 也有不足之处，尽管它的计算能力强，但功耗相对较高，在训练时需要消耗大量电力。同时，使用 GPU 进行计算需要特殊的编程框架（如 CUDA、OpenCL 等），相比 CPU 开发难度更大。

② 专用算力：指针对特定类型计算任务进行优化的算力资源。专用算力的特点是效率高，能够显著提升特定任务的执行速度，但其灵活性较低，通常只能处理特定类型的计算任务。专用算力通常由专用处理器提供，如 TPU（张量处理单元）等。

TPU：是一种专为人工智能计算定制的硬件加速器，属于针对深度学习进行专项优化的硬件，比 GPU 更快、能耗更低，尤其适用于神经网络训练和推理。由于 TPU 的硬件架构是为 TensorFlow 深度学习框架量身定制的，因此，它能够极大地提升人工智能模型训练和推理的速度。然而，TPU 也有其局限性：一方面，它主要用于神经网络计算，不能像 GPU 和 CPU 那样执行多种不同的计算任务，通用性欠佳；另一方面，鉴于 TPU 主要依托谷歌云，开发者若要使用它，需付费租用谷歌云的算力资源。

那么，在实际应用中，该如何选择适合的算力工具呢？如果是日常计算、逻辑运算，可以选择 CPU，因为它足够灵活，且能耗低。如果是 AI 训练或大规模计算，可以选择 GPU，因为它并行计算能力强，适用于神经网络训练。如果是 AI 深度学习任务，尤其是 TensorFlow 相关训练或推理，TPU 是最佳选择，因为它比 GPU 的计算效率更高，且更节能。CPU、GPU 和 TPU 的比较，如表 2.3.2 所示。

表 2.3.2 CPU、GPU 和 TPU 的比较

对比项	CPU	GPU	TPU
计算特点	单任务强，多任务一般	并行计算强	深度学习最强
适用场景	逻辑计算、日常任务	图像处理、AI 训练	AI 模型训练和推理
核心数量	2 至 64 个核心	上千个核心	专用计算单元
功耗	低	高	相对较低
适用性	通用	AI 和图像处理	仅限 AI
学习成本	低（所有编程语言均支持）	需要 CUDA、OpenCL	主要用于 TensorFlow
价格	便宜	贵	主要依托谷歌云

（2）集中式算力与分布式算力

根据计算资源的组织方式，算力可以分为集中式算力和分布式算力两种类型。这两种计算方式在资源管理、计算模式、应用场景等方面各具特点。

① 集中式算力：将所有计算任务集中在一台或少数几台高性能计算机上处理，如图 2.3.1(a) 所示。这些计算机通常具备强大的计算能力，配备高性能的 CPU、GPU 或专用的人工智能加速芯片（如 TPU）。在这种模式下，计算任务被提交到中央服务器进行处理，数据

存储、计算调度和任务执行均由该服务器完成。其优势在于计算资源高度集中,数据管理简单,适用于对计算精度和计算能力要求极高的任务,如深度学习模型训练、科学计算、气象模拟等。然而,集中式算力的缺点也十分明显。其一,计算资源的扩展性有限。当计算需求增加时,需要更换更高性能的硬件设备,成本较高。其二,计算资源的利用率存在瓶颈。在某些时段可能会出现计算资源冗余闲置的情况;而在计算密集型任务高峰期,则可能会面临资源紧张的问题。其三,故障所带来的负面影响大。如果中央服务器发生故障,整个计算任务可能会受到严重影响,甚至完全中断。

② 分布式算力:一种将计算任务拆分并分配到多个计算节点上进行并行计算的模式,如图 2.3.1(b)所示。在分布式计算架构中,多个计算机节点相互协作,每个节点负责处理一部分任务,并在计算完成后汇总结果。这种方式具有极强的扩展性,计算能力可以随着计算节点的增加而增强,从而满足更大规模的数据处理需求。分布式算力的优势在于高效并行计算及灵活调度资源。由于计算任务可以在多个节点上同时执行,其整体计算速率远超单机计算性能。此外,分布式计算具有较强的容错能力,如果某个计算节点出现故障,系统可以自动调整任务分配,保证计算任务的正常进行。然而,尽管分布式算力具有诸多优势,但其管理和调度的复杂性也随之增加。多个计算节点之间需要通过网络进行数据交换和任务协调,因此可能会受到网络带宽和通信延迟的影响。另外,数据在多个节点之间传输会带来安全风险,因此需要采取相应的加密与访问控制措施来确保数据的安全性。为此,在开发和优化分布式计算系统时,工程师需要考虑任务分配、数据同步、负载均衡等问题,以保证系统的高效运行。

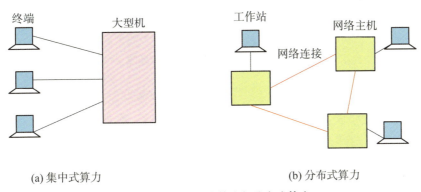

▲ 图 2.3.1 集中式算力与分布式算力

在实际应用中,集中式算力和分布式算力各有其适用场景与优势。对于需要高精度计算的任务,如科学模拟、人工智能深度学习训练等,通常采用集中式算力,以保证计算的精度和一致性。而对于大规模数据分析、云计算服务、互联网搜索等场景,分布式算力则更为合适,因为它可以充分利用分布式节点的计算能力,提高计算效率,同时降低单点故障的风险。随着云计算、边缘计算、5G 和人工智能技术的发展,未来的计算模式可能会更加融合。例如,在云计算环境中,数据中心内部可能采用集中式计算架构,而在全球范围内,不同的数据中心之间又可以通过分布式计算模式协同工作,从而提供更强大、更稳定的算力支持。

(3) 云端算力与边缘算力

从计算资源的分布和位置进行划分,算力可分为云端算力和边缘算力。这两类算力是现代计算体系中重要的组成部分。

① 云端算力:依托于大型数据中心,为用户提供强大的计算能力和存储资源。它的优势在于计算资源丰富,可随时按需扩展,并支持大规模数据处理和人工智能模型训练。例如,企业可以利用云计算平台进行数据分析、AI 模型训练,甚至部署智能客服系统,而不需要自行购买和维护昂贵的计算设备。

② 边缘算力:将计算任务从远程云端数据中心转移到更接近数据源的本地设备或边缘服务器上,如智能手机、智能摄像头、无人机等。它的主要优势在于能够有效降低数据传输延迟,提高实时处理能力。例如,在自动驾驶场景中,车辆必须实时处理传感器数据并做出决策,如果完全依赖云端计算,数据传输的延迟可能会导致安全风险。因此,自动驾驶汽车通常依赖于边缘计算技术实施本地决策,仅在必要时才与云端进行通信。

▲图 2.3.2 云端算力与边缘算力

问题探究

若需设计一款可实现实时翻译功能的 App,能够将外语对话实时转换为中文并显示在屏幕上,在云端算力与边缘算力之间,你会如何选择?为什么?

在众多应用场景中,云端算力与边缘算力相辅相成,共同支撑着各类服务的高效运行。例如,在智慧城市系统中,摄像头和传感器可以在本地使用边缘算力进行初步的数据分析,而更复杂的模式识别和长期数据存储则交给云端算力处理。未来,随着 5G 技术的普及和人工智能的发展,云端算力与边缘算力的协同模式将会得到更加广泛的应用,为智能设备和数据处理提供更高效的支持。合理利用不同的算力模式,将为人工智能和大数据应用提供更强大、更高效的计算支撑。

二、了解算力的基础技术

算力的高效释放不仅依赖于硬件设施,还需要网络传输与开发框架的协同支撑。硬件是算力的物理载体,决定算力上限;网络技术实现跨节点数据的高速流通,保障算力协同的工作效率;开发框架则通过算法优化和资源调度,最大化利用硬件性能,释放算力实际价值。

三者形成"计算—连接—调度"的完整技术链,这一技术体系共同构成人工智能时代的算力基础设施,为模型训练、推理与部署等场景提供底层支持。

1. 硬件基础

硬件是支撑人工智能计算的物理载体,其核心构成包含四大模块:计算单元、存储设备、传输组件和能源系统。计算单元以芯片为核心,包括 CPU、GPU、TPU 等通用或专用计算芯片,以及专用 AI 加速卡,负责执行矩阵运算、逻辑推理等核心计算任务(前文已做介绍);存储设备涵盖内存、固态硬盘(SSD)、机械硬盘(HDD)等,承担数据缓存与持久化存储功能,成为制约算力效率的关键因素;传输组件包含 PCIe 总线、NVLink 互联技术等,实现芯片间、设备间的数据高速互通;能源系统则为硬件集群提供稳定电力保障与散热支持。这些硬件通过精密协同,构建起从单机算力到分布式集群的物理基础架构。

2. 网络技术

在算力基础技术中,网络技术扮演着至关重要的角色。它不仅连接着各个计算节点,确保数据的流畅传输,还是实现分布式计算、云计算和边缘计算等先进计算模式的基础。

在分布式算力系统中,计算节点之间需要频繁交换数据,因此,数据的传输速度会影响整体的计算效率。例如,在一个分布式机器学习任务中,多个计算节点需要协同训练模型,每个节点仅处理部分数据。因此,当节点之间交换参数或梯度时,若网络传输速度较低,则可能引发训练延迟现象,甚至出现性能"瓶颈",浪费计算资源。高速网络可以使各个节点高效地同步数据,确保训练过程的流畅性。此外,分布式计算系统通常会采用冗余机制来增加系统的可靠性。这意味着,当某个节点出现故障时,其他节点可以接管它的任务。为了确保系统计算能力能够快速恢复,节点之间必须建立快速且稳定的通信。在故障恢复的过程中,高速网络能够保障数据迅速从备份节点传输至主节点,从而避免出现因数据传输缓慢而引发计算停滞的现象。另外,负载均衡是确保计算资源有效利用的重要机制。在分布式计算中,各个节点会根据负载情况(如计算能力、存储容量、网络带宽等)分配任务。高速网络有助于快速共享负载信息,调整各节点间的任务分配,使资源可以被更加均衡地加以利用。

在云计算和边缘计算中,网络技术均发挥着至关重要的作用。在云计算领域,网络技术使用户能够随时随地通过互联网访问云端的计算资源。而在边缘计算中,高速网络可以支撑大量边缘节点间的协同工作,使得这些边缘节点能够共同处理来自各类传感器、设备或用户的大量数据。通过高速网络的支持,边缘计算能够高效地处理和分析数据,并将重要信息快速反馈给中心节点或用户。

未来,随着技术的不断进步和应用场景的不断拓展,网络技术将为算力系统提供更加高效、智能和安全的支持。

3. 开发框架

前文已介绍,开发框架是一种为开发者提供预定义功能模块和代码库的软件工具包。

它在人工智能和大规模计算中扮演着重要的角色,特别是在支持算力方面。算力的提升不仅依赖于硬件本身的性能,还需要借助合适的开发框架,以实现对硬件资源的高效利用。

近年来,我国人工智能开发框架发展迅速,众多本土框架已在国内外获得了显著的影响力。这些框架不仅贴合中国市场的需求,还针对特定的硬件环境和应用场景进行了优化。下面介绍几款具有代表性的国内开发框架及其特点。

百度的PaddlePaddle(飞桨):中国领先的深度学习框架之一。它的特点是针对工业界和学术界的不同需求,提供了丰富的API(应用程序编程接口)和工具,从初学者到专家都能够高效地开发人工智能应用。PaddlePaddle支持分布式训练、自动化调参等高级功能,尤其在自然语言处理和计算机视觉领域表现突出。此外,它还针对国内硬件平台进行了优化,能够更为充分地发挥国产硬件的算力优势。

华为的MindSpore:特别注重在5G、大数据和AI的融合应用场景中的表现。MindSpore的设计理念是统一AI开发框架,支持端、边、云一体化部署,能够在不同的计算环境中灵活适配。该框架不仅能够高效适配并利用华为旗下昇腾芯片的强大性能,还在AI芯片支持方面展现出诸多创新性成果。此外,它还专注于自动化机器学习领域,能够帮助用户更快速地训练和优化模型。

阿里巴巴的Aliyun AI:更多地集中在大规模云计算平台的应用上,适合大数据处理和企业级应用。通过结合阿里云强大的计算资源,Aliyun AI提供了高效的分布式训练和推理服务,广泛应用于电商、金融、医疗等多个行业。它的特点是与阿里云的生态系统高度整合,便于用户在云平台上进行无缝操作和资源管理。

国外的人工智能开发框架发展较早,已形成了多种成熟且应用广泛的开源框架。这些框架通常由大型科技公司或研究机构主导开发,具备强大的计算能力、灵活的编程接口,并且在全球范围内被广泛使用。下面介绍几款国外主要的开发框架及其特点。

TensorFlow:由谷歌开发的深度学习框架,是全球知名的AI开发框架。它的特点是支持大规模分布式训练,并且可以在各种硬件平台上运行,包括GPU、TPU和移动设备。TensorFlow提供了丰富的工具库,如Keras(用于快速构建神经网络)和TensorFlow Lite(用于移动端和嵌入式设备)。由于其强大的生态系统和丰富的社区资源,TensorFlow在学术研究和工业生产环境中得到了广泛应用。

> **问题探究**
>
> 为什么有些智能语音助手响应迅速,而另一些却总是卡顿?这一差异背后,算力又发挥着怎样的作用?

PyTorch:由Meta(原Facebook)开发的另一款深度学习框架,以灵活性和易用性著称。与TensorFlow相比,PyTorch更符合Python语言风格,研究人员和工程师能够更直观地进行实验和模型调试。PyTorch支持动态计算图功能,允许开发者在模型运行时改变其结构,因此特别适用于研究和创新领域。

三、理解算力在人工智能中的应用

算力在人工智能中的应用无处不在,它是推动 AI 技术发展的关键因素之一。从简单的机器学习任务到复杂的深度神经网络训练,算力的强弱直接决定了人工智能系统的表现和效率。现代的人工智能技术依赖于大规模的数据处理和复杂的算法模型,而这些都需要强大的算力支持。

1. 模型训练

模型训练是人工智能中至关重要的一部分,它通过不断调整模型的参数,使其更好地执行特定任务。然而,这一过程通常需要大量的计算资源,因此对算力的需求极高。随着人工智能技术的发展,尤其是深度学习模型的复杂性不断增加,模型训练对算力的需求也越来越大。

(1) 大规模模型训练

首先,大规模模型训练需要处理大量的数据和复杂的计算任务。深度神经网络,尤其是那些包含大量层次和参数的模型,通常需要在海量数据上进行训练。训练这些模型涉及大量的计算操作,如矩阵乘法、反向传播等。每一轮训练都可能需要处理数百万甚至数十亿个数据点,并需要经过多次迭代来优化调整数百万到数十亿量级的参数。因此,当算力不足时,训练过程将变得非常缓慢,甚至可能无法完成。这对传统的计算机硬件提出了极大的挑战,尤其是在处理能力和内存带宽方面。为了满足这些需求,GPU 和 TPU 等专门为深度学习设计的硬件设备被广泛应用。这些硬件通过并行计算的方式,大幅提升了训练速度。

此外,算力的需求还与训练时间密切相关。大规模模型的训练往往需要几周甚至几个月的时间。对于研究人员和企业而言,训练时间的长短将直接影响研究进度和产品上线周期。同时,长时间的训练不仅增加了硬件的使用成本,还可能带来能源消耗的问题。对于这一问题,国产大模型 DeepSeek 有了突破性的进展,其高效的算法极大地降低了模型训练对算力的要求,同时也降低了训练成本。根据相关数据显示,以 2024 年底推出的大模型 DeepSeek V3 为例,其训练数据规模达到 14.8 万亿高质量"词汇单元"(token)的整个过程仅需 280 万个 GPU 小时。相比之下,LLama 3(Meta 开发的一款大语言模型)则耗费了 3 080 万个 GPU 小时,几乎是 DeepSeek V3 所需时间的 11 倍。

总的来说,大规模模型训练对算力的需求和挑战是多方面的,涵盖了硬件、存储、计算资源调度、能源消耗等多个领域。随着人工智能技术的不断进步,如何提升算力、优化训练过程以及减少资源消耗,将是未来人工智能研究和应用中亟待解决的关键问题。

(2) 分布式训练

随着模型规模的不断扩大,单一设备的算力已无法满足需求。因此,企业和研究机构开始采用分布式训练方法,利用多个计算节点共同完成模型的训练。分布式训练主要有两种常见的方式:数据并行和模型并行。它们各有特点,适用于不同的场景。

数据并行是指将整个数据集分成多个小块,然后把这些小块分配给不同的计算设备(如多个GPU或计算节点)。每个设备负责处理数据的一个子集,在训练的每一步中,所有设备都会采用相同的模型架构,但仅对各自分配的数据子集进行计算。计算结束后,所有设备会将它们各自计算得到的参数梯度(即模型更新的方向和幅度)汇总,然后更新模型参数。这样,通过并行处理多个数据块,训练速度便可得到提升。数据并行的实现方式相对简单,因为每个计算设备上的任务是独立的,主要的挑战在于如何高效地进行参数的同步和通信。数据并行适用于单设备可容纳的模型或需要加速大规模处理的场景。

与数据并行不同,模型并行则是将整个模型分割成多个部分,分配到不同的计算设备上进行计算。每个设备负责计算模型的一部分,并且这些设备之间需要相互合作,共同完成整个模型的训练。比如,在一个神经网络中,可能会将前几层的计算任务分配给一台设备,而将后几层的计算任务分配给另一台设备,计算过程是按顺序逐步进行的。这样,单个设备就无需存储整个模型,从而能够处理规模更大的模型。然而,模型并行的实现比数据并行要复杂,因为设备之间需要频繁地交换中间结果,以保持各部分计算的顺序正确且同步。模型并行适用于模型参数量超过单个设备存储容量的情况。

实际上,数据并行和模型并行也可以结合使用。对于一些规模特别庞大的模型,既可以在每台设备上处理不同的数据,又可以将模型划分成多个部分,分别部署在不同的设备上进行计算。这样可以更好地利用计算资源,加速训练过程。

2. 推理与部署

在人工智能的世界里,模型就像一个聪明的"大脑",通过学习大量的数据来获得解决问题的能力。但如果这个"大脑"仅停留在实验室里,它就无法发挥其真正的作用。为此,模型需要"走出去",应用到实际场景中,这就是模型的推理与部署。

模型的推理,可以看作是"大脑"在思考。当我们给模型一个新的问题时,它会根据之前学到的知识进行分析和判断,最终给出答案。这个过程需要消耗一定的计算资源,就像我们思考问题时需要消耗脑力一样。

模型的部署,就是把"大脑"安装到实际的应用场景中。比如,可以将一个图像分类模型部署到智能手机上,使其能够实时识别照片中的物体。部署的过程需要考虑到很多因素,如设备的性能、网络的稳定性等。它们之间的关系,可以用一个简单的公式来表示。

$$模型推理与部署 = 算力 + 算法 + 工程能力$$

也就是说,模型的推理和部署不仅需要强大的算力,还需要优秀的算法和专业的工程能力。理解模型的推理与部署过程,以及它们与算力的关系,可以帮助我们更深入地了解人工智能的应用。

四、了解云计算平台

云计算平台是硬件基础、网络技术、开发框架等基础技术的集成体现。通过虚拟化、资源池化等技术,将分散的算力资源转化为可弹性调用的服务,最终支撑上层人工智能应用。

目前,全球存在多个主流云计算平台,它们能够提供计算、存储、人工智能等多种服务,在企业运营、科研创新和个人开发实践等领域均得到广泛应用。

阿里云:中国市场占有率较高的云计算平台,同时也是全球领先的云服务提供商之一。它在电商、金融和人工智能等领域具有优势,广泛应用于企业和政府机构。阿里云的核心服务包括 ECS 云服务器、OSS 对象存储、MaxCompute 大数据计算平台等。

腾讯云:中国另一大云计算平台,广泛应用于社交媒体、游戏、金融科技等领域。腾讯云提供包括计算、存储、人工智能、视频处理在内的多种服务,并与微信、QQ 等腾讯生态系统紧密集成,可用于应用开发和大数据分析。

华为云:华为云在企业级解决方案和 5G 相关技术方面具有优势。它提供计算、存储、人工智能、数据库等云服务,并广泛应用于金融、电信、制造等行业。华为云在全球范围内扩展迅速,是中国云计算市场的重要参与者之一。

亚马逊云服务(Amazon Web Services,AWS):提供的服务种类丰富,包括计算、存储、数据库、人工智能等。例如,AWS 的 EC2 提供弹性云服务器,S3 是一种云存储服务,Lambda 支持无服务器计算。AWS 在全球拥有多个数据中心,广泛用于企业、政府和科研机构。

微软云服务(Mircosoft Azure):具有较强的企业级应用能力。它与微软的 Windows 生态系统深度整合,支持 Office 365、SQL Server 等服务。同时,Azure 也提供人工智能、物联网和大数据分析等服务。

谷歌云平台(Google Cloud Platform,GCP):擅长数据分析、机器学习和人工智能。它的 TensorFlow AI 平台、BigQuery 数据分析服务等,在人工智能和大数据领域具有优势。GCP 还提供计算、存储、数据库等核心云服务,并以高效稳定的网络架构和卓越可靠的性能著称。

这些云计算平台各具特色,用户可以根据自己的需求选择适合的平台。

拓展提高

中国超级计算中心

超级计算中心(以下简称超算中心)作为高性能计算的重要基础设施,在国家科技创新和产业升级中扮演着至关重要的角色,不仅代表了中国的科技实力,更是推动科学研究、工程技术及商业应用发展的关键力量。下面将基于超算中心的背景、分布、作用以及未来发展等维度进行介绍。

随着科学技术的飞速发展,高性能计算已成为推动科技创新和产业升级的重要引擎。为满足国家重大科技项目、重点工程及经济社会发展对高性能计算的需求,科技部已批准成立多个国家超级计算中心,遍布全国各地,形成了较为完善的超算网络,包括天津中心、广州中心、深圳中心、无锡中心等。这些超算中心配备了大规模的超级计算机系统,能够进行复杂的科学计算、模拟和数据处理,为科学家、研究人员、工程师和技术人员提供强大的计算能力支持。此外,国内各超算中心特色鲜明。其中,天津中心作为中国首家国家级超级计算中心,部署有世界领先的"天河一号"和"天河三号"原型机系统;无锡中心拥有世界上首台峰值运算性能超十亿亿次浮点运算能力的超级计算机系统——神威·太湖之光。

超算中心在科学研究、工程技术和商业应用等领域发挥着不可替代的作用。在科学研究领域,它们为科学家和研究人员提供高性能计算能力,加速了天文学、气象学、物理学、生物学等多个领域的模拟与分析过程,进而推动了原始创新能力。在工程技术应用上,超算中心为工程师和技术人员提供强大的计算能力支持,加快了产品研发周期,降低了成本,从而提升了企业的核心竞争力。此外,超算中心还广泛应用于商业金融、数字城市建设、舆情监控、应急智能决策等多个领域,为经济社会高质量发展提供有力支撑。

以国家超级计算天津中心为例,该中心是我国应用范围最广、研发能力最强的超级计算中心之一。它部署有"天河一号"超级计算机,并建立了超算中心、云计算中心、电子政务中心和大数据研发环境。在支撑科技创新方面,天津中心为数千家科研单位、企业、政府机构提供服务,涉及生物医药、基因技术、航空航天、天气预报与气候预测等多个领域。通过高性能计算,天津中心取得了众多国家级、省部级奖励成果,研发了一批具有自主知识产权的应用软件,取得了一批具有国际先进水平的科研成果。

展望未来,国家超算中心将继续发挥重要作用,推动科技创新和产业升级。科技部将通过超算互联网建设,打造国家算力底座,促进超算算力的一体化运营。国家超算互联网将形成技术先进、模式创新、服务优质、生态完善的总体布局,有效支撑原始创新、重大工程突破、经济高质量发展、人民生活品质提高等目标的达成。国家超算中心将为"数字中国"建设提供强有力的支撑,助力中国经济社会高质量发展迈上新台阶。

评价总结

自查学习成果,填写任务自查表,已达成的打"√",未达成的记录原因。

任务自查表

课前准备:____分钟　　课堂学习:____分钟　　课后练习:____分钟　　学习合计:____分钟

学习成果	已达成	未达成(原因)
理解算力的定义、类型及其在人工智能中的核心地位		
了解算力的基础技术		

续　表

学习成果	已达成	未达成(原因)
能够根据任务需求选择合适的算力平台		
能够初步评估常见设备的算力		
具备算力意识和工程素养		

课后练习

一、填空题

(1) 在人工智能领域,算力特指执行_____、_____、_____等过程所需要的计算资源。

(2) 在芯片类型的选择上,日常计算、逻辑运算,可以选择_____,因为它足够灵活,且能耗低。如果是 AI 训练或大规模计算,可以选择_____,因为它的并行计算能力强,适用于神经网络训练。

(3) 根据计算资源的组织方式,算力可以分为_____和_____两种类型。

(4) 对于大规模数据分析、云计算服务等场景,_____算力更为合适,因为它可以充分利用_____的计算能力,提高计算效率,并降低单点故障的风险。

(5) _____在分布式算力中的作用至关重要,它直接影响了_____之间的数据传输效率、计算任务的协同处理速度,以及系统的整体性能。

二、实践题

测一测设备的算力

1. 实践准备

(1) 一台计算设备(PC、笔记本、手机等)。

(2) Python 编程环境(如 Thonny、Jupyter Notebook,或本地安装 Python)。

2. 实践步骤

(1) 计算 1 到 1000 万的总和。在不同设备(不同的 PC 或手机)搭载的 Python 环境中运行以下 Python 代码,计算 1 到 1000 万的总和,并记录代码的运行时间。

```python
import time

start_time = time.time()    # 记录开始时间
total = sum(range(1, 10000001))    # 计算 1 到 1000 万的总和
```

```
5    end_time = time.time()    # 记录结束时间
6    print(f"计算结果: {total}")
7    print(f"计算耗时: {end_time - start_time:.6f} 秒")
```

示例电脑(CPU 型号 i5 - 6 500 @ 3.20 GHz、内存 8 GB)上的运行结果,如图 2.3.3 所示。

```
>>> %Run -c $EDITOR_CONTENT
计算结果:50000005000000
计算耗时:0.706749 秒
>>>
```

▲图 2.3.3　示例电脑运行结果

你的运行结果:_____秒。算力更强的设备是:□你的设备　□示例电脑

(2)计算斐波那契数列。输入以下代码,使用递归方式计算斐波那契数列的第 35 项,并记录运行时间。

```Python
1   import time
2
3   def fibonacci(n):
4       if n <= 1:
5           return n
6       else:
7           return fibonacci(n - 1) + fibonacci(n - 2)
8
9   start_time = time.time()
10  result = fibonacci(35)    # 计算第 35 项斐波那契数
11  end_time = time.time()
12
13  print(f"斐波那契第 35 项: {result}")
14  print(f"计算耗时: {end_time - start_time:.6f} 秒")
```

示例电脑上的运行结果,如图 2.3.4 所示。

```
>>> %Run -c $EDITOR_CONTENT
斐波那契第 35 项:9227465
计算耗时:4.168168 秒
>>>
```

▲图 2.3.4　示例电脑运行结果

你的运行结果：_____秒。算力更强的设备是：□你的设备　□示例电脑

(3) 设备对比实验。在不同设备上运行相同的代码(如在笔记本电脑和手机上)，观察计算所需时长的差异，并思考计算速度不同的原因(提示：可从 CPU 性能、内存大小等角度思考)。

(4) 回答问题：为什么计算 1 到 1 000 万的总和很快，而计算斐波那契数列很慢？

Artificial
Intelligence

项目 3
认知人工智能的应用技术

项目导引

随着科技的飞速发展,人工智能正逐渐渗透到我们生活的各个领域。在当今这个数字化时代,了解人工智能的应用技术变得至关重要。本项目将深入探讨计算机视觉、自然语言处理、智能语音语义、机器学习、知识图谱以及人工智能芯片等领域的核心内容。

学习本项目将有助于我们紧跟科技发展潮流,更好地理解人工智能在不同领域的应用,为未来的职业发展和生活带来更多机遇。同时,掌握这些技术不仅能提高生产效率、改善生活质量,还能为推动各行业的智能化发展贡献力量,具有重大的现实意义。

任务 1
认识计算机视觉

学习目标

知识目标
- 理解计算机视觉的定义及其核心原理
- 理解计算机视觉的基础知识,包括图像的数字化表示、图像的数字化过程以及图像增强等
- 掌握计算机视觉的主要任务,包括图像分类、目标检测、语义分割、实例分割和目标追踪等

能力目标
- 能够运用计算机视觉工具完成图像和视频的生成
- 能够运用计算机视觉工具完成图像的处理和分析等任务(如车牌识别)

素养目标
- 对计算机视觉技术充满兴趣,积极学习和探索新的技术与应用
- 在学习和运用计算机视觉技术解决问题的过程中,培养问题解决能力和创新思维

任务情境

一天,小李在校园里聆听了一场以"计算机视觉技术如何改变交通管理"为主题的讲座。讲座中提到了利用计算机视觉技术识别行驶车辆的车牌号,以提高交通管理的效率和安全性。这让小李对计算机视觉在交通领域的应用充满了好奇与憧憬。

某天,当小李在学校附近看到来来往往的各种车辆时,脑海中突然浮现出一个想法:自己能否运用计算机视觉工具生成行驶车辆的图片,然后将这些图片制作成视频,并识别其中的车牌号。请帮助小李完成这项任务。

知识学习

一、认识计算机视觉

1. 计算机视觉的定义

在生理学上,视觉的产生始于视觉器官感受细胞的兴奋,并经视觉神经系统加工后形成。人类通过视觉直观地了解眼前事物的形状和状态,完成做饭、越过障碍、读路牌、看视频等日常行为。对于人类来说,视觉无疑是非常重要的一种感官体验。不仅人类是"视觉动物",对于大多数动物而言,视觉同样起着十分重要的作用,如图 3.1.1 所示。通过视觉系统,

人和动物能够感知外界物体的大小、明暗、颜色及动态变化,从而获得对机体生存具有重要意义的各种信息。基于这些感知信息,人和动物得以认知周围环境的状态,并据此判断如何与外界进行互动。

然而,在计算机视觉技术出现之前,图像对计算机来说如同"黑盒"一般,无法被理解和处理。对计算机而言,一张图像仅仅是一个文件,或是一串数据。计算机并不知道图片里的

▲ 图 3.1.1　视觉动物

内容究竟是什么,而只知道这张图片的尺寸、所占内存和格式等信息,如图 3.1.2 所示。

若计算机与人工智能要在现实世界中发挥重要作用,就必须具备理解图像的能力。正因如此,过去半个世纪以来,计算机科学家们一直在想办法让计算机也拥有视觉,这一努力催生了"计算机视觉"领域。

计算机视觉是一门研究如何使计算机通过数字图像或视频数据来获取、处理和理解视觉信息的科学与技术。它涉及计算机科学、数学、物理学、工程学等多个学科领域,目标是让计算机能够像人类一样"看"世界,并从中识别出物体、场景、动作等各种视觉元素,进而做出相应的决策和行动。

计算机能够拍摄出具有惊人保真度和细节的照片,因此,从某种角度上来说,计算机的人工"视觉"比人的生物视觉能力强得多。然而,正如我们平日所说的"听见不等于听懂"一样,"看见"也不等于"看懂"。若想让计算机真正地"看懂"图像,那就不是一件简单的事情了。计算机视觉是一个复杂的领域,其核心原理主要包括图像处理、特征提取和机器学习。这些原理相互关联,共同构成了计算机能够理解和分析图像信息的基础。

▲ 图 3.1.2　图像属性(计算机所了解到的图像信息)

① 图像处理。通过对原始图像进行预处理,即突出关键信息并抑制不必要的干扰,提高后续分析的效果。这一过程涉及的常见技术包括图像增强、去噪和滤波等。

② 特征提取。利用算法(如边缘检测、角点检测和特征点提取)从那些经过处理的图像中提取具有代表性的特征。这些特征能够用于描述图像内容,为后续的目标识别与跟踪奠定基础。

③ 机器学习。运用机器学习,特别是深度学习技术,对提取的特征进行学习和训练,以实现计算机对图像内容的理解与识别。

计算机视觉技术的应用范围非常广泛。例如,在人脸识别、自动驾驶及医学影像分析等领域,计算机视觉技术不仅提升了人们的工作效率,还优化了决策过程,展现出广阔的发展前景。

2. 计算机视觉的基础知识

（1）图像的数字化表示

图像数字化是指将客观世界中的一幅模拟图像（画面）转换为计算机能够识别、存储与处理的数字图像的过程。数字图像由二维元素组成，每一个元素具有一个特定的位置坐标(x,y)和幅值$f(x,y)$，这些元素被称为像素，如图3.1.3所示。

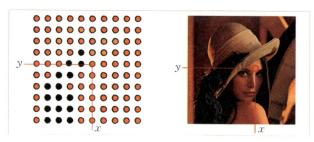

▲图3.1.3　图像像素

其中，幅值$f(x,y)$指的是每个像素所代表的颜色值或亮度值。将一幅数字图像（F）左上角像素的中心点作为坐标系原点，记作$f(0,0)$，那么一幅大小为$m \times n$（高×宽）的数字图像，可以用如图3.1.4所示矩阵来表示。

$$F = \begin{bmatrix} f(0,0) & f(0,1) & \cdots & f(0,n-1) \\ f(1,0) & f(1,1) & \cdots & f(1,n-1) \\ \vdots & \vdots & \vdots & \vdots \\ f(m-1,0) & f(m-1,1) & \cdots & f(m-1,n-1) \end{bmatrix}$$

▲图3.1.4　数字图像矩阵

数字图像根据灰度级数的差异可以分为：黑白图像、灰度图像和彩色图像。

① 黑白图像：幅值为0或1，0表示白，1表示黑，如图3.1.5所示。

$$I = \begin{bmatrix} 1 & 0 & 0 \\ 0 & 0 & 1 \\ 1 & 1 & 0 \end{bmatrix}$$

▲图3.1.5　黑白图像

② 灰度图像：幅值在0到255之间，表示不同的灰度级，如图3.1.6所示。

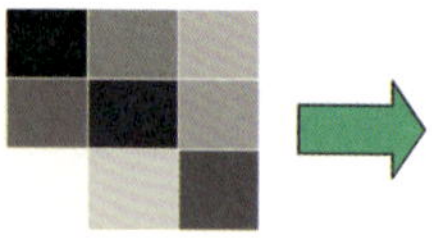

$$I = \begin{bmatrix} 0 & 150 & 200 \\ 120 & 50 & 180 \\ 250 & 220 & 100 \end{bmatrix}$$

▲图3.1.6　灰度图像

③ 彩色图像：由 RGB（红色、绿色、蓝色）三个颜色通道组成，每个通道的幅值在 0 到 255 之间。一幅彩色图像，通常需要三个独立的矩阵来表示，分别对应每个颜色通道的幅值。这三个矩阵可以合并成一个三维矩阵，其中每个维度代表一个颜色通道，如图 3.1.7 所示。

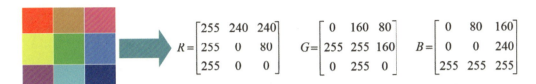

▲图 3.1.7　彩色图像

(2) 图像的数字化过程

图像的数字化过程包括采样和量化两个关键环节。

采样是在空间上对连续的图像信号进行离散化的过程。采样可以降低图像的数据量，提高处理效率。如果不进行采样，直接对连续的图像信号进行处理，那么所需要处理的数据量将会非常庞大，很可能会超出计算机的处理能力。通过采样，可以将图像离散化为有限个像素点，这样能大大降低数据量，使计算机可以更高效地处理图像，如图 3.1.8 所示。在采样时，若横向的像素数（列数）为 m，纵向的像素数（行数）为 n，则图像总像素数为 $m \times n$ 个像素。一般来说，采样间隔越大，所得图像的像素数量就越少，这会导致空间分辨率降低，图像质量变差。在极端情况下，甚至会出现马赛克效应。相反，采样间隔越小，图像的像素数量就越多，空间分辨率提高，图像质量也相应提升。然而，这也意味着所需处理的数据量会增大。

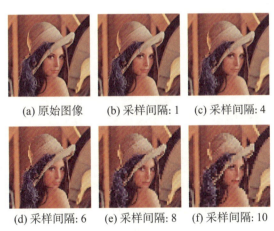

(a) 原始图像　(b) 采样间隔: 1　(c) 采样间隔: 4

(d) 采样间隔: 6　(e) 采样间隔: 8　(f) 采样间隔: 10

▲图 3.1.8　图像采样（将图像离散化为有限个像素点）

量化是在幅度上对采样得到的图像信号进行离散化的过程，即将每个像素点的亮度值或颜色值划分成有限个等级，并将其转换为对应的数字代码。具体过程为：①确定量化的等级数，即确定每个像素点的亮度值或颜色值可以取的不同数值的数量。②将每个像素点的亮度值或颜色值映射到相应的量化等级上，并将其转换为数字代码。例如，如果量化等级数为 256，则每个像素点的亮度值或颜色值可以取 0 到 255 之间的整数，每个整数对应不同的亮度或颜色强度。量化的等级数决定了图像的质量和数据量。量化等级数越多，图像的质量就越高，但相应地，所需的数据量也会增大；反之，量化等级数越少，图像的质量就会降低，而所需的数据量也会相应减少，如图 3.1.9 所示。在实际应用中，需要根据具体情况选择合适的量化等级数，从而实现图像质量与数据量之间的有效平衡。

(a) 原始图像　　(b) 量化等级：2　　(c) 量化等级：4

(d) 量化等级：6　　(e) 量化等级：8　　(f) 量化等级：10

▲图 3.1.9　图像量化（量化等级越高，图片质量越高）

(3) 图像增强

随着计算机视觉技术的快速发展，图像增强作为其中的一个重要环节，在图像质量改善和信息提取方面发挥着不可或缺的作用。通过图像增强技术，能够改善图像的视觉呈现效果，提升计算机对图像的判读能力，为后续的图像分析与处理打下坚实的基础。图像增强技术可以根据不同的应用需求，对图像进行有针对性的处理，以突出某些有用信息，并抑制不需要的信息，从而提升图像的使用价值。

在数字图像处理中，图像增强技术主要分为两大类：空间域增强和频率域增强。空间域增强是直接对图像的像素进行处理，以达到增强效果；频率域增强则是对图像经傅里叶变换（这是一种将图像从空间域转换为频率域的数学方法，用于将图像分解成不同频率的成分）后的频谱成分进行处理，然后通过傅里叶逆变换还原出所需的图像。简而言之，空间域增强意味着直接在像素层面进行操作，而频率域增强则需要先将图像转换到频率域，再进行处理。

一般来说，空间域增强的计算效率会更高。在众多空间域图像增强技术中，直方图均衡化和图像滤波是较为经典且常用的方法。其中，直方图均衡化是通过拉伸像素强度分布来提高图像对比度的。如图 3.1.10(a) 所示，图像中的大部分像素可能均集中在较暗的区域，导致图像整体偏暗且对比度低。然而，在经过直方图均衡化后，这些像素会被重新分配到更广泛的灰度级上，使得图像中既有较暗的像素，也有较亮的像素，从而提升图像的对比度，如图 3.1.10(b) 所示。图 3.1.11 展示了图像经直方图均衡化处理前后的统计数据对比。结果显示，经过处理后，图像的像素值分布更加均匀，且覆盖了整个灰度范围，从而增强了图像的对比度和细节表现。

(a) 原始图像　　　　　　　(b) 均衡化后的图像

▲ 图 3.1.10　直方图均衡化

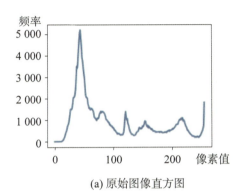 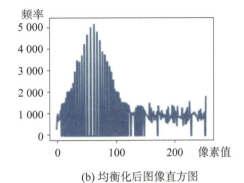

(a) 原始图像直方图　　　　　　　(b) 均衡化后图像直方图

▲ 图 3.1.11　直方图统计数据对比

图像滤波是通过卷积运算的方式对图像进行空间域增强的方法,即在尽量保留图像细节特征的条件下对目标图像的噪声进行抑制。图像噪声是指在图像采集、传输或处理过程中引入的非期望信号干扰,表现为图像中出现的随机或规律性异常像素值变化。这些信号会导致图像质量下降,影响计算机对图像信息的准确获取和分析。常见的图像噪声包括高斯噪声(一种

概率密度函数服从正态分布的随机噪声,在图像中常表现为无规律的像素值扰动)、椒盐噪声(一种在图像中随机出现的黑白点噪声)等。通过图像滤波处理,这些噪声能够被有效抑制和消除。常见的图像滤波算法主要分为线性滤波和非线性滤波两种。其中,线性滤波算法包括均值滤波、高斯滤波等;非线性滤波算法包括中值滤波、自适应滤波器等。不同的算法适用于不同的图像处理场景,处理效果对比如图 3.1.12 所示。下面主要介绍其中的均值滤波、高斯滤波和中值滤波。

(a) 原始图像　　　　(b) 均值滤波

(c) 高斯滤波　　　　(d) 中值滤波

▲ 图 3.1.12　图像滤波处理效果对比

- 均值滤波是一种简单的线性滤波方法,它将目标像素周围一定范围内的像素灰度值的平均值作为新的像素值。均值滤波对去除高斯噪声效果较好,但会使图像变得模糊。
- 高斯滤波是一种线性平滑滤波方法,它通过设置不同参数的卷积核来模拟高斯函数,

从而对目标像素周围的像素灰度值进行加权平均。高斯滤波可以有效地平滑图像,同时保留图像的边缘信息。

● 中值滤波是一种非线性滤波方法,它将目标像素周围的像素灰度值进行排序,然后取其中值作为新的像素值。中值滤波适用于去除椒盐噪声等突发性噪声。

图像滤波处理效果的好坏将直接影响后续图像处理和分析的有效性及可靠性,是图像预处理中不可缺少的操作。

3. 计算机视觉的主要任务

一般而言,计算机视觉的典型任务可以归纳为以下几个关键领域。这些任务不仅体现了计算机视觉技术在多种应用场景中的核心价值,也构成了计算机视觉研究与实践的核心范畴。

（1）图像分类

图像分类是计算机视觉中的基本任务。它的目标是将输入的图像分配到一个预先定义的类别中。通过图像分类任务,计算机能够识别出图像中的各类物体。图像分类通常需要使用大量的标注数据进行训练,以学习图像中的特征和模式。深度学习技术在图像分类任务中取得了巨大的成功,目前其准确率已达非常高的水平。图像分类在许多领域都有着广泛的应用。例如,安防领域的人脸识别和智能视频分析,交通领域的交通场景识别,互联网领域基于内容的图像检索和相册自动归类,以及医学领域的图像识别。

（2）目标检测

目标检测是在图像或视频中,确定预先定义的特定目标的位置和类别。与图像分类不同,目标检测不仅要确定图像中的物体是什么,还要确定物体在图像中的位置,并给出每个目标的具体类别。目标检测在安防监控、智能交通等领域有着广泛的应用。例如,在交通监控中检测车辆和行人的位置,以便进行交通流量统计和违规行为检测。如图 3.1.13 所示,在单类别目标检测中,计算机用边框标记出了图像中所有人的位置。另外,在执行多类别目标

▲图 3.1.13　单类别目标检测

检测任务时,计算机一般会使用不同颜色的边框对检测到的不同物体的位置进行标记,如图3.1.14所示。

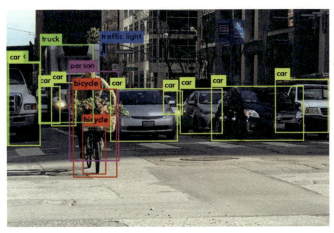

▲图 3.1.14　多类别目标检测

(3) 语义分割

语义分割是将图像中的每个像素分配到一个特定的类别中,以实现对图像的像素级理解。它将整个图像分成若干像素组,然后对像素组进行标记和分类。如图 3.1.15 所示,计算机把图像分为人(红色)、树木(深绿)、草地(浅绿)、天空(蓝色)四类像素组并进行标记。与目标检测相比,语义分割更加精细,可以提供更详细的图像信息。语义分割在医疗图像分析、自动驾驶等领域有着重要的应用。

▲图 3.1.15　语义分割

(4) 实例分割

实例分割是在语义分割的基础上,进一步区分同一类别中的不同个体。实例分割是目标检测与语义分割的结合,它首先在图像中将目标检测出来(目标检测),然后为每个像素打标签(语义分割)。对比图 3.1.15 与图 3.1.16 可见,如以人为目标,语义分割不区分属于相同类别的不同实例（所有人都标为红色），而实例分割则区分同类中的不同实例（使用不同颜色区分不同的人）。实例分割在视频监控、虚拟现实等领域有着广泛的应用。

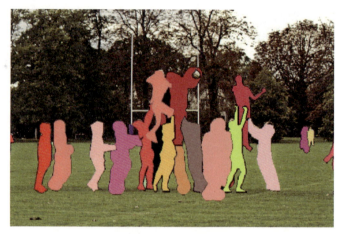

▲图 3.1.16　实例分割

（5）目标追踪

目标追踪用于追踪随着时间不断移动的对象。它利用连续视频帧作为输入，从而获取目标的运动轨迹和状态变化。也就是说，计算机通过对图像序列中的运动目标进行检测、提取、识别和跟踪，获得运动目标的运动参数，并进行处理和分析，从而实现对运动目标行为模式的理解，以完成更为复杂的高级检测任务。例如，计算机可以跟踪监控视频中特定人物的行动，如图 3.1.17 所示。

> **问题探究**
>
> 在我们的生活中，计算机视觉技术可谓无处不在。请列举一些自己在日常生活中遇到的计算机视觉技术应用场景。

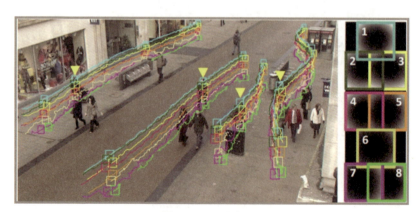

▲图 3.1.17　目标跟踪

二、了解计算机视觉的发展历程

计算机视觉作为一门充满活力且不断创新发展的学科，自 20 世纪 50 年代以来经历了漫长而精彩的发展历程。

1. 萌芽阶段（20 世纪 50 年代）

1959 年，神经生理学家大卫·休伯尔和托斯坦·维泽尔开展了一项针对猫视觉系统的实验。他们首先麻醉并固定了猫，然后利用投影仪，在猫眼前的屏幕上投射出各种形状、方向和运动状态的光刺激。接着，他们将微电极插入猫纹状皮层，定位单个神经元，并记录这些神经元在不同视觉刺激下的电活动信号。通过不断调整光刺激的参数来描绘神经元的感受野。这项研究首次揭示了视觉初级皮层神经元对移动边缘刺激的敏感性，并发现了视功能柱结构，为视觉神经科学研究奠定了坚实的基础。这一发现不仅在当时具有重要意义，而且促成了四十年后计算机视觉技术的突破性发展，并为深度学习领域奠定了理论基础。

2. 探索阶段（20 世纪 60 年代）

1965 年，劳伦斯·罗伯茨在《三维固体的机器感知》一书中描述了从二维图片中推导三维信息的过程，这本书被广泛认为是现代计算机视觉的奠基性著作之一。劳伦斯·罗伯茨开创了以理解三维场景为目的的计算机视觉研究方向。他设计的计算机程序首先将数字图像转化为线条图，进而将图像中的物体拆解为基本几何形状的组合；随后，程序在知识库中检索对应的视角投影，并将这些投影与待识别图像进行比对匹配，具体流程如图 3.1.18 所示。

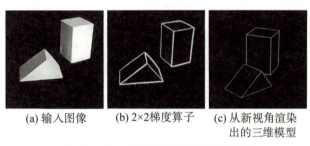

(a) 输入图像　　(b) 2×2 梯度算子　　(c) 从新视角渲染出的三维模型

▲ 图 3.1.18　三维固体的机器感知过程

3. 理论构建阶段（20 世纪 70 年代）

1977 年，大卫·马尔在麻省理工学院（MIT）人工智能实验室提出了计算机视觉理论。该理论成为当时计算机视觉领域的重要理论框架，不仅为该领域构建了系统的理论体系，还对计算机视觉技术的发展产生了深远且重要的推动作用。

4. 独立学科形成阶段（20 世纪 80 年代）

1980 年，日本计算机科学家福岛邦彦受到大卫·休伯尔和托斯坦·维泽尔研究的启发，建立了自组织的人工神经网络——"神经认知机"（Neocognitron）。这是神经网络的雏形，为现代卷积神经网络提供了最初的范例和灵感来源。1982 年，大卫·马尔发表了具有影响力的论文《愿景：对人类表现和视觉信息处理的计算研究》，并出版了《视觉》一书，这标志着计算机视觉成为一门独立学科。1989 年，法国人工智能专家杨立昆将后向传播风格学习算法应用于福岛邦彦的卷积神经网络结构中，从而发布了"LeNet - 5"模型（一种用于手写体字符识别的卷积神经网络,如图 3.1.19 所示),为现代卷积神经网络的发展奠定了基础。当下,卷积神经网络已成为图像、语音和手写识别系统中的重要组成部分。

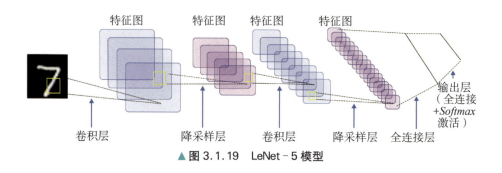

▲ 图 3.1.19　LeNet-5 模型

5. 发展繁荣阶段（20 世纪 90 年代）

1997 年,吉腾德拉·马利克发表了一篇论文,描述了他试图解决感性分组的问题。他试图让机器使用图论算法将图像分割成合理的部分(自动确定图像上的哪些像素属于同一类,并将物体与周围环境区分开来)。1999 年,大卫·洛发表《基于局部尺度不变特征(SIFT 特征)的物体识别》一文,标志着研究者开始停止通过创建三维模型来重建对象,而是转向基于特征的对象识别。1999 年,英伟达公司在推广 GeForce 256 芯片时,提出了 GPU 的概念。GPU 是专门为执行复杂并行计算而设计的数据处理芯片。GPU 的广泛应用推动了游戏、图形设计及视频等行业的发展,催生了众多高画质游戏、高清图像和视频。

6. 深度学习助力阶段（21 世纪初期至今）

21 世纪初期,图像特征工程领域出现了真正拥有标注的高质量数据集。2009 年,李飞飞等人发布了 ImageNet 数据集,推动了计算机视觉和深度学习的发展。从 2010 年到 2017 年,基于 ImageNet 数据集的 ImageNet 挑战赛(ImageNet Large Scale Visual Recognition Challenge, ILSVRC)将目标检测算法推向新高度。来自多伦多大学的阿历克斯·克里泽夫斯基等人构建了一个名为 AlexNet 的深度神经网络,并凭借该网络赢得了 2012 年大规模视觉识别挑战赛的冠军。这是获胜团队首次采用基于卷积神经网络的深度学习架构,这一举措标志着深度学习在计算机视觉领域的崛起。2014 年,生成对抗网络被提出,它是计算机视觉领域的重大突破。2017 年至 2018 年,深度学习框架 PyTorch 和 TensorFlow 逐渐趋于成熟,并成为被广泛使用的框架。

> **问题探究**
>
> 计算机视觉作为人工智能的一个重要领域,其发展历程为我们洞察人工智能的整体发展提供了独特视角。请思考:从计算机视觉的发展来看,人工智能目前面临哪些主要挑战?这些挑战对人工智能的进一步发展会产生怎样的影响?

近年来,国内外众多企业纷纷在计算机视觉领域加大研发投入。其中,百度、阿里巴巴和腾讯等公司积极投身于人工智能技术研究,推出了一系列视觉识别和图像处理产品。同时,英伟达凭借其强大的 GPU 计算能力,不断创新视频生成技术,包括基于深度学习的实时图像合成和增强现实应用。这些技术的发展推动了智能监控、自动驾驶以及虚拟现实等多个领域的进步。

三、学会应用计算机视觉工具

1. 可灵 AI

可灵 AI 是一款由我国企业自主研发的视频与图片生成工具。这里介绍如何使用可灵 AI 来快速生成一张图片。

进入可灵 AI 首页,点击"图片生成",在"创意描述"框中填写图片信息,如"帅气小男孩,黑头发,微笑,正脸,全身照,完美光线,漫画,细节清晰,16K"。点击"立即生成",可灵 AI 便会根据指令生成图片,如图 3.1.20 所示。

▲图 3.1.20　AI 图片生成

> **操作探究**
>
> 在使用可灵 AI 生成图片时,垫图(参考图)是否会对生成结果产生影响?下面让我们来操作一下。
>
> (1) 无垫图生成
>
> 步骤 1:在"创意描述"框中输入"美丽的花园,有各种各样的花朵和蝴蝶"。
>
> 步骤 2:选择合适的参数(如图片尺寸、风格等),生成一张图片,保存并观察图片的内容、色彩、构图等特点。
>
> (2) 有垫图生成
>
> 步骤 1:准备一张花园图片作为垫图(参考图),画面中有花朵和蝴蝶。
>
> 步骤 2:在可灵 AI 绘图界面找到垫图功能,上传准备好的花园图片。
>
> 步骤 3:在"创意描述"框中再次输入"美丽的花园,有各种各样的花朵和蝴蝶",保持与之前无垫图时相同的参数,生成一张图片,保存并观察图片。

2. 百度 AI 开放平台

百度 AI 开放平台教程

百度 AI 开放平台(网址：ai.baidu.com)是面向开发者与企业的综合性人工智能技术服务平台,集成了丰富的技术能力。这里将重点介绍该平台文字识别服务体系中的车牌识别功能。点击首页中的"文字识别/车牌识别"选项,上传车牌照片,体验识别效果,如图 3.1.21、图 3.1.22 所示。

▲图 3.1.21　车牌识别服务

▲图 3.1.22　功能演示

在开发产品时,如果需要用到车牌识别功能,可以调用百度 AI 开放平台中的相关技术能力来实现。具体操作步骤如下:

(1) 成为百度 AI 开放平台的开发者

进入百度 AI 开放平台,注册百度账号,成为百度 AI 开放平台的开发者。

(2) 开通文字识别服务

① 领取免费资源。进入控制台,在"产品导览"中选择"文字识别"服务,进入文字识别控制台,如图 3.1.23 所示。点击"概览"标签,完成实名认证,领取免费资源,如图 3.1.24 所示。[1]

▲图 3.1.23　进入文字识别控制台

---

① 说明:百度 AI 开放平台针对免费领取资源的相关要求会不定期更新,具体以平台实际显示内容为准。

▲图 3.1.24　文字识别控制台

② 创建应用。在领取免费资源后，需要创建应用才可正式调用文字识别能力。在如图 3.1.25 所示界面点击"去创建"，出现如图 3.1.26 所示创建界面，填写应用名称，即可完成应用的创建。应用创建完毕后，可以点击左侧导航中的"应用列表"进行查看和管理。如图 3.1.27

▲图 3.1.25　创建应用(1)　　　　　　　▲图 3.1.26　创建应用(2)

▲图 3.1.27　应用列表

所示,可以看到创建完成的 API Key 和 Secret Key。以上两条信息是应用开发的主要凭证,需妥善保管。

(3) 使用文字识别服务

打开 Pycharm 或 JupyterLab 等编辑器,输入以下 Python 代码,填写前面生成的 API Key 和 Secret Key,以及需要识别文字的图片路径,这样便可以利用百度 AI 开放平台的 OCR API 服务对图片进行文字识别。需要识别的文字图片,如图 3.1.28 所示。

百度 AI 开放平台可读取本地图片文件,将其内容转为 base64 编码格式,执行文字识别操作,并输出识别结果。

好好学习,天天向上

▲图 3.1.28　需要识别文字的图片

```python
# encoding:utf-8
import requests
import base64
'''
通用文字识别
'''
API_KEY= "[创建完的应用 API KEY]"    # 替换成应用列表中的 API KEY
SECRET_KEY= "[创建完的应用 Secret KEY]"    # 替换成应用列表中的 Secret KEY

def get_access_token():
    """
    使用 AK,SK 生成鉴权签名(Access Token)
    :return: access_token,或是 None(如果错误)
    """
    url= "https://aip.baidubce.com/oauth/2.0/token"
    params= {"grant_type": "client_credentials","client_id": API_KEY,"client_secret": SECRET_KEY}
    return str(requests.post(url,params= params).json().get("access_token"))

request_url= "https://aip.baidubce.com/rest/2.0/ocr/v1/general_basic"
```

```
'''
二进制方式打开图片文件
其中ImagePath替换成图片路径。如./img/word.png
'''
f= open('ImagePath','rb')
img= base64.b64encode(f.read( ))

params= {"image":img}
access_token= get_access_token( )
request_url= request_url+ "? access_token= "+ access_token
headers= {'content- type': 'application/x-www-form-urlencoded'}
response= requests.post(request_url,data= params,headers= headers)
if response:
    print (response.json( ))

"""
运行结果:{'words_result':[{'words': '好好学习,天天向上'}],'words_result_num': 1,'log_id': 1 833 360 227 340 121 054}
"""
```

任务实施

识别车牌号

第一步 可灵 AI 生成图片

(1) 选择"图片生成",进入图片生成操作界面。
(2) 在"创意描述"框中,输入描述马路上行驶车辆的文字(可以参考可灵 AI 提供的推荐词或示例)。
输入提示词:_____
(3) 其他非必要选项设置。
使用"垫图"功能,上传图片。
设置生成图片的尺寸:_____
设置生成图片的数量:_____
(4) 生成图片。
生成的图片是否满意? □满意 □不满意

第二步 可灵 AI 制作视频

进入"视频生成"界面,选择"文生视频"选项。

(1) 在"创意描述"框中,输入描述马路上车辆动态行驶场景的文字。

输入提示词:＿＿＿＿＿＿＿＿＿＿＿＿＿＿＿＿＿＿＿＿＿＿＿＿＿＿

(2) 其他非必要选项设置。

生成模式:□标准　□高品质

生成时长:＿＿＿＿秒

视频比例:□16∶9　□9∶16　□1∶1

生成数量:＿＿＿＿条

不希望呈现的内容:＿＿＿＿＿＿＿＿＿＿＿＿＿＿＿＿＿＿＿＿

(3) 生成视频。

生成的视频是否满意?□满意　□不满意

第三步 车牌号识别

(1) 注册百度 AI 开放平台账号,在控制台中找到"文字识别"服务,开通车牌识别功能,获取 API Key 和 Secret Key。

API Key:＿＿＿＿＿＿＿＿＿＿＿＿＿＿＿＿＿＿＿＿＿＿＿＿＿＿

Secret Key:＿＿＿＿＿＿＿＿＿＿＿＿＿＿＿＿＿＿＿＿＿＿＿＿＿

(2) 准备一张包含车牌号的图片。

车牌号:＿＿＿＿＿＿＿＿＿＿＿＿＿＿＿＿＿＿＿＿＿＿＿＿＿＿＿

(3) 打开 JupyterLab,在单元格中输入配套素材中的代码,将请求的 URL 修改为:

request_url= "https://aip.baidubce.com/rest/2.0/ocr/v1/license_plate"

(4) 执行代码后,查看 JSON 对象中 number 节点所对应的值,该值即为识别出的车牌号。

车牌号:＿＿＿＿＿＿＿＿＿＿＿＿＿＿＿＿＿＿＿＿＿＿＿＿＿＿＿

拓展提高

OpenCV 和 Tesseract-OCR

利用 OpenCV 和 Tesseract-OCR 工具开展车牌号识别任务,可以提供一种不依赖百度 AI 开放平台的替代性实现方案。OpenCV 可以处理各种类型的图像,且能够适应不同的光照、角度和分辨率。Tesseract-OCR 能够识别多种语言字符,且可通过训练提高对特定字体和字符集的识别准确率,适用于不同地区和类型的车牌识别任务。这两个工具均为开源项目，可免费使用。

此外，OpenCV 和 Tesseract-OCR 也可以与其他技术和工具相结合。例如：结合深度学习模型进行车牌检测，可以提高检测的准确率和速度；与数据库系统结合，可以实现车牌信息的存储与查询，从而为交通管理和安全监控等领域提供有力支持。

评价总结

自查学习成果，填写任务自查表，已达成的打"√"，未达成的记录原因。

任务自查表

课前准备：____分钟　　课堂学习：____分钟　　课后练习：____分钟　　学习合计：____分钟

学习成果	已达成	未达成(原因)
理解计算机视觉的定义及其核心原理		
理解计算机视觉的基础知识		
掌握计算机视觉的主要任务		
能够运用计算机视觉工具完成图像和视频的生成		
能够运用计算机视觉工具完成图像的处理和分析等任务(如车牌识别)		
在学习和运用计算机视觉技术解决问题的过程中，培养问题解决能力和创新思维		

课后练习

在线自测

一、填空题

（1）在交通监控系统中，摄像头能够识别出道路上的车辆、行人等物体，并确定其在画面中的位置，同时给出每个物体的具体类别，如小汽车、公交车、摩托车、行人等。这是计算机视觉的_____任务的应用。

（2）医生所使用的医疗影像分析软件，可以将医学影像中的每个像素分配到特定的类别中，如区分出骨骼、软组织、血管等不同组织。这是计算机视觉的_____任务的应用。

（3）图像的数字化过程包括_____和_____两个关键步骤。

（4）图像滤波中的_____滤波方法适合处理椒盐噪声。

（5）在计算机视觉的发展历程中，_____的提出被认为是计算机视觉领域的重大突破，为图像生成等任务带来了新的发展方向。

二、实践题

1. 文生图创作

（1）选择一个文生图模型（如豆包、通义万相、Kimi 等）。

（2）在提示词输入框中输入主题"未来城市"，设置合适的参数（如画面风格、色彩等），生成一幅图片，并描述生成图片的内容和特点。

2. 图像与文字处理

（1）打开微信，找一张包含文字的图片，长按图片并选择"提取文字"，将文字复制到新文档中，检查文字识别的准确性，并记录遇到的问题。

（2）进入百度 AI 图片助手首页（网站：image.baidu.com），使用"图片编辑"中的"变清晰"功能，尝试修复模糊图片，并对比图片修复前后的效果。

（3）在百度 AI 图片助手中，运用"智能抠图"功能，去除人物照片中的背景，下载新的照片，并将人物置于纯色背景上，观察合成效果。

任务 2
认识自然语言处理

学习目标

知识目标
- 理解自然语言处理的定义及其主要任务
- 了解自然语言处理的应用领域，能够识别其在实际应用中的场景

能力目标
- 能够利用自然语言处理工具，将文字转换成语音

素养目标
- 能够在运用自然语言处理技术解决问题的实践中，培养问题解决能力和创新思维

任务情境

小李特别热爱中国古代文学，他认为古代文学是中华文明的瑰宝，其中蕴含着文人风骨和中华文脉的精神力量。为此，他萌生了一个念头，即制作一系列文学诵读音频，并通过社交媒体进行推广传播，让更多人能够聆听这些文化瑰宝的声音，感受中华文明的独特魅力。

小李注意到，近年来自然语言处理(Natural Language Processing, NLP)和语音合成(Text-to-Speech, TTS)技术取得了飞速发展，这让他看到了实现愿望的可能性。于是，他决定深入学习相关 AI 技术，并利用这些技术将经典文学作品转化为优美的音频文件，让更多人能够聆听经典，感受文学之美，在繁忙的现代生活中领略传统文化的精神力量。

知识学习

一、认识自然语言处理

1. 自然语言处理的定义

自然语言处理是人工智能的一个分支，它致力于使计算机能够理解和处理人类语言。NLP 的目标是让机器能够像人类一样理解并生成语言，从而实现人与机器之间的自然交互。

2. 自然语言处理的主要任务

自然语言处理的核心任务涵盖了从语言的表层结构到深层语义的多个层次，包括词法分析、句法分析、语义理解等基础任务，以及情感分析、机器翻译、问答系统和文本生成等高级

应用。这些任务相互关联,共同构成了自然语言处理的技术体系。

(1) 词法分析

词法分析的主要任务是将文本分解为最小的语言单位——词或词素。词法分析可细分为分词、词性标注、词形还原等具体内容。

① 分词:将连续的文本分割成独立的词语。例如,将"我喜欢学习"分割为"我/喜欢/学习"。

② 词性标注:为每个词标注词性(如名词、动词、形容词等)。例如,将"学习"标注为动词。

③ 词形还原:将词语还原为其基本形式。例如,将"running"还原为"run"。

词法分析作为自然语言处理的基础性环节,其处理质量对后续的句法分析和语义理解具有直接影响。

(2) 句法分析

句法分析旨在分析句子的语法结构,确定词语之间的句法关系。句法分析主要包括短语结构分析和依存关系分析。

① 短语结构分析:将句子分解为短语(如名词短语、动词短语等),并构建句法树。例如,可以将"我喜欢学习"分解为"我"(作为主语)和"喜欢学习"(作为谓语)这两个短语。

② 依存关系分析:分析词语之间的依存关系,如主谓关系、动宾关系等。例如,"喜欢"是谓语,"我"是主语,"学习"是宾语。

句法分析可以帮助计算机理解句子的语法结构,为语义理解提供支持。

(3) 语义理解

语义理解是 NLP 的核心任务,目标是让计算机理解人类语言的意义。它包括词义消歧、语义角色标注和语义表示等内容。

① 词义消歧:确定多义词在上下文中的具体含义。例如,在"小米最近发布了一款新产品"这个句子中,"小米"一词具有多重含义,它既可以指一种谷物,也可以指小米科技公司。然而,根据上下文信息,我们可以很容易地推断出这个句子中的"小米"指的是小米科技公司。因为只有科技公司才会发布新产品,而谷物则不会。这就是一个典型的词义消歧例子。

② 语义角色标注:分析句子中每个词语的语义角色(如施事、受事、时间等)。例如,"我吃苹果"中,"我"是施事,"苹果"是受事。

③ 语义表示:将语言转化为计算机可理解的语义表示形式,如向量、图结构或逻辑表达式。

(4) 情感分析

情感分析是 NLP 的重要任务之一,旨在从文本中提取情感倾向。情感分析主要包括情感分类、情感强度分析和情感对象识别。

① 情感分类:将文本分为正面、负面或中性情感。例如,将"这部电影很棒"归类为正面情感。

② 情感强度分析:量化情感的强度。例如,"非常喜欢"所蕴含的情感强度要高于"喜欢"。

③ 情感对象识别:确定情感针对的对象。例如,在"我喜欢这部电影"中,情感对象是"电影"。

情感分析被广泛应用于产品评论、社交媒体分析等领域。

(5) 机器翻译

机器翻译是 NLP 的经典任务,旨在将一种语言的文本自动翻译为另一种语言。机器翻译主要包括规则- based 翻译、统计机器翻译和神经机器翻译等类型。

① 规则- based 翻译:基于语言学规则和词典进行翻译。

② 统计机器翻译:基于大规模双语语料库,通过统计模型实现文本翻译。

③ 神经机器翻译:使用深度学习模型(如 Transformer)进行翻译,其效果显著优于传统方法。

(6) 问答系统

问答系统旨在基于用户输入的问题,提供准确的答案。问答系统主要包括三种类型:基于规则的问答系统、基于检索的问答系统以及基于生成的问答系统。

① 基于规则的问答系统:通过预定义的规则和模板回答问题。

② 基于检索的问答系统:从知识库或文档中检索答案。

③ 基于生成的问答系统:利用深度学习模型生成答案。

问答系统被广泛应用于智能助手(如百度的小度)、客服机器人等领域。

(7) 文本生成

文本生成是 NLP 的前沿任务,旨在让计算机自动生成自然语言文本。文本生成主要包括以下四个方面。

① 语言模型:通过训练模型预测下一个词,从而生成连贯的文本。例如,文心一言、GPT 系列模型就是该领域的典型应用。

② 摘要生成:从长文本中提取关键信息,生成简短的摘要。

③ 对话生成:生成自然流畅的对话内容,用于聊天机器人场景。

④ 故事生成:生成连贯的故事情节。

文本生成技术被广泛应用于内容创作、自动写作等领域。

3. 自然语言处理的应用案例

(1) 智能客服

阿里小蜜:由阿里巴巴推出的智能客服系统,能够处理海量用户咨询,涵盖订单查询、售后服务等问题,显著提升了客户服务的效率,如图 3.2.1 所示。

百度智能客服:由百度推出的智能客服系统,结合自然语言理解和深度学习技术,为企业提供高效的客户服务支持。

IBM Watson Assistant:企业级智能客服解决方案,被广泛应用于金融、医疗等行业,以帮助企业自动化处理客户咨询。

▲图 3.2.1 阿里小蜜智能客服

(2) 智能写作助手

讯飞绘文：科大讯飞专为内容运营领域开发的一款智能辅助写作工具。它整合了先进的AI技术，提供热点选题推荐、智能写作、自动配图与排版、多平台分发及数据分析等功能。用户可结合私域知识生成个性化内容，适用于自媒体运营、新闻报道、文案策划等多种场景，帮助用户实现更高效的内容创作与管理。

BKAI写作助手：国内领先的AI写作工具，基于GPT-4o模型支持多语言和跨领域文本生成。运用BKAI写作助手，用户可以定制写作风格，实时获取语法纠错、结构优化等建议。例如，BKAI能够协助市场营销团队快速生成广告文案的初步创意，同时确保内容的吸引力和逻辑性，为后续的营销活动策划提供有力支持。

(3) 社交媒体分析

武汉烽火普天ImageQ平台：专注于中文社交媒体数据的语义分析，被广泛应用于舆情监测和公共安全领域。例如，公安系统可以利用ImageQ从海量案件文档中提取关键线索（如涉案人员关系、时间地点关联等），从而辅助刑侦人员快速定位案件特征，提升破案效率。

Facebook(Meta)情感分析系统：利用NLP技术对用户生成内容(UGC)进行情感分析和趋势预测。例如，某服装品牌通过分析用户评论中的情感倾向（如"颜色鲜艳但尺码偏小"）调整产品设计和营销策略，从而提升客户满意度。

(4) 语言学习工具

科大讯飞语音电子病历系统：主要应用于医疗领域，其语音识别技术也被集成至语言学习应用中。例如，科大讯飞的语音合成和声学模型可以纠正用户的发音错误（如区分"r"和"l"），目前已被ELSA Speak等国际语言学习工具集成应用。

Duolingo(多邻国)：通过NLP技术实现个性化语言学习路径规划。Duolingo系统可以分析用户练习中的错误模式（如动词时态混淆），动态生成富有针对性的练习题。例如，针对西班牙语母语者学习英语时常见的介词错误，系统会自动推送强化训练模块。

> **问题探究**
>
> 在探索自然语言处理的广阔领域时，我们不难发现，这项技术已经深度融入我们日常生活的方方面面，从智能助手到社交媒体分析，从医疗诊断到法律文档审查，NLP的应用场景日益丰富。请利用讯飞绘文、BKAI等AI写作工具，撰写一篇用于在社交媒体上宣传美丽家乡的文案。

二、了解自然语言处理的发展趋势

1. 多模态融合

多模态融合是指将文本、图像、语音、视频等多种模态的数据进行联合处理与分析，以提升模型对复杂场景的理解能力。多模态融合的技术方法包括跨模态对齐和模态生成。跨模态对齐是指利用对比学习等手段，实现不同模态特征表示的对齐。模态生成是指借助生成式模型，融合多模态输入进行内容生成。例如OpenAI的DALL·E能够根据文本描述生成图像,这一过程充分展现了从文本模态到图像模态的跨模态转换能力。

多模态融合技术的应用范围十分广泛。以 GPT-4o 为例,它支持文本与图像的混合输入,当用户上传一张冰箱内部的照片时,模型便可识别其中的食材,并据此生成菜谱建议。在医疗诊断领域,模型可以结合医学影像(CT 扫描)与患者病历文本,辅助医生生成综合诊断报告。

2. 轻量化模型

轻量化模型是指在保持模型性能不变的前提下,通过压缩、优化或改进架构来降低模型的计算和存储资源消耗。轻量化模型的技术方法包括知识蒸馏以及模型剪枝与量化。知识蒸馏是指将大模型(教师模型)的知识迁移到小模型(学生模型)中,如 TinyBERT。模型剪枝与量化是指移除冗余参数(剪枝)或降低参数精度(量化)。例如,华为的 PanGu-α Lite 就采用了这种技术,从而实现在手机端的流畅运行。

轻量化模型可以应用于移动端翻译工具。例如,科大讯飞智能翻译可以在手机端实现实时翻译,无须依赖云端服务器。此外,轻量化模型还能应用于智能家居设备中。例如,小米的小爱同学智能音箱采用了轻量化的语音识别模型,能够在本地设备上迅速响应指令。

3. 强化学习赋能 NLP

基于强化学习框架,可通过奖励机制优化模型的决策能力,从而生成更符合预设目标的输出结果。强化学习赋能 NLP 的技术方法包括人类反馈强化学习、任务导向对话系统。其中,人类反馈强化学习通过利用人工标注的偏好数据对模型进行调优(如 DeepSeek 的训练过程)。任务导向对话系统则是在客服场景中,依据用户满意度反馈优化对话策略,以提升交互效果。

强化学习可以应用于 NLP 的众多领域。例如,京东的 JIMI 对话系统,借助强化学习技术,能够生成安全、符合伦理的应答内容。强化学习也被应用于机器翻译的优化过程。例如,微软利用强化学习技术调整翻译模型参数,从而提升低资源语言(如斯瓦希里语)的翻译质量。

4. 可解释性增强

可解释性增强有助于提升模型决策的透明度,使人类能够理解模型的推理过程和预测依据。可解释性增强的技术方法包括注意力可视化、概念激活向量(TCAV)。注意力可视化是指展示 Transformer 模型中各词的重要性权重(如 BERT 的可视化工具)。概念激活向量是指通过用户定义的概念(如"算法公平性")来量化模型决策的影响因素。

可解释性增强技术可以应用于金融风控领域。例如,银行通过使用可解释 NLP 模型分析贷款申请文本,从而明确拒绝理由(如"收入证明不足")。在利用 AI 辅助审查合同时,该技术能够标注出关键的风险条款(如"违约金比例过高"),并提供相应的解释和依据。

5. 跨语言处理

跨语言处理技术使模型能够直接处理多种语言的任务,无须依赖中间语言或单独训练。跨语言处理的技术方法包括多语言预训练模型、零样本学习。多语言预训练模型能够支持多种语言的文本理解和处理。例如,Meta 的 XLM-R 支持 100 多种语言的文本分类和翻译。零样本学习是指模型在未经过特定训练的语言上直接开展推理任务,如 M2M-100 的跨语言翻译。

> **问题探究**
>
> 在探索 NLP 的奇妙旅程中,我们学习了其基本概念和技术,感受到了技术的魅力与潜力。然而,技术的车轮从未停止转动,NLP 也在不断地发展和演进。请分组讨论:NLP 在未来可能迎来哪些新的发展?

跨语言处理技术可被运用于跨境电商客服领域。例如,阿里的多语言客服系统可以自动将中文问答翻译成英语、西班牙语等,以便高效地服务全球用户。此外,跨语言处理技术还可以用于跨国文件处理,即利用跨语言模型对多国提交的文档进行自动翻译和分析,从而提升信息处理的效率。

三、学会应用自然语言处理技术

1. 学习自然语言处理课程

(1) 注册并登录

在搜索引擎中输入关键词"飞桨 AI Studio",找到其官方网站,点击进入飞桨 AI 开放平台的首页(如图 3.2.2 所示),然后完成注册并登录。

▲图 3.2.2　飞桨 AI 开放平台首页

(2) 学习在线课程

在"学习"模块中选择"课程",随后点击"自然语言处理"大类,从中找到你感兴趣的实践课程进行学习,如图 3.2.3 所示。

2. 探索马克配音

马克配音(TTSMaker)是一款 AI 配音工具,它能够基于人工智能算法,将文本高效地转换成音频。TTSMaker 内置了多种不同音色的语音包,供用户灵活选择。

(1) 进入平台

在搜索引擎中输入关键词"TTSMaker",找到其官方网站,点击进入平台首页,如图 3.2.4 所示。

▲ 图 3.2.3　自然语言处理课程学习界面

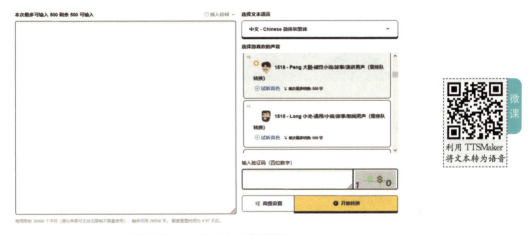

▲ 图 3.2.4　TTSMaker 首页界面

（2）输入文本内容并生成音频文件

① 在输入框中键入文本内容，确保不超过字数限制。此处以《赤壁赋》为例。

> 壬戌之秋，七月既望，苏子与客泛舟游于赤壁之下。清风徐来，水波不兴。举酒属客，诵明月之诗，歌窈窕之章。少焉，月出于东山之上，徘徊于斗牛之间。白露横江，水光接天。纵一苇之所如，凌万顷之茫然。浩浩乎如冯虚御风，而不知其所止；飘飘乎如遗世独立，羽化而登仙。
> ……
> 客喜而笑，洗盏更酌。肴核既尽，杯盘狼藉。相与枕藉乎舟中，不知东方之既白。

② 从平台提供的声音选项中选择合适的声音，建议先进行试听，然后再做出选择。

③ 在输入验证码后，点击"开始转换"按钮，如图 3.2.5 所示。转换完成后，可以在线预览音频。如果满意，点击"下载文件到本地"即可完成全部操作，如图 3.2.6 所示。

▲ 图 3.2.5　TTSMaker 转换音频

▲ 图 3.2.6　下载生成文件

任务实施

制作文学作品诵读音频

第一步 选择合适的文本

选择你喜欢的我国古代文学作品片段。

我选择的作品名称为：_____。

第二步 利用 TTSMaker 将文本转换成语音

(1) 找到该文学作品片段文本，将文本复制到平台的文本框中。如果超出字数限制，可分段制作。

(2) 选择喜欢的声音。我选择的声音类型是：_____。

(3) 将音频下载到本地，根据需要添加背景音乐，以增强音频作品的表现力。作品完成制作后，既可在班级内进行展示分享，也可发布至个人社交媒体平台，以此弘扬我国优秀传统文化。

拓展提高

TTSMaker 的高级功能

TTSMaker 除具备前文所述的基础功能外，还提供了一系列丰富的"高级设置"选项。用户能够根据自己的需求定制更为个性化的音频效果，如图 3.2.7 所示。

(1) 添加背景音乐：可以从本地电脑上传合适的背景音乐，同时还能设置背景音乐的音量、循环次数、播放延迟(秒)等参数。

(2) 选择下载文件格式：平台支持导出多种音频格式，包括 mp3、ogg、aac、opus、wav 等。用户可以根据自己的使用场景和设备兼容性需求选择合适的格式。

(3) MP3 音频音质：提供两种音质选项，即标准音质和高音质。标准音质的压缩率适中，适用于大多数场景，体积较小。高音质的压缩率较低，可以保留更多声音细节，适合对音质有更高要求的用户。

(4) 调节语速：设置音频中的语速快慢，确保听感流畅自然。对于不同类型的文本(如演讲稿、故事书)，可以根据内容和受众需求调整语速，让聆听体验更佳。

(5) 调节音量：根据实际需要，调整生成音频的整体音量大小，避免出现音量过大或过小的情况，确保听感舒适。

(6) 音高调节(可以做变声效果)：通过调整音频的音调高低，可以实现声音风格的变化，从而满足不同场景的应用需求(如儿童故事、动漫配音等)。

▲ 图 3.2.7 TTSMaker 的高级功能

(7) 调节每一个段落(换行)的停顿时间：设置文本中每个段落之间的停顿时长，避免音频过于生硬或紧凑。合理的停顿可以让音频内容更有节奏感，便于听众理解信息。

通过这些"高级设置"选项功能，用户可以根据自己的需求，对生成的音频进行精细化调整，无论是音质、语速、音调，还是背景音乐和段落停顿，都能实现个性化定制，满足不同场景下的使用要求。

评价总结

自查学习成果，填写任务自查表，已达成的打"√"，未达成的记录原因。

任务自查表

课前准备：____分钟　　课堂学习：____分钟　　课后练习：____分钟　　学习合计：____分钟

学习成果	已达成	未达成（原因）
理解自然语言处理的定义及其主要任务		
了解自然语言处理的应用领域，能够识别其在实际应用中的场景		
能够利用自然语言处理工具，将文字转换成语音		
能够在运用自然语言处理技术解决问题的实践中，培养问题解决能力和创新思维		

课后练习

在线自测

一、填空题

（1）自然语言处理是人工智能的一个分支，它致力于使计算机能够理解和处理_____。

（2）_____是一种将文本分解为最小语言单位的技术，是自然语言处理步骤中的重要一环。

（3）自然语言处理中的_____任务旨在从文本中提取情感倾向。

（4）从知识库或文档中检索答案，属于问答系统中基于_____的问答系统。

（5）基于_____，可通过奖励机制优化模型的决策能力，从而生成更符合预设目标的输出结果。

二、实践题

通过向 DeepSeek 大模型提问，了解人工智能是如何分析问题并给出回答的。

在提问的过程中，观察 DeepSeek 如何逐步解析问题并生成回答。需注意以下几点：

● 提问方式对结果的影响（如问题是否清晰、是否有歧义）。

● 回答的逻辑性与连贯性。

任务 3 认识智能语音语义

学习目标

知识目标
- 理解智能语音语义的定义、基础知识和主要任务
- 了解智能语音语义的应用领域，如智能家居、手机助手等

能力目标
- 能够熟练使用智能语音常用工具，如智能音箱等
- 能够利用智能语音语义开发平台开发智能语音助手或创建语音智能体

素养目标
- 乐于探索智能语音语义的新应用和新技术，培养创新思维
- 能够将智能语音语义知识与其他学科知识相结合，探索交叉应用路径

任务情境

小李在学习高等数学时遇到了困难。在面对复杂的积分、微分方程等题目时，小李总感觉力不从心，学习效率低下。一天，在学习人工智能课程的过程中，小李了解到可以借助智能体来提高学习效率。这让他灵光一闪：为什么不设计一个专门帮助自己复习高数知识的智能体呢？

经过深入思考和调研，小李明确了智能体应具备的功能：能根据他的知识掌握程度和解题情况，智能推送适合的练习题；不仅能提供标准答案，还能详细解析每道题的解题思路；支持语音互动，方便小李随时随地复习知识点。于是，小李决定学习相关知识，试着创建一个属于自己的"高数解题助手"智能体，让自己在未来的学习中更加得心应手。

知识学习

一、认识智能语音语义

1. 智能语音语义的定义

智能语音语义融合了语音技术与语义理解技术，是一种旨在让机器听懂、理解人类语言并做出恰当反馈的综合性技术体系。在语音层面，该技术可实现语音与文本的相互转换；在语义层面，则可深入挖掘和解析语言背后的真实意图与逻辑关系，助力人机自然交互。

微课 智能语音语义

2. 智能语音语义的基础知识

智能语音语义技术通过语音识别、自然语言理解和语音合成等技术,使机器能够理解并回应人类语音指令。该技术被广泛应用于智能助手、语音搜索等众多领域。

(1) 语音识别技术(ASR)

语音识别的核心任务是把人类的语音信号精准转换为对应的文本。语音识别的过程是:①通过麦克风等设备采集语音信号,先将其转换为电信号,然后进一步完成数字化处理。②利用声学模型对语音的特征参数进行分析,将语音片段与模型中存储的声学信息进行匹配,从而找到最有可能的音素组合;同时,语言模型会根据语言的语法规则、词汇搭配等知识,对音素组合进行调整,最终确定正确的文本内容。比如,当我们对着手机说话时,手机上的语音输入法便可以迅速将语音转化成文字,这背后就是语音识别技术在发挥作用。

(2) 自然语言理解技术(NLU)

自然语言理解致力于让计算机理解人类自然语言所表达的含义和意图。它的工作涵盖多个层面:从词法分析开始,确定词汇的词性、词义;接着进行句法分析,明确句子的语法结构;然后是语义分析,挖掘句子的深层语义信息;最后进行语用分析,结合上下文和语境,理解语言的实际使用目的。例如,当用户向智能客服系统提出问题时,自然语言理解技术便能够剖析用户话语的意图,从而给出准确的回复。

(3) 语音合成技术(TTS)

语音合成与语音识别的过程相反,它是将计算机中的文本信息转化为可听的语音信号。语音合成的实现方式通常是先对输入文本进行文本分析,包括分词、词性标注、韵律预测等,明确文本的语法结构、语义重点,以及语调、停顿等韵律信息。然后,基于预先录制的语音库,通过拼接或参数合成的方法,生成具有自然语调、节奏和音色的语音波形。例如,智能导航中的语音播报便是将文字路线信息转化为语音,引导我们出行,这就是语音合成技术的应用体现。

3. 智能语音语义的主要任务

智能语音语义的主要任务包括对话管理、语音增强、声纹识别、关键词检出、内容分析与挖掘、多模态交互和智能回答。

(1) 对话管理

对话管理是智能语音语义系统的核心任务之一,负责在人机交互过程中维护对话的连贯性和逻辑性。它需要理解用户的意图,生成恰当的系统响应,并根据对话的上下文动态调整对话流程。对话管理的应用场景包括:智能客服、智能语音助手、智能家居控制等。

(2) 语音增强

语音增强是通过信号处理技术改善语音信号的质量,去除噪声、回声等干扰因素,从而提高语音的辨识度和清晰度。语音增强的应用场景包括:语音通话、语音识别系统、视频会议等。

(3) 声纹识别

声纹识别是通过分析语音信号的特征来识别说话人的身份。每个人的声纹(语音的生物特征)都是独特的,类似于指纹。声纹识别的应用场景包括:身份验证(如手机解锁、银行账户登录)、安全监控等。

(4) 关键词检出

关键词检出是从大量的语音或文本数据中提取出用户关注的特定词汇或短语。这些关键词通常具有重要的语义或情感价值。关键词检出的应用场景包括:语音监控、智能会议记录、内容推荐等。

(5) 内容分析与挖掘

内容分析与挖掘是对语音或文本数据进行深度分析,提取其中的语义信息、情感倾向和主题等。内容分析与挖掘的应用场景包括:舆情监测、市场调研、智能写作辅助等。

(6) 多模态交互

多模态交互是指融合语音、文字、图像、手势等多种输入方式,以实现更加自然、丰富的交互体验。它能够更好地模拟人类之间的交互方式。多模态交互的应用场景包括:智能驾驶(语音+手势控制)、智能教育(语音+图像辅助)、智能机器人等。

(7) 智能问答

智能问答是指系统根据用户的问题,快速准确地生成回答。它通常涉及语义理解、知识检索和自然语言生成等技术。智能问答的应用场景包括:智能客服、在线教育、智能语音助手等。

> **问题探究**
>
> 在开发智能语音助手时,如何结合智能语音语义的主要任务(如对话管理、语音增强、声纹识别等)提升用户体验?请举例说明每种技术在智能语音助手中的具体应用场景及其重要性。

二、了解智能语音语义的应用

目前,智能语音语义的应用领域主要包括智能家居、车载娱乐、手机助手、智慧医疗、智慧教育和智能安防等,如图 3.3.1 所示。

(a) 智能家居

(b) 车载娱乐

(c) 智能安防

▲ 图 3.3.1 智能语音语义的应用场景

1. 智能家居

智能语音语义技术在智能家居领域的应用极大地提升了家居设备的智能化水平和用户

体验。通过语音交互，用户可以轻松实现对家电的远程控制、场景模式的智能联动以及个性化服务的便捷获取，显著提升了家居生活的便利性和舒适度。具体应用如下：

语音控制家电：通过语音指令控制灯光、空调、电视等设备。

智能音箱：可提供音乐播放、信息查询等服务。

场景联动：根据用户语音指令设置回家、离家等场景模式。

2. 车载娱乐

智能语音语义技术在车载系统中发挥着重要作用，显著提升了驾驶的安全性、便利性及娱乐体验。具体应用如下：

语音导航：通过语音输入目的地，实现导航功能。

语音控制娱乐系统：播放音乐、调整音量、切换电台等。

语音助手：提供车辆信息查询、故障提醒等功能。

3. 手机助手

在移动智能时代，手机已成为人们生活中不可或缺的工具。智能语音语义技术赋予了手机更强大的交互能力，让操作更高效、沟通更顺畅。具体应用如下：

语音输入：快速输入文字信息。

语音助手：提供日程管理、信息查询、语音拨号等功能。

语音翻译：提供实时语音翻译功能，支持多语言交流。

4. 智慧医疗

智能语音语义技术在智慧医疗领域的应用，正逐步改变着传统的医疗模式。它革新了医疗流程，带来诸多便利。具体应用如下：

语音病历录入：医生通过语音记录病历，提高效率。

智能导诊：通过语音交互，为患者提供导诊服务。

远程医疗：语音辅助远程诊断和咨询。

5. 智慧教育

在教育信息化浪潮中，智慧教育借助智能语音语义技术，为传统教学模式带来了颠覆性的变革。它重构了知识传递的路径，有效提升了教学效率，助力实现个性化学习。具体应用如下：

语音互动教学：通过语音交互进行知识问答、语言学习等。

智能辅导：通过语音提问，提供个性化的辅导服务。

语音考试：通过语音输入答案，提高考试效率。

6. 智能安防

作为新一代安防系统的"神经中枢"，智能语音语义技术突破传统被动监控模式，大幅提升了安全管理的效率与精准度。具体应用如下：

语音报警：通过语音指令触发报警系统。

语音门禁：通过语音识别功能，进行身份验证。

监控语音提示：针对异常行为触发语音提示与警告。

三、学会应用智能语音语义工具

1. 开发智能语音助手

开发智能语音助手的核心目标是实现"听、懂、说"三大功能，即能够听到用户的语音指令并识别其内容（ASR），理解用户的意图和需求（NLU），生成自然流畅的语音回复（TTS）。最后，将以上三个模块整合到统一的系统框架中，设计一个完整的交互流程：用户说出指令→系统通过 ASR 将其转化为文本→利用 NLU 模型分析语义→生成回复内容→通过 TTS 将文字转换为语音输出，如图 3.3.2 所示。下面介绍目前主要的语音助手开发工具。

在线阅读 开发智能语音助手

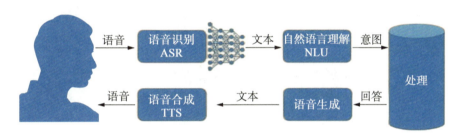

▲ 图 3.3.2 智能语音助手开发流程

（1）语音识别工具

开源工具：以 CMU Sphinx 为代表，支持多种语言的语音识别，并具备一定的可定制性，适合需要灵活调整功能的开发场景。

商业工具：能够提供高精度、低延迟的语音识别服务，尤其适用于对准确率要求较高且需要快速上手的项目，如百度语音识别和科大讯飞语音识别等。

（2）自然语言理解框架

开源框架：NLTK（自然语言工具包）和 SpaCy。NLTK 适用于需要快速实现基础文本处理的场景（如分词、情感分析等），而 SpaCy 则在工业级应用中表现更优，特别适用于实体识别、句法分析等场景。

深度学习框架：可用来训练定制化的 NLU 模型，以支持处理如多轮对话管理等更为复杂的任务，如 TensorFlow 和 PyTorch。

（3）语音合成工具

开源工具：支持多种语言的语音合成，适合需要轻量化、快速实现的场景，如 eSpeak。

商业工具：可提供高质量、自然流畅的语音输出效果，适配多语种及多样化音色需求，如百度语音合成和讯飞语音合成等。

(4) AIoT 语音语义平台

AIoT 语音语义平台是为智能语音助手提供核心能力和服务接口的平台,方便开发者快速实现功能集成。例如:讯飞开放平台可提供语音识别、语音合成以及多种智能化分析 API 接口,可快速实现语音交互功能,提升系统的智能化水平。

2. 创建语音智能体

除了借助以上工具构建语音助手外,我们可以利用现有平台(如豆包、智谱清言等),生成个性化的语音智能体。下面以豆包为例介绍语音智能体的创建方法。

① 进入 DeepSeek,输入提示词,让 DeepSeek 生成一段智能体的"设定描述"。例如:

> 我要建一个豆包智能体,请帮我写一段"设定描述"。智能体的作用是:24 小时私人助理,能够帮我记录每日重要事项并进行整理,包括日记、待办事项、记账、计划、想法、好句、链接和资料等。

② 检查生成的"设定描述"是否符合要求,如图 3.3.3 所示。如果不符合要求,可以让 DeepSeek 继续修改。如果符合要求,可直接复制这段"设定描述"。

▲ 图 3.3.3　DeepSeek 生成结果　　　　▲ 图 3.3.4　豆包智能体创建界面

③ 打开豆包,点击左上角的"＋",选择"创建 AI 智能体"。选择智能体的形象,输入智能体名称,将 DeepSeek 生成的内容复制到"设定描述"中。选择合适的声音,也可以克隆自己的声音。此外,还可以设定语言、私密性、介绍、开场白和建议回复等参数。点击"创建智能体",即可完成智能体的创建,如图 3.3.4 所示。

④ 将平时需要记录、提醒的事项通过语音发送给智能体,让它帮助我们记录。此外,智能体还支持在线语音通话,为用户提供即时、高效的语音交互服务。

> **问题探究**
>
> 为什么不直接在智能体创建页面输入"设定描述",而是选择利用大型模型生成呢?请尝试直接在创建页面输入描述,对比两者的效果。

任务实施

创建属于自己的智能体

第一步 确认需要创建的智能体类型

我们不妨思考:在日常生活与学习的各个场景中,有哪些任务是可以借助智能体来完成的? 例如,在学习方面,可以创建"高数解题助手"智能体,它能提供详细的解题思路和步骤;也可以创建"英语学习伙伴"智能体,用于开展口语对话练习、讲解语法知识等。在兴趣爱好方面,若你喜欢摄影,可创建"摄影技巧大师"智能体,获取摄影技巧与后期处理建议;若你钟情音乐,则可创建"音乐推荐达人"智能体,收获优质歌曲推荐与音乐知识科普。那么,你希望创建什么样的智能体呢?

我想创建的智能体(功能):_____

_____

第二步 利用大模型生成智能体的"设定描述"

我运用的大模型是:_____

我的提示词是:_____

_____

第三步 利用平台创建智能体

我使用的智能体创建平台是:_____

我的智能体名称是:_____

我是否克隆自己的声音:□是　□否

对生成的智能体是否满意:□满意　□不满意

若不满意,其不足之处是:_____

> **拓展提高**

智能语音语义技术的新进展

① 语音语言模型(SpeechLMs)的崛起:传统语音交互系统通常依赖于"语音识别(ASR)+ 大语言模型(LLM)+ 语音合成(TTS)"的框架,但这种框架存在累积误差和信息丢失的问题。最新的语音语言模型(SpeechLMs)通过将语音波形直接编码为离散 token 的方式,不仅保留了语音的语义信息,还保留了副语言信息(如情感、语调等),进而生成更具表现力的语音。

② 情感感知能力的增强:最新的语音语言模型不仅能够理解语音的语义内容,还能捕捉情感的细微差别,从而生成带有特定情感语调的语音。这种能力对个性化助手和情感感知系统尤为重要。

智能语音语义技术的应用拓展

① 个性化助手:通过对特定说话者的信息和情感细微差别进行编码,提供更加个性化和自然的交互体验。

② 情感感知系统:智能系统能够识别并回应用户的情感变化,从而提高人机交互的自然度和亲和力。

③ 多轮对话管理:自然语言处理技术通过语义分析和语境理解,支持多轮对话管理,为用户提供连贯的响应。

④ 复杂任务解析与自动化操作:智能语音系统能够解析复杂的语音指令,并执行自动化操作,如智能家居控制、日程安排等。

技术优化与未来发展

① 深度学习模型的应用:卷积神经网络、循环神经网络、长短期记忆网络和 Transformer 模型等深度学习技术被广泛应用于语音识别和语义理解领域,从而显著提升了系统的准确性和流畅度。

② 端到端训练:通过端到端的训练方式,系统能够直接将输入的音频映射到输出的文本或语音上,从而显著提高系统的集成性和训练效率。

③ 多领域应用拓展:智能语音语义技术将在更多领域展现其价值,如智能客服、机器翻译、内容推荐系统等。

总之,随着技术的不断发展,智能语音语义系统将更加智能化和人性化,为用户带来更加自然和高效的交互体验。

> **评价总结**

自查学习成果,填写任务自查表,已达成的打"√",未达成的记录原因。

任务自查表

课前准备：____分钟　　课堂学习：____分钟　　课后练习：____分钟　　学习合计：____分钟

学习成果	已达成	未达成(原因)
理解智能语音语义的定义、基础知识和主要任务		
了解智能语音语义的应用领域		
能够熟练使用智能语音常用工具		
能够利用智能语音语义开发平台开发智能语音助手或创建语音智能体		
乐于探索智能语音语义的新应用和新技术，培养创新思维		
能够将智能语音语义知识与其他学科知识相结合，探索交叉应用路径		

课后练习

在线自测

一、填空题

(1) 智能语音语义的核心技术包括语音识别技术、_____和语音合成技术。

(2) _____技术能够将计算机中的文本信息转换为可听的语音。

(3) _____需要理解用户的意图，生成恰当的系统响应，并根据对话的上下文动态调整对话流程。

(4) _____是通过分析语音信号的特征来识别说话人的身份。

(5) 情感感知系统能够帮助智能语音助手理解用户的_____，从而提供更为个性化的交互体验。

二、实践题

通过操作不同的智能对话平台(天工、智谱清言、Coze)，体验各平台的智能体创建流程和功能特点。

1. **活动目标**

(1) 掌握多种主流智能对话平台的使用方法。

(2) 培养工具选择能力，学会根据需求匹配最优解决方案。

(3) 拓展对智能体技术的理解，为后续的学习与应用打下基础。

2. **测试与比较**

(1) 对比各平台的创建步骤和操作复杂度。

- 天工是否需要手动上传数据？

- 智谱清言能否提供更强大的预训练模型支持?
- Coze 是否更适合 API 集成?

(2) 对比智能体的表现。

- 回答准确性:对于同一问题,哪个平台的输出更准确、更易理解?
- 交互体验:是否存在固定的回复模式?输出结果的自然度如何?
- 创新性:哪些平台支持更复杂的任务(如多轮对话或上下文理解)?

3. 总结与汇报

根据实践体验情况,制作一份汇报 PPT。

- 各平台的核心功能和使用感受。
- 智能体性能对比分析(如回答质量、速度、稳定性等)。

任务 4
认识机器学习

学习目标

知识目标
- 理解机器学习的定义和原理
- 了解常见的机器学习模型
- 掌握机器学习系统的开发步骤

能力目标
- 能够利用AI开放平台构建简单的机器学习模型

素养目标
- 在学习和运用机器学习解决问题的过程中，培养问题解决能力和创新思维

任务情境

大学校园就如同一个生机勃勃的迷你植物园，树木葱郁，花草繁茂，绿意遍布每一个角落。然而，许多同学虽然每天穿梭其中，却对这些植物视而不见，更难以精准识别。木木是一名自然植物爱好者，一直希望能拥有一款功能强大的校园植物识别程序，让校园里的每一片绿植都能被轻松识别。在向老师请教后，木木得知可以通过机器学习技术来实现这一构想，于是便踏上了探索机器学习的旅程。

知识学习

一、认识机器学习

1. 机器学习的定义

在浏览视频网站时，网站会根据我们的行为偏好，自动推荐视频内容，这背后的"秘密"就是机器学习（Machine Learning）。

1952年，国际商业机器公司（IBM）科学家阿瑟·塞缪尔在IBM首台商用计算机IBM701上编写了一个西洋跳棋程序，如图3.4.1所示。这个程序具有"学习能力"，它通过分析大量棋局，逐渐能够辨识出当前棋局中的"好棋"和"坏棋"，从而不断提高下棋水平，最终战胜了塞缪尔本人。塞缪尔用这个程序推翻了以往"机器无法超越人类，不能像人类一样写代码和学习"这一传统认识。1959年，塞缪尔将机器学习定义为"在不直接针对问题进行

▲ 图 3.4.1　阿瑟·塞缪尔

明确编程的情况下,赋予计算机学习能力的研究领域"。

到了 1998 年,机器学习研究领域的知名教授汤姆·米切尔为机器学习提供了一个更为广泛且正式的定义。他引入了三个概念:经验(Experience,E)、任务(Task,T)以及衡量任务完成效果的指标(Performance Measure,P)。基于这三个概念,机器学习的定义被更加严谨地表述为:对于一个计算机程序而言,若给定一个任务 T 和一个衡量指标 P,在经验 E 的影响下,该程序能够改进 P 对 T 的测量结果,则称该程序能够从 E 中学习。例如:

具有机器学习功能的电子邮箱程序会通过学习我们平时标记垃圾邮件的行为来更有效地为我们过滤垃圾邮件。其中,程序将邮件标记为垃圾邮件和非垃圾邮件,即为任务 T;用户将邮件标记为垃圾邮件和非垃圾邮件的历史行为,即为经验 E;程序将邮件标记为垃圾邮件和非垃圾邮件的正确率,即为衡量指标 P。也就是说,如果一个程序能够不断学习我们标记邮件的经验,并且因此不断提高对垃圾邮件和非垃圾邮件标记的正确率,那么,我们就认为该程序进行了学习。

人类在成长的过程中会积累很多经验,并基于这些经验归纳出一些规律。当遇到生活中的新问题时,人类就会用这些归纳好的规律指导自己的生活和工作。与人类学习的过程类似,机器学习则利用大量的历史数据进行"训练",并从中学习规律,随后利用规律对新的样本进行预测,如图 3.4.2 所示。

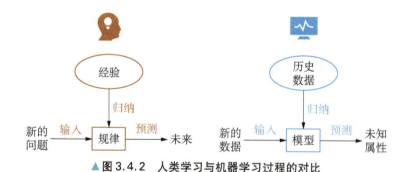

▲ 图 3.4.2　人类学习与机器学习过程的对比

2. 人工智能、机器学习和深度学习的关系

人工智能是研究、开发用于模拟、延伸和扩展人的智能的理论、方法、技术及应用系统的一门新兴技术科学。机器学习是人工智能的子集,是实现人工智能的一种途径,是人工智能的核心。机器学习是一门多领域交叉学科,涉及概率论、统计学、逼近论、凸分析等多门学科。它专门

研究如何让计算机模拟人类的学习行为,从而获取新的知识或技能,并重新组织已有知识结构,从而不断提升自身性能。深度学习是一种机器学习方法,是机器学习的子集。深度学习能够模仿人脑的工作原理。它通过构建和训练多层神经网络来处理和解释复杂的数据,从而在图像识别、语音识别、自然语言处理等领域取得了显著的成果。人工智能、机器学习和深度学习三者的关系,如图3.4.3所示。

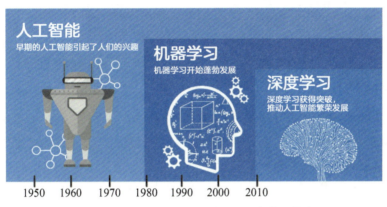

▲图3.4.3 人工智能、机器学习和深度学习的关系

3. 数据集

(1) 数据集的基本概念

在机器学习领域中,数据集是一项至关重要的概念。数据集是指一组数据的集合,是机器学习的基础。在数据集中,常见的组成要素包括样本、特征和标签。

样本也被称为观测值或数据点,是数据集中的一个独立单元。一个样本可以包含一个或多个特征,还可能包含一个标签。

特征主要用来描述样本的属性或属性组合,可以是连续值、离散值或文本信息。例如,在垃圾邮件分类中,特征可能包括:电子邮件文本的某些字句;发件人的邮箱;发送电子邮件的时间段;电子邮件包含的图片、附件等。

标签主要出现在监督学习的数据集里,它是与每个样本相对应的目标变量,是希望模型能够预测的结果。例如,在垃圾邮件分类中,标签就是该邮件"是垃圾邮件"或"不是垃圾邮件"。

为了更好地理解这三个要素,我们不妨再举个例子。

在机器学习领域中,皮马印第安人糖尿病数据集是被广泛使用的用于研究糖尿病的数据集。该数据集中的研究对象是美国亚利桑那州凤凰城附近的皮马印第安人,他们患糖尿病的比例远高于美国其他种族群体。该数据集包含768条数据项,共有9个变量,其中8个是医学预测变量,1个是目标变量,具体如表3.4.1所示。

表 3.4.1 皮马印第安人糖尿病数据集(部分)

序号	怀孕次数	血浆葡萄糖浓度(mg/dL)	舒张压(mm Hg)	肱三头肌皮肤褶皱厚度(mm)	两小时胰岛素含量(μU/mL)	身体质量指数(BMI)	糖尿病血统指数(家族遗传指数)	年龄(岁)	类别
1	6	148	72	35	0	33.6	0.627	50	1
2	1	85	66	29	0	26.6	0.351	31	0
3	8	183	64	0	0	23.3	0.672	32	1
4	1	89	66	23	94	28.1	0.167	21	0
5	0	137	40	35	168	43.1	2.288	33	1

注:"类别"中的"0"表示没有糖尿病,"1"表示患有糖尿病。

如表 3.4.1 所示,每行数据代表一位患者,即样本。其中,怀孕次数、血浆葡萄糖浓度、舒张压、肱三头肌皮肤褶皱厚度、两小时胰岛素含量、身体质量指数、糖尿病血统指数(家族遗传指数)、年龄为每位患者的 8 个特征,在机器学习中作为输入变量。最后一列的类别,或者说是标签,指的是样本的结果,这里用"1"或"0"表示患者是否患有糖尿病。

在数据集中,我们通常将特征与标签分开,然后基于特征与标签之间的关系来训练模型,从而使模型能够学习到特征与标签的映射关系。理解特征、标签和样本的概念,对数据集的处理以及机器学习模型的应用至关重要。

(2) 数据集的划分

数据集的划分是机器学习中非常关键的步骤,能够直接影响模型的训练效果和泛化能力。在机器学习算法中,通常将原始数据集划分为三个部分:训练集、验证集和测试集。

① 训练集:用于训练模型的数据集部分。模型通过学习训练集中样本特征与标签之间的关系来构建自身的参数。训练集通常占整个数据集的大部分,一般为 60%—80%。

② 验证集:用于在模型训练的过程中调整模型的超参数。超参数是在模型训练开始前需要人为设定的参数。通过在验证集上评估模型在不同超参数设置下的性能,可以选出最佳的超参数组合。验证集的大小通常占数据集的 10%—20%。

③ 测试集:用于评估最终模型的性能。在模型训练及超参数调整结束后,可利用测试集对模型在未见数据上的性能进行无偏估计。测试集的样本不能用于训练和调整模型,否则会导致模型对测试集产生过拟合[①],使评估结果不准确。测试集的大小通常占数据集的 10%—20%。

还有一种常见的较为简单的划分方式,即只将数据集分为训练集和测试集两部分。例如,可以将数据集按照 70% 和 30% 或者 80% 和 20% 的比例,划分为训练集和测试集。这种

---

① 在机器学习中,过拟合和欠拟合是两种常见的模型训练问题,它们都与模型在训练数据和未知数据(或测试数据)上的表现有关。欠拟合指的是模型无法在训练集上获得足够低的误差,也就是说模型的复杂度过低,无法捕捉数据中的基本结构和规律。过拟合指的是模型在训练数据上表现非常出色,但在处理新的(即未见过的)数据时表现欠佳的现象。这意味着模型学习到了训练数据中的特定特征,包括噪声,而没有捕捉到数据的一般规律,导致泛化能力差。

划分方式适用于数据集较小或者对模型评估精度要求不是特别高的情况。

4. 机器学习的类型

机器学习按照学习方式的不同,可分为监督学习、无监督学习和强化学习。

机器学习的分类

(1) 监督学习

监督学习通过使用已知输入数据(特征)及其对应的输出结果(标签)来训练模型,使模型能够预测新的输入数据的输出结果。这里以判断西瓜是好瓜还是坏瓜为例,如图 3.4.4 所示。

如果计算机程序是根据西瓜的一些特征来判断其是"好瓜"还是"坏瓜",那么训练集的每一条数据都需要带有"是"或"否"的标签。算法会在预先知道正确分类答案的情况下,对训练集的数据进行持续迭代的预测,直至预测结果和正确的标签接近才会停止训练。

				监督学习					
				数据特征					标签
	特征1	特征2	特征3	特征4	特征5	特征6	特征7	特征8	
	色泽	根蒂	敲声	纹理	脐部	触感	密度	含糖量	好瓜
样本1	青绿	蜷缩	浊响	清晰	凹陷	硬滑	0.697	0.46	是
样本2	乌黑	蜷缩	沉闷	清晰	凹陷	硬滑	0.774	0.376	是
样本3	乌黑	蜷缩	浊响	清晰	凹陷	硬滑	0.634	0.264	是
样本4	青绿	蜷缩	沉闷	清晰	凹陷	硬滑	0.608	0.318	是
样本5	浅白	蜷缩	浊响	清晰	凹陷	硬滑	0.556	0.215	是
样本6	乌黑	稍蜷	浊响	清晰	稍凹	硬滑	0.437	0.211	是

▲图 3.4.4 监督学习算法

此外,监督学习还可以进一步分为分类(Classification)和回归(Regression)两大类。它们的本质区别在于输出变量类型的不同。分类输出的是有限的、离散的类别标签,而回归输出的则是连续的数值。

① 分类。在分类任务中,目标是根据输入的样本数据特征,对其类别进行预测,其结果是离散的。例如,将电子邮件标记为"垃圾邮件"或"非垃圾邮件",将图像识别为"猫"或"狗",或者根据肿瘤的尺寸、组织结构等特征判断其为"良性"或"恶性"。

② 回归。在回归任务中,目标通常是一个连续的数值。例如,现在有一个包含房价和房子特征(如面积、房间数量等)的数据集,回归模型可以根据房子的特征预测其价格。在医疗领域,回归模型可以根据病人的年龄、体重、血压等特征,预测其患某种疾病(如糖尿病、心脏病等)的风险值。

(2) 无监督学习

无监督学习使用没有标记的数据集来训练模型,其中的数据只有特征,没有标签。无监督学习的目标是从数据中发现隐藏的结构和模式,而不是预测特定的标签或目标。聚类是无监督学习中最常见的任务之一,它依据样本之间的相似性度量,将数据样本划分成多个相似的组别或簇。例如：

某商场拥有大量会员信息，包括 CustomerID（客户 ID）、Gender（性别）、Age（年龄）、Annual Income（k＄）（年收入）和 Spending Score（1—100）（消费得分），如图 3.4.5 所示。通过已有信息对客户进行细化分类，可以帮助营销运营团队更好地制定策略。根据聚类结果进行分析，可以得到四类群体：①年平均收入高，支出低，年龄在 40 岁左右，性别以男性为主的群体。②中低收入水平，消费能力中等，年龄在 50 岁左右，性别以女性为主的群体。③年平均收入低，消费分数高，年龄在 25 岁左右，性别以女性为主的群体。④年平均收入高，消费分数高，年龄在 30 岁左右，性别以女性为主的群体。根据目标群体的特征，商场可以推送相关信息。譬如，第一类群体可能主要由对消费较为谨慎的中年人构成，针对这类群体，商场可以推送促销信息，以激发其消费意愿。

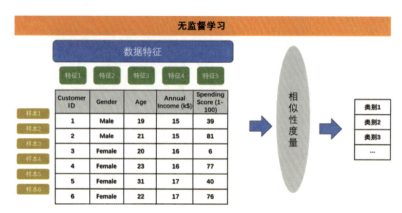

▲图 3.4.5　无监督学习算法

（3）强化学习

强化学习又称再励学习、评价学习或增强学习，是机器学习的范式和方法论之一。在强化学习中，智能体无须被明确指示如何执行任务，而是在与环境的交互中，通过试错来学习最优策略。智能体在环境中执行行动，并根据行动的结果接收反馈，也就是奖励。这些奖励信号会引导智能体调整自身策略，以实现长期累积奖励的最大化。例如：

在吃豆人游戏中，游戏目标是把屏幕中的所有豆子吃完，同时又不能被移动的幽灵碰到，如图 3.4.6 所示。若被幽灵碰到，则游戏结束。吃豆人每走一步、每吃一个豆子，或者被幽灵碰到，屏幕左上方的分数都会发生变化。吃豆人通过简单的方向操作躲避各种幽灵，并尽可能多地吃掉豆子。吃掉的豆子越多，就能获得越高的积分奖励。这就是一个典型的强化学习场景。

- 智能体：吃豆人。游戏的目的是让智能体把屏幕里的豆子吃完。
- 环境：整个游戏所处的大背景。游戏里面除了有智能体，还有专门捕捉智能体的幽灵。智能体需要一边躲避幽灵，一边把豆子吃完。
- 行动：智能体可以采取的行动包括向左、向右、向上、向下。
- 奖励：智能体每吃掉一个豆子、每多走一步，或者被幽灵抓到所获得的"奖励"（类似一种反馈的信号）。

▲图 3.4.6 吃豆人游戏画面

强化学习与监督学习、无监督学习之间的主要区别在于，它不需要大量的"数据喂养"，而是通过自己的不断尝试学习某些技能。

5. 常见的机器学习模型

（1）线性回归

线性回归是机器学习中常用的预测模型。该模型假设因变量（标签）与一个或多个自变量（特征）之间存在线性关系，并旨在找到最佳拟合的直线（或超平面），使得预测值与实际值之间的差异最小。

线性回归公式为：$y=wx+b$。其中，y 是因变量（标签），x 是自变量（特征），w 是特征权重，b 是偏置项。利用给定的数据集，可以求出 w 和 b 的值。线性回归又分为两种类型：简单线性回归，仅含有一个自变量；多变量线性回归，含有两个或两个以上的自变量。例如：

表 3.4.2 列出了一些 20 岁男子的平均体重数据。我们的目标是，针对未在表中呈现的身高值（如 185 cm），预测其对应的标准体重。

表 3.4.2　20 岁男子的平均体重

身高(cm)	体重(kg)	身高(cm)	体重(kg)
152	51	172	60
156	53	176	62
160	54	180	65
164	55	184	69
168	57	188	72

我们可以将特征（即身高）看作自变量 x，标签（即体重）看作因变量 y，从而可以得到 $y=0.56x-35.41$。如图 3.4.7 所示，散落的点为表 3.4.2 中的数据，直线为线性回归模型预测的结果。那么，基于该模型便可以得知：身高为 185 cm 的男子，其体重可能为 68 kg。

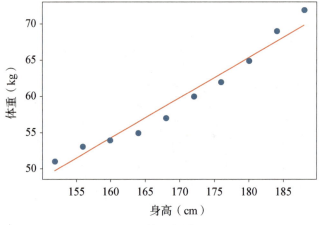

▲ 图 3.4.7　线性回归模型预测结果

（2）逻辑回归

逻辑回归是一种经典的监督学习分类模型，尽管名称中包含"回归"，但其核心功能是通过自变量预测事件发生的概率，其输出范围在 0 到 1 之间，而非直接输出二分类标签。在医学研究领域，该模型被广泛应用于疾病危险因素分析、疾病风险预测等方面。例如：

在胃癌研究中，以是否患胃癌（因变量，取值为 0 或 1）为标签，结合年龄、幽门螺杆菌感染状态等自变量进行建模分析。通过模型训练得到的特征权重，能够量化评估各因素对疾病发生的贡献程度，比如幽门螺杆菌感染的正向影响。同时，基于多因素组合，该模型能够预测个体患病的概率。需要特别注意的是，虽然因变量本身是二分类变量，但模型输出的预测概率值需通过设定阈值转换为类别标签。这一特性使逻辑回归模型在疾病风险预测及危险因素分析等方面具有广泛的应用价值。

（3）决策树

决策树算法是机器学习中一种常用的分类与回归方法。它通过从数据集中学习简单的决策规则，实现对目标变量值的预测。例如：

在购物时，我们会考量商品的价格、品牌、口碑等因素是否契合自身需求，进而决定是否购买该商品，如图 3.4.8 所示。这一决策过程构成了"一棵树"，即决策树。最初问题所在的地方叫作根节点，在得到结论前的每一个问题都是中间节点，而得到的每一个结论（买或者不买）都称为叶子节点。一般来说，一棵决策树包含一个根节点、若干个中间节点和若干个叶子节点。

（4）K-近邻

K-近邻（K-Nearest Neighbors，KNN）是一种基本的分类与回归方法，属于监督学习范畴。它的工作原理是在特征空间中寻找与新样本距离最近的 K 个训练样本点，并根据这些邻近点的信息预测新样本的类别。

图 3.4.9 中有两类不同的样本数据，分别用蓝色的正方形和红色的三角形表示；图片正中间的那个绿色的圆所标注的数据是待分类的数据。下面，我们就要解决这个问题：给这个绿色的圆进行分类。

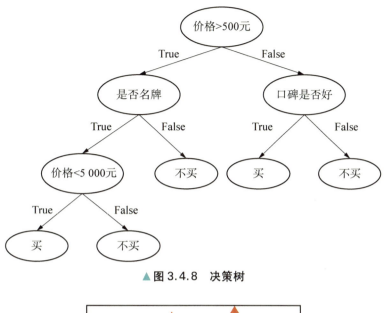

▲ 图 3.4.8　决策树

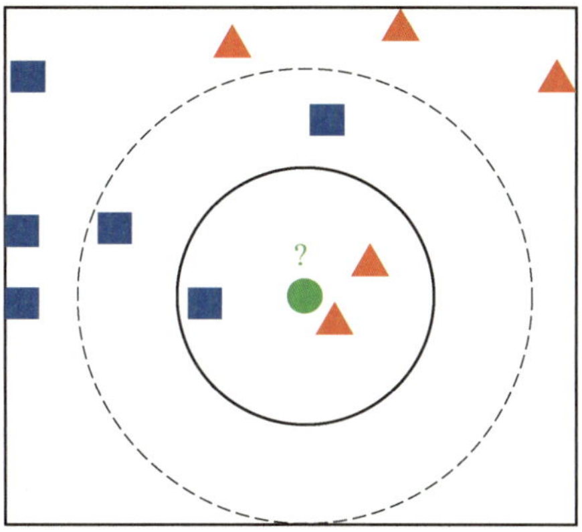

▲ 图 3.4.9　K-近邻

人们常说"观其友而知其人",意指判断一个人的品质特征,往往可以通过观察其身边的朋友得出结论。同样地,为了判别图中绿色圆点所属类别,我们可以从其邻居着手分析。当考虑相邻的3个邻居时(即K=3),我们发现距离绿色圆点最近的3个邻居分别是2个红色三角形和1个蓝色正方形。基于少数服从多数的统计原则,可判定绿色的这个待分类点属于红色三角形一类。当考虑相邻的5个邻居时(即K=5),在距离绿色圆点最近的5个邻居中,有3个蓝色正方形和2个红色三角形,由此可判定绿色圆点属于蓝色正方形一类。

(5) 支持向量机

支持向量机(Support Vector Machine,SVM)是一种监督学习算法,用于分类与回归问题。在SVM中,我们将每个样本映射为高维特征空间中的一个点,并尝试构建一个超平面将不同类别的样本分开。超平面的选择遵循最大化两个类别之间间隔的原则。例如:

在如图3.4.10所示的平面上,我们将两种颜色的球转化为二维平面上的点坐标。在这里,直线H_1、H_2和H_3分别代表三个不同的分类器。若要判断哪一个分类器的效果更好,从直观感受来看,我们的答案很可能是H_3。

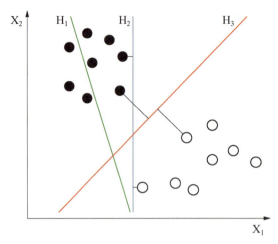

▲ 图 3.4.10　支持向量机

问题探究

机器学习是一种广泛应用于人工智能各个领域的技术。请思考并列举出自己在日常生活中遇到过的机器学习应用场景。

图中的 H_1 不能很好地区分黑球和白球,所以显然不适合。尽管 H_2 和 H_3 都能很好地区分这两种颜色的球,但 H_2 的分割线与距离它最近的数据点之间的间隔很小。如果再随机散落一些小球样本,这些新样本很可能会被 H_2 错误分类,因此 H_2 也不理想。相比之下,H_3 能够以较大的间隔将两种颜色的球分隔开,这意味着它具有更强的包容性,是一个泛化能力不错的分类器。

二、开发机器学习系统

1. 机器学习的步骤

机器学习在实际操作层面一共分为 7 个步骤:收集数据→数据准备→模型选择→模型训练→模型评估→参数调整→模型应用。下面将通过鸢尾花分类实例,介绍机器学习中每一个步骤的工作方法。假设我们的任务是:根据鸢尾花的花萼长度、花萼宽度、花瓣长度和花瓣宽度这四个特征,对山鸢尾、变色鸢尾和维吉尼亚鸢尾三种不同种类的鸢尾花进行分类。

(1) 收集数据

在数据分析和机器学习领域,获取并准备好高质量的数据集是非常重要的环节,因为数据的质量和数量直接决定能否成功构建预测模型。常用的数据采集方式包括:①网络爬虫,通过编写爬虫程序从网页上抓取所需数据,通常在因原始数据不足而需要扩展数据的情况下使用。然而,需要注意的是,在运用网络爬虫技术时,应有所约束,确保数据的合法获取与使用,避免侵害他人权益。②API 接口,一些组织会提供开放的 API 接口,通过这些接口可以获取规范的数据。③数据库查询,这是一种常见且理想的方式,即直接从数据库中提取数据。④文件导入,从本地文件系统或多种文件格式(如 CSV、Excel)中导入数据。

鸢尾花数据集(Iris Dataset)是机器学习领域极具知名度的数据集,可以通过多种公开数据集资源网站或 Sklearn 库(相关介绍详见本任务的"拓展提高"栏目)获取该数据集。

表 3.4.3 鸢尾花数据集(部分)

序号	花萼长度	花萼宽度	花瓣长度	花瓣宽度	类别
1	5.1	3.5	1.4	0.2	山鸢尾
2	4.9	3	1.4	0.2	山鸢尾
3	7	3.2	4.7	1.4	变色鸢尾
4	6.4	3.2	4.5	1.5	变色鸢尾
5	7.1	3	5.9	2.1	维吉尼亚鸢尾
6	6.3	2.9	5.6	1.8	维吉尼亚鸢尾

(2) 数据准备

在项目 2 的任务 1 中,已对数据预处理的基本步骤与方法进行了介绍。这里将聚焦于机器学习领域,详细阐述相应的数据准备方法。

鸢尾花数据集中的数据十分规整。然而,在实际情况中,我们收集到的数据可能会有很多问题,如存在缺失值、异常值和重复值等,因此通常需要先开展数据清洗工作。具体包括:①缺失值处理,填充缺失值或删除缺失值。②异常值处理,识别和处理异常值,可以用均值、中位数等替代或直接删除。③重复值处理,去除重复的数据。

在完成数据清洗后,需要进行数据转换和特征工程。①数据转换:将数据转换成适合模型处理的格式,如独热编码、标准化、归一化等。②特征工程:构建新的特征,以提高模型的性能,包括特征提取、特征选择、特征组合等。在确定数据本身没有问题后,可以对数据集进行划分,用于后面的验证和评估工作。

在鸢尾花数据集中,每个品种各包含 50 个样本,因此总共有 150 个样本。由于该数据集结构相对简单,故只需按比例将其划分为训练集和测试集即可。这里将训练集和测试集按照 80% 与 20% 的比例进行划分,即从每类鸢尾花中选择 40 个样本(共 120 个样本)作为训练集,剩余的 30 个样本则作为测试集。

> **问题探究**
>
> 上文提到了"独热编码、标准化、归一化"三种数据转换方法,请通过 AI 平台进一步了解相关知识点。

(3) 模型选择

多年来,研究人员和数据科学家构建了众多经典模型,如线性回归、决策树、随机森林、逻辑回归、支持向量机等。那么,我们该如何选择合适的模型呢?

对于二分类问题(如判断邮件是否为垃圾邮件),可以选择逻辑回归、支持向量机等模型。对于多分类问题(如识别手写数字 0—9),可以选择决策树、随机森林、多层感知机等模型。

在回归问题中,如果数据呈现出明显的线性关系,可以选择简单线性回归模型。它通过拟合一条直线来预测目标变量的取值。当数据呈现非线性关系时,则可以使用多项式回归、支持向量回归等模型。

对于无监督问题中的聚类问题(如将客户按消费行为分组),常用的模型包括 K-均值聚类、层次聚类等。而在降维问题中，主成分分析可以通过线性变换将高维数据投影到低维空间，从而在减少数据维度的同时保留主要信息。

对于鸢尾花分类问题，可以使用决策树、支持向量机等模型。

(4) 模型训练

这个过程不需要人工参与，机器可以独立完成。模型利用训练集中的120个样本数据进行训练，从而找到样本特征与标签之间的关系。

(5) 模型评估

在模型训练完成后，就可以对模型进行评估，以确定其是否有效或有用。在本环节，之前预留的测试集将发挥作用。我们将剩余30个样本的特征值输入模型中，观察模型给出的结果（预测值）是否与标签一致。常用的分类评估指标包括准确率、召回率、F1分数等。通过这一过程，可以了解模型如何对尚未遇到的数据进行预测。如果模型表现不佳，则可能需要返回到前面的步骤进行调整。

> **问题探究**
>
> 在模型评估的过程中，针对分类、回归等问题，往往需要使用不同的指标进行评估。请查找资料，了解机器学习有哪些评估指标。

(6) 参数调整

在进行模型训练时，我们会预先设置一系列参数。通过调整这些参数，可以有效提升模型的性能表现。在此过程中，往往需要多次尝试和比较不同的超参数组合，从而找到最佳的超参数配置方案。

(7) 模型应用

前文所阐述的各个步骤，均是为达成"模型应用"这一核心目标而服务的。这一目标所承载的意义，正是机器学习在实际应用中彰显的重要价值。在此环节，当我们拿到一枝新的鸢尾花时，只要告诉机器它的花萼长度、花萼宽度、花瓣长度和花瓣宽度，机器就会告诉我们这是三类鸢尾花中的哪一类。

2. 海康威视AI开放平台的使用方法

海康威视AI平台演示操作

海康威视AI开放平台是一个专为AI从业者和企业用户设计的一站式服务平台。该平台依托全图形化操作界面，提供了从数据准备、标注到模型训练、部署的全流程一站式服务。下面将以猫狗图像分类为例，介绍该平台图像分类功能的操作方法。

(1) 进入海康威视AI开放平台

注册并登录海康威视AI开放平台，选择"一站式训练平台"中的"图像单标签分类"，如图3.4.11所示。

进入平台界面后，页面顶部区域显示有"数据服务"和"模型服务"两个模块，如图3.4.12所示。"数据服务"包括数据创建、数据导入、数据查看、数据标注等服务。"模型服务"包括模型生成、模型训练、模型测试、下发模型等服务。

项目3 认知人工智能的应用技术

▲图 3.4.11 海康威视 AI 一站式训练平台

▲图 3.4.12 "数据服务"和"模型服务"模块

(2) 新建模型

进入"模型服务",根据实际需要选择对应的训练模式和模型(如图 3.4.13 所示),填写相关信息即可创建模型。此处使用"通用算法训练"模式中的"物体检测模型"。

▲图 3.4.13 新建模型

(3) 数据服务

在模型创建成功后,点击"数据服务"。根据采集的猫狗图片特点,将算法模型设置为"图像分类模型/图像单标签分类模型",创建并导入本地数据,完成数据集的创建,如图 3.4.14 所示。

▲ 图 3.4.14　算法模型选择

导入数据集的方式有"直接导入"和"分类导入"两种，这里以"直接导入"为例。通常情况下，训练样本的数量越多，模型的表现会越好，因为更多的训练样本能够提供更多的信息，帮助模型学习更广泛和更准确的规律。当然，训练样本的质量也非常重要。在此，我们以猫狗图片各 20 张作为示例。

在数据导入成功后，进入数据标注页面，如图 3.4.15 所示。在窗口右侧，根据分类的类别创建分类标签，每个标签都有对应的快捷键，点击快捷键即可进行标注。待标注完成后，观察是否达到训练标准。若选择"分类导入"功能，可将数据批量导入至对应标签下，快速完成标注。当数据集满足训练条件时，需要将其发布才能进行数据诊断和模型训练任务。

▲ 图 3.4.15　数据标注

（4）模型训练

在数据处理完毕后，便可进行模型训练。在"模型训练"中，选择新建好的模型。这里以"云部署"为例，添加已发布的数据集，即可开始训练，如图 3.4.16 所示。在完成模型训练后，可点击"评估报告"查看训练详情和模型性能评估报告。

(5) 模型测试

在模型训练完成后,需要进行模型测试。平台支持模型在线测试功能,可以模拟实际生产环境,对模型效果进行进一步评估。测试分为已有测试集测试和本地数据测试。测试集可以在"数据服务"中创建,也可选择上传本地图片进行测试。这里以本地数据测试为例进行说明,具体操作界面如图 3.4.17 所示。

在测试完成后,平台会自动生成性能评估报告,可查看、下载校验推理结果。如果对模型效果不满意,可发起模型效果分析,从而获取模型优化建议。

(6) 下发模型

在模型测试完成后,可以发布或导出模型。选择训练完成的模型及其版本,点击"确定"按钮,即可将模型下载至本地或进行在线发布,如图 3.4.18 所示。在线发布的模型可以通过生成的接口实现在线调用,下载后的模型可在海康 AI 设备(如监控摄像头)中使用。如果没有设备,可以使用模型测试功能查看新样本的预测结果。

此处只介绍了该平台的部分功能,更多功能可通过查看帮助文档自主学习。除此之外,诸如百度的 EasyDL 等平台也提供零代码一站式服务,可自行探索并加以使用。

▲ 图 3.4.16　模型训练

▲ 图 3.4.17　模型测试

▲ 图 3.4.18　下发模型

任务实施

校园植物模型训练

第一步 登录平台

登录海康威视 AI 开放平台,选择"一站式训练平台"下的"图像单标签分类"模块,进入平台。

第二步 建立数据集

采集校园植物的图片(需提前完成),创建数据集,并对其进行标注。

数据集名称:＿＿＿＿＿＿＿＿

校园植物共有＿＿＿＿＿＿个类别

其中,＿＿＿＿＿＿(类别1)采集＿＿＿＿＿＿张图片

＿＿＿＿＿＿(类别2)采集＿＿＿＿＿＿张图片

＿＿＿＿＿＿(类别3)采集＿＿＿＿＿＿张图片

＿＿＿＿＿＿(类别4)采集＿＿＿＿＿＿张图片

＿＿＿＿＿＿(类别5)采集＿＿＿＿＿＿张图片

＿＿＿＿＿＿(类别6)采集＿＿＿＿＿＿张图片

＿＿＿＿＿＿(类别7)采集＿＿＿＿＿＿张图片

＿＿＿＿＿＿(类别8)采集＿＿＿＿＿＿张图片

＿＿＿＿＿＿(类别9)采集＿＿＿＿＿＿张图片

＿＿＿＿＿＿(类别10)采集＿＿＿＿＿＿张图片

共计＿＿＿＿＿＿张图片

第三步 模型训练

导入数据集,并对模型进行训练。

第四步 模型测试

模型检准率:＿＿＿＿＿＿＿＿＿＿

模型检出率:＿＿＿＿＿＿＿＿＿＿

对于图像分类的准确率是否满意?　□满意　□不满意

拓展提高

Sklearn 开源机器学习库

Sklearn,又称 Scikit-learn,是一款基于 Python 语言的开源机器学习库,它利用 NumPy、SciPy 和 Matplotlib 等 Python 数值计算库,实现了高效的算法应用。该库几乎涵盖了所有主流的机器学习算法。此外,它还提供了各种实用工具,可用于模型拟合、数据预处理、模型选择与评估等。Sklearn 包含六大任务模块:分类、回归、聚类、降维、模型选择和预处理。

Sklearn 的使用

下面我们将利用 Sklearn 对三类鸢尾花(即山鸢尾、变色鸢尾、维吉尼亚鸢尾)进行分类。Sklearn 的 datasets 模块内置了一些数据集,可以使用内置的 iris 数据集作为训练数据集,并利用决策树算法进行训练。

1. 导入 iris 数据集

```python
# 导入 iris 模块
from sklearn.datasets import load_iris
import numpy as np
# 加载 iris 数据集
iris= load_iris()
# data 是数据特征
X= iris.data
# target 是数据标签
y= iris.target
# 查看特征数据的维度
print('iris 数据集的特征维度为:',X.shape)
# 查看 iris 的类别标签
print('iris 数据集的类别标签为:',np.unique(y))
```

运行代码,结果如下:

iris 数据集的特征维度为:(150,4)
iris 数据集的类别标签为:[0 1 2]

可以看出,该数据集共有 150 个样本,每个样本有 4 个特征,被分成了三个类别,分别是 0、1、2。

2. 将 iris 数据集拆分为训练集和测试集

```python
# 导入数据集拆分工具
from sklearn.model_selection import train_test_split
# 将数据集分为训练集和测试集，其中测试集占 20%
X_train,X_test,y_train,y_test= train_test_split(X,y,test_size= 0.2,random_state= 0)
# 输出训练集中特征的形状
print('训练集数据特征维度：',X_train.shape)
# 输出测试集中特征的形状
print('测试集数据特征维度：',X_test.shape)
# 输出训练集中类别标签的形状
print('训练集类别标签维度：',y_train.shape)
# 输出测试集中类别标签的形状
print('测试集类别标签维度：',y_test.shape)
```

运行代码，结果如下：

训练集数据特征维度：(120,4)
测试集数据特征维度：(30,4)
训练集类别标签维度：(120,)
测试集类别标签维度：(30,)

从输出结果可以看到，训练集及其对应的标签共有 120 个，占总样本的 80%；测试集及其对应的标签共有 30 个，占总样本的 20%。无论在训练集中，还是在测试集中，每个样本的特征数量不变，依旧为 4 个。

3. 使用决策树算法拟合训练数据，并使用测试集进行评分

```python
# 导入决策树算法分类模型
from sklearn.tree import DecisionTreeClassifier
# 建立模型
dtc= DecisionTreeClassifier( )
# 使用 fit 方法进行训练
dtc= dtc.fit(X_train,y_train)
```

```
#  返回预测的准确率
score= dtc.score(X_test,y_test)
print('='* 20)
print('测试集得分:',score)
print('='* 20)
```

利用机器学习模型的 fit 方法,基于已经划分好的训练集,使用其中的样本特征 X_train 以及与之对应的标签 y_train 进行模型训练。

待模型训练完成后,可以借助测试集对模型的表现进行评估。具体操作是:使用训练好的模型对测试集数据进行分类预测,然后将模型得到的预测结果与测试集中样本的实际分类进行对比,从而计算出模型的分数。模型得分越高,说明其预测准确性越高,满分为 1.0。在使用决策树算法进行预测后,其运行结果如下:

```
====================
测试集得分:1.0
====================
```

可以看出,这个模型在测试集上的得分为 1.0。鸢尾花数据集是一个相对简单且平衡的数据集,常被用作测试模型性能的基准。然而,在实际应用中,模型的性能会因数据集的复杂性和不平衡性而有所差异。

评价总结

自查学习成果,填写任务自查表,已达成的打"√",未达成的记录原因。

任务自查表

课前准备:____分钟　　　课堂学习:____分钟　　　课后练习:____分钟　　　学习合计:____分钟

学习成果	已达成	未达成(原因)
了解机器学习的定义和原理		
了解常见的机器学习模型		
掌握机器学习系统的开发步骤		
能够利用 AI 开放平台构建简单的机器学习模型		
在学习和运用机器学习解决问题的过程中,培养问题解决能力和创新思维		

课后练习

一、选择题

(1)（　　）不属于机器学习的特点。

A. 能够处理大规模数据

B. 基于预先设定好的固定逻辑解决问题

C. 自我学习与优化

D. 可以应对复杂、非线性关系

(2) 按照学习方式分类,机器学习算法不包括(　　)。

A. 监督学习　　　　　　　　　　B. 无监督学习

C. 强化学习　　　　　　　　　　D. 混沌学习

(3) 在监督学习中,训练数据(　　)。

A. 只包含输入特征　　　　　　　B. 只包含输出标签

C. 包含输入特征与对应的输出标签　D. 包含任意杂乱数据

(4) 机器学习流程的第一步通常是(　　)。

A. 模型评估　　　　　　　　　　B. 数据预处理

C. 选择算法　　　　　　　　　　D. 数据收集

(5) 在完成模型训练后,需要进行(　　),从而判断模型的好坏。

A. 数据清洗　　　　　　　　　　B. 模型部署

C. 模型评估　　　　　　　　　　D. 特征工程

二、实践题

利用 AI 开放平台,完成一个与实际应用场景相关的机器学习项目,并进行完整的训练和测试流程。参考主题:图像风格分类、产品标签分类、学生绩点预测等。

项目 3 认知人工智能的应用技术

任务 5
认识知识图谱

学习目标

知识目标
- 理解知识图谱的定义及其主要任务
- 能够识别知识图谱在实际应用中的场景，如聊天机器人、搜索引擎、社交媒体分析等

能力目标
- 能够熟练使用知识图谱工具和库，构建简单的知识图谱

素养目标
- 在学习和运用知识图谱技术的过程中，培养问题解决能力和创新思维

 任务情境

小李在学习人工智能相关技术后，对如何利用人工智能技术整合与分析零散信息产生了浓厚兴趣。一次偶然的机会，他在网络上发现了一个利用知识图谱可视化工具成功展示复杂信息的案例，这给了他极大的启发。

作为学校天文社团的一员，小李经常参与天文宣传科普活动。他想到，若能运用所学的知识图谱技术，对太阳系天体间错综复杂的运动规律进行建模与展示，便能让公众更直观地理解太阳系天体的运行情况。请你帮助小李一起完成这项任务。

 知识学习

一、认识知识图谱

1. 知识图谱的定义

知识图谱是指将不同类型的信息连接在一起，从而形成一个关系网络。它综合运用数学、图形学、信息可视化技术、信息科学等学科的理论知识，结合计量学中的引文分析、共现分析等方法，通过可视化图谱来展示知识的整体架构。知识图谱本质上是一种用于描述实体之间关系的语义网络，是一种半结构化数据的表示方法，可以应用于构建智能搜索引擎、推荐系统、问答系统等人工智能领域。知识图谱通过将现实世界中的信息转化为图形，实现对知识的结构化组织和表示。图形中包括节点和边，其中节点表示实体，如人、地点、事物或抽象概念；而边则表示这些实体之间的关系。例如，在足球领域的知识图谱中，球员、联赛、教练、

球队等可以作为实体(节点),而球员参与联赛、教练执教球队则作为关系(边)连接这些节点。

2. 知识图谱的基础知识

(1)知识图谱的数据类型与存储方式

数据是构建知识图谱的基础。知识图谱依赖于丰富多样的数据类型,它们共同构成了图谱中的实体、属性和关系(下文会具体介绍)。同时,为了有效地管理和访问这些数据,知识图谱会采用专门的存储方式。因此,深入理解数据类型与存储方式对成功构建和优化知识图谱至关重要。

① 知识图谱的数据类型。知识图谱的数据类型主要包括结构化数据、半结构化数据和非结构化数据(项目2的任务1中已做介绍)。在知识图谱的构建过程中,不同数据类型各有其独特的应用场景和优势。具体而言,结构化数据为知识图谱提供了稳定的基础支撑;半结构化数据通过灵活的关系表达丰富了图谱的语义信息;非结构化数据则借助文本挖掘等技术手段实现了有效利用。

② 知识图谱的存储方式。知识图谱的存储方式主要有两种:基于RDF(Resource Description Framework,资源描述框架)结构的存储方式和基于图数据库的存储方式。

● 基于RDF结构的存储方式:RDF是一种用于表示资源描述的语义网络模型。该存储方式将知识图谱的三元组信息,即主体(subject)、谓词(predicate)和客体(object),以RDF格式进行存储和表示。RDF格式具有灵活的数据表示能力,能够满足不同领域和应用的需求,同时采用开放标准的设计,可以支持数据的互操作性和共享。常见的RDF存储系统包括Jena和Virtuoso。

● 基于图数据库的存储方式:图数据库是一种专门用于存储和处理图结构数据的数据库。基于图数据库的存储方式将知识图谱中的实体、属性和关系表示为图的节点和边。图数据库采用图结构存储数据,实体与关系之间的映射关系直观且清晰。图数据库通过图遍历算法实现高效的查询操作,对复杂的关系查询具有良好的性能优势。常见的图数据库系统包括Neo4j、Amazon Neptune和Dgraph。

(2)知识图谱的构建基础

知识图谱的构建基础主要包括实体、属性、关系等知识元素。知识图谱通过将这些元素进行抽象、分类和表示,最终形成一张图谱,使得计算机能够更好地理解和利用这些知识。

① 实体是知识图谱中的节点,代表现实世界中的对象或概念。例如,在"太阳系"知识图谱中,实体可以包括以下内容。

行星:如地球、火星、木星等。

恒星:太阳。

卫星:如月球、火卫一、木卫二等。

② 属性用于描述实体的特征和性质。每个实体都可以拥有多个属性。例如,在"太阳系"知识图谱中,属性可以包括以下内容。

行星：直径、质量、轨道半径、自转周期、公转周期等。

恒星：表面温度、亮度、年龄等。

卫星：直径、质量、轨道半径、绕行行星等。

③ 关系用于描述实体之间的关联。其类型包括一对一、一对多或多对多。例如，在"太阳系"知识图谱中，关系可以包括以下内容。

行星与恒星之间的关系：绕行（如地球绕行太阳）。

行星与卫星之间的关系：拥有（如地球拥有月球）。

将上述实体、属性和关系进行抽象、分类和表示，最终可形成一张"太阳系"知识图谱。通过知识图谱，计算机可以更好地理解和利用"太阳系"的知识，可以回答诸如以下问题：太阳系中有哪些行星？地球的卫星是什么？木星有多少颗卫星？

(3) 知识图谱的逻辑结构

在了解了知识图谱的构建基础之后，我们需要进一步了解知识图谱的逻辑结构，它决定了知识的组织、存储和应用方式。

知识图谱通常分为数据层和模式层，两者紧密配合，类似于"实例"与"模板"的关系。数据层主要由一系列事实组成，这些事实以个体事实为单位进行存储。例如，在"太阳系"知识图谱中，数据层存储了"地球绕行太阳""月球是地球的卫星"等具体事实，如图3.5.1所示。模式层则构建在数据层之上，主要通过本体库来规范数据层的一系列事实表达。本体（Ontology）是结构化知识库的"概念模板"，它定义了知识图谱中实体、属性以及关系的类型和约束规则。通过本体库形成的知识库具有较强的层次结构和较小的冗余度，使得知识的组织和检索更加高效。也就是说，模式层的作用是定义实体和属性、建立关系模板以及对数据进行规范化处理。例如，在"太阳系"知识图谱中，模式层定义了"行星"是一个实体，具有"直径""质量"等属性；规定了"行星"与"恒星"之间存在"绕行"的关系；通过提供结构化的模板，模式层能够将数据层中的具体事实（如各个行星的数据）按照统一的格式进行组织和存储。

▲图 3.5.1　太阳系知识图谱结构

> **问题探究**
>
> 在构建大学二年级的"动画设计专业课程"知识图谱时,获取到以下数据,请列出其中的实体、属性和关系。
>
> 表 3.5.1 知识图谱数据
>
> | 数据类型 1 | 数据类型 2 |
> | --- | --- |
> | 大学语文 | 课程类型:公共必修课;学分:2 |
> | 动画造型设计 | 课程类型:专业核心课;学分:3 |
> | 人工智能基础 | 课程类型:公共选修课;学分:3 |
> | 张老师 | 职称:副教授;教授课程:人工智能基础 |
> | 小李 | 年龄:19 岁;年级:大二 |

3. 知识图谱的主要任务

(1) 数据获取

知识图谱的数据获取主要依赖于知识抽取技术,这一技术能够从结构化、半结构化和非结构化数据中提取出有用的信息。知识图谱的构建是后续应用的基础,数据获取是构建知识图谱的前提条件,也是自动构建知识图谱的关键要素。除本项目任务 4 中提及的网络爬虫、API 接口、数据库查询及文件导入等数据获取方法外,还可通过自然语言处理、众包平台、专家系统等途径获取数据。

① 自然语言处理:对文本数据进行解析并执行语义理解,从而提取出实体、属性、关系等结构化信息。这是构建知识图谱的关键步骤之一。

② 众包平台:利用大众的智慧和力量进行数据收集和标注,如百度百科等。

③ 专家系统:依靠领域专家的知识和经验对数据进行提取与验证,以确保数据的准确性和可靠性。

数据源通常可以分为公开数据集和私有数据。公开数据集提供了丰富的通用知识,适用于构建通用知识图谱;而私有数据则更适用于构建特定领域的知识图谱。在选择数据源时,应考虑数据的可靠性、相关性、完整性和更新频率等因素。

(2) 信息抽取

信息抽取是指从不同来源、不同结构的数据中提取事实性信息,并将这些信息提供给知识图谱进行进一步加工与处理。信息抽取的数据源可以是结构化数据(如链接数据、数据库)、半结构化数据(如网页中的表格、列表)和非结构化数据(如纯文本数据)。面对不同类型的数据源,知识抽取所需解决的技术难点及涉及的关键技术存在差异。

具体来说,知识图谱信息抽取通常包括两个子任务,如图 3.5.2 所示。一是命名实体识别(实体抽取),即从文本中检测出命名实体,并将其归类至预定义类别,如人物、组织、地点、时间等。命名实体识别是执行知识抽取其他任务的基础。二是关系抽取，即从文本中识别并抽取出实体及其之间的关系。例如，从句子"木星是太阳系中最大的行星"中识别出实体"木星"以及关系"是太阳系中最大的……行星"。关系抽取可以通过模式匹配、依存句法分析或深度学习模型（如 RNN、CNN、Transformer）等技术实现。此外，根据具体的应用场景和需求，知识图谱信息抽取还可包括属性抽取、事件抽取等其他任务。

▲图 3.5.2　信息抽取流程

在知识图谱的信息抽取过程中，需要使用到自然语言处理、机器学习等多种技术。例如，可借助依存句法分析技术剖析句子结构并提取主谓宾关系，还可以使用机器学习模型（如条件随机场模型、最大生成树模型等）来识别实体间的关系。

(3) 关系构建

关系构建是知识图谱构建中的关键环节，主要涉及关系分类、关系验证等步骤。信息抽取的结果可能包含多种类型的关系，因此需要对这些关系进行分类，确定其准确的语义类型。这通常需要通过训练一个多分类模型来完成。此外，在完成关系分类后，还需要对关系进行验证，以确保其准确性和可靠性。关系验证可以通过对比不同数据源的信息、利用逻辑推理规则或引入人工审核等方式进行。

另外，知识图谱关系构建还需要考虑关系的表示和存储。在知识图谱中，关系通常使用三元组的形式来表示，这种表示形式使得知识图谱具有良好的可扩展性和灵活性，便于进行复杂的查询和推理。

(4) 知识推理

知识推理是指基于已有知识获得潜在知识的过程，也可以是根据知识库中已有的规则推演出新规则。知识推理在知识问答、语义搜索等领域扮演着关键角色。此外，知识推理还为未来人工智能的发展提供了核心动力，因为它可以帮助机器更好地理解和应用各种领域的知识，从而实现更加智能化的人机交互。知识推理存在着多种类型，主要包括逻辑推理、不确定推理、单调推理与非单调推理、启发式推理与非启发式推理。

① 逻辑推理又可细分为演绎推理和归纳推理两种。演绎推理是一种由一般到特殊、自上而下的推理方法，即从一个或多个前提出发，通过逻辑推导得出必然的结论。此推理过程基于已知的普遍原则或规律，推导出一个或多个与之相关的特殊情况。归纳推理是一种从特殊到一般、自下而上的推理方式，即通过对一系列特殊现象的观察和总结，得出适用于一般情况的原则或规律。此推理过程通常依赖于经验和实证数据，用于探索和发现新的知识与规律。

② 不确定推理是一种基于不完备或模糊知识，具有某种程度不确定性的推理方式。在这类推理中，通常无法确定某个结论的真假，而是需要通过概率、模糊逻辑等方法描述

和处理不确定性。

③ 单调推理是一种逐步逼近目标的推理方式。随着推理的进展和新知识的引入,推理结论会单调递增,并逐渐接近最终目标。在单调推理过程中,新知识不会推翻已有的结论,而是不断丰富和完善这些结论。非单调推理则是一种需要动态调整的推理方式。随着新知识的引入,可能需要重新评估甚至否定之前的结论,并进行修正。这种推理方式通常涉及不确定性和不完备性的知识,因此需要根据新信息进行灵活调整和更新。

④ 启发式推理是一种基于启发式规则的推理过程。这些规则通常来源于经验或直觉,可能并不完全准确或适用于所有情况。相比之下,非启发式推理则是一种基于逻辑和证据的推理过程,通过严谨的分析得出较为准确的结论。

(5) 知识融合

知识融合是将多源异构数据进行对齐、整合与推理,最终生成语义一致、结构统一的知识图谱的过程。知识融合作为知识图谱构建的核心环节,不仅影响知识图谱结构的完整性,还直接决定了其在后续推理与应用中的价值。该过程涉及融合来自多个不同来源的同一实体或概念的描述信息,需要确认等价实例、等价类或子类、等价属性或子属性等内容。知识融合不仅包括实体的合并,还涉及关系的规范化及矛盾数据的解决,目标是使数据之间形成可解释、可复用的关联网络。

知识融合面临的主要技术挑战包括数据质量挑战(如命名模糊、数据输入错误、数据缺失、数据格式不一致、缩写等)与数据规模挑战(如数据量大、数据种类多样、不再单纯通过名字匹配、多种关系、更多链接等)。为了实现知识融合,通常需要先对数据进行预处理,包括语法正规化、语法匹配、属性综合、数据正规化等步骤,以提高后续连接的精确度。随后,通过记录连接过程,即计算属性相似度和实体相似度,实现不同来源知识的融合。

(6) 知识表示

知识表示是将知识以某种形式(如符号、结构、模型)表达出来,以便存储、处理和推理的过程。它是知识的具体化,是知识在计算机或系统中的表现形式。知识表示依赖于特定的形式或技术,而知识本身则是独立于表示形式的抽象概念。知识表示的方法主要有以下几种。

① 逻辑表示:使用谓词形式来表示动作的主体、客体,利用逻辑公式描述对象、性质、状况和关系。逻辑表示法主要分为命题逻辑和谓词逻辑,适用于自动定理证明和知识推理。例如,可以用谓词逻辑将"地球绕太阳公转"表示为"Orbits(Earth, Sun)"。

② 产生式表示:又称规则表示,采用"IF-THEN"形式,描述一种"条件—结果"的知识。它主要用于描述知识之间的控制关系,以及陈述各种过程知识中的相互作用机制。例如,可以用产生式规则表示"IF 地球绕太阳公转 THEN 地球属于太阳系"。

③ 框架表示:是一种将针对特定事件或对象的完整知识整合在一起的复杂数据结构。框架由固定的框架名(或称主体)以及下层的槽组成。槽作为框架的基本组成部分,可进一步细分为侧面,用于对槽的属性、取值范围等进行更细致的描述。多个相互关联的框架可以通过链接组成框架系统。例如,可以用框架表示"地球"实体。

框架名:Earth

槽1:name="地球"

槽2:mass=5.972×10^24 kg

槽3:orbitalPeriod=365.25 days

④ 图结构表示:用节点表示实体,用边表示关系,适用于需要语义推理以及复杂关系表示的场景,如搜索引擎和问答系统。

⑤ 表格表示:用表格的行和列表示实体及其属性,适用于结构化数据的存储和查询。

⑥ 文本表示:使用自然语言来表示知识,适用于人类可读且表达能力强的场景。

⑦ 向量表示:将知识以向量或嵌入的形式表示,适用于机器学习算法和语义相似度计算。

> **问题探究**
>
> 在构建知识图谱的过程中,如何将自然语言中的逻辑概念提取并融入实体与关系的关联中?

二、学会应用知识图谱工具

1. Neo4j 数据库

Neo4j 是一个高性能的开源 NoSQL 图数据库,使用图形模型来存储数据,并支持复杂的图形查询。Neo4j 将结构化数据存储在图结构中(从数学角度称为图),而非传统的表格形式。它是一个嵌入式的、基于磁盘的、具备完全事务特性的 Java 持久化引擎。Neo4j 提供了全面的数据库功能,支持 ACID 事务、集群部署、备份与故障转移等,使其非常适用于企业级生产环境下的各类应用场景。Neo4j 有两个主要版本:企业版和社区开源版。企业版需付费购买授权,提供高可用性、热备份等高级功能;而社区开源版则免费向用户开放,但仅支持单节点运行模式。

在图数据库中,节点是核心的数据元素,它们通过关系与其他节点相连,并且节点和关系都可以拥有各自的属性。Neo4j 使用 Cypher 作为其查询语言。Cypher 是一种声明式的图形查询语言,允许用户以直观的方式描述他们想要从图形中获取的信息。下面将介绍 Neo4j 的使用方法。

(1) 成为 Neo4j 数据库使用者

登录 Neo4j 数据库官网,下载并安装数据库。完成安装后,通过网址(http://localhost:7474/)进入数据库首页,如图 3.5.3 所示。

(2) 构建关系实体

点击左上角的按钮进入数据库,再点击"Property Keys"创建所需的关系实体,如图 3.5.4 所示。

Neo4j 数据库的使用方法

(3) 形成关系图

在关系实体创建完成后,需要确定实体间的关系。点击"Relationship Types",然后输入实体间的关系,如图 3.5.5 所示。

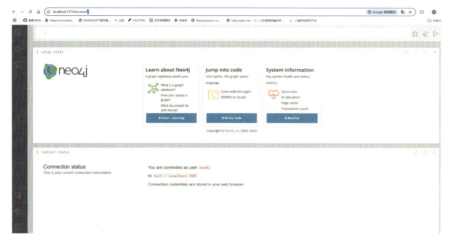

▲图 3.5.3　Neo4j 数据库首页

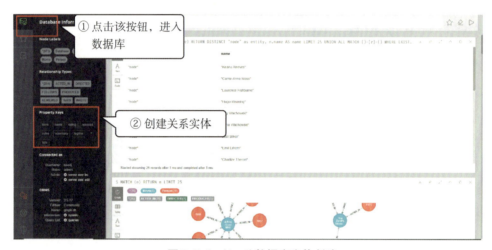

▲图 3.5.4　Neo4j 数据库实体创建

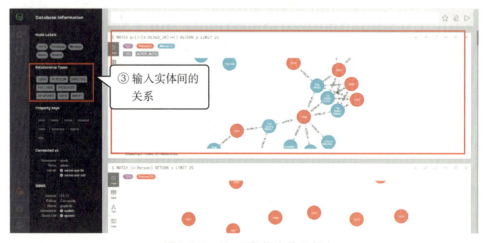

▲图 3.5.5　Neo4j 数据库关系创建

> **操作探究**
>
> 在将数据导入 Neo4j 数据库时,对比结构化数据与非结构化数据对构建关系图的影响。
>
> (1) 结构化数据
>
> 　　步骤 1:打开 Neo4j 数据库。
>
> 　　步骤 2:导入结构化数据(纯文本)。
>
> 　　步骤 3:输出关系图。
>
> (2) 非结构化数据
>
> 　　步骤 1:打开 Neo4j 数据库。
>
> 　　步骤 2:导入非结构化数据(可自行从网络上下载公开的数据)。
>
> 　　步骤 3:输出关系图,并将其与由结构化数据生成的关系图进行对比。

2. NRD Studio 图谱

NRD Studio(享岚脑图)是一款在线知识图谱制作工具,集数据编辑、可视化和分析于一体,能够全方位、多层次挖掘关系链。我们可以先利用 DeepSeek 构建知识图谱的关系数据,随后将其导入 NRD Studio 中,以此生成知识图谱。

微课 NRD Studio 知识图谱创建方法

(1) 运用 DeepSeek 构建知识图谱的关系数据

这里以构建人工智能知识图谱为例进行介绍。在 DeepSeek 中输入如下提示词,自动生成 JSON 格式的人工智能知识数据库,如图 3.5.6 所示。

> 梳理人工智能知识图谱相关概念,以 JSON 的形式输出,输出的 JSON 须遵守 NRD Studio 模板文件格式,参考:{nodes:[],links:[]},每个节点 node 包含属性 id(编号)、name(名称)、desc(描述),每条关系 link 包含 source(源节点 id)、target(目标节点 id)、relation(关系名称)。

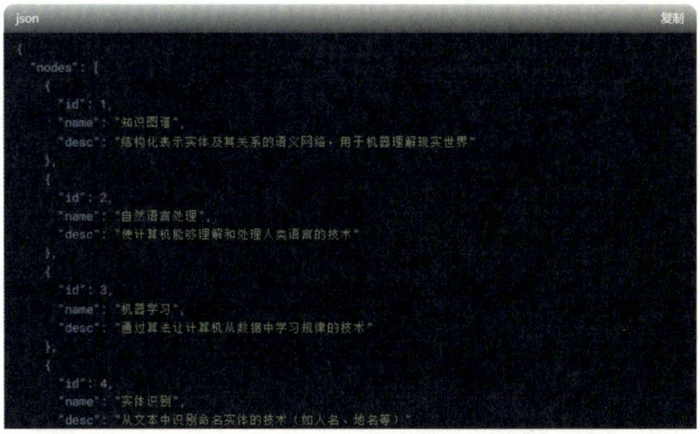

▲图 3.5.6　运用 DeepSeek 构建知识图谱的关系数据

(2) 运用 NRD Studio 生成知识图谱

在浏览器中打开 NRD Studio，注册并登录平台。进入"我的项目"界面，点击"导入"按钮，如图 3.5.7 所示。点击"高级"，进入"本地导入"对话框，项目类型选择"2D 图谱"（也可以选择其他类型），导入的数据类型选择"JSON"，文件类型选择"纯文本"，将 DeepSeek 生成的数据复制到文本数据框中，点击"开始解析"，如图 3.5.8 所示。

▲图 3.5.7　NRD Studio 项目界面

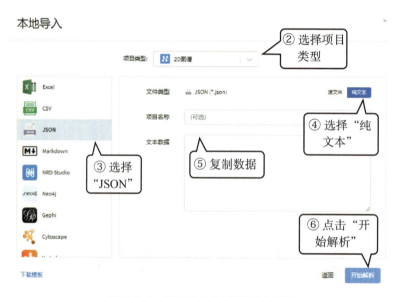

▲图 3.5.8　NRD Studio 数据导入界面

确认各节点及其关系正确后，点击"开始导入"，平台将自动创建知识图谱。在编辑界面，可修改知识图谱的各项属性（如颜色等），如图 3.5.9 所示。拖动知识图谱中的节点，体会各节点之间的逻辑关系。

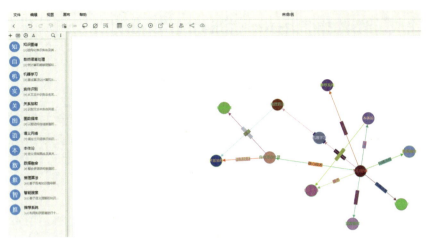

▲ 图 3.5.9　NRD Studio 编辑界面

选择"文件/导出/文本文件",点击"导出"按钮,将文件保存到本地。我们可以将构建完成的知识图谱部署到其他平台(如 Coze)上,作为知识库使用,以训练出属于自己的智能机器人。

任务实施

构建太阳系天体知识图谱

第一步　构建太阳系天体知识图谱

(1) 方法 1:运用 Neo4j 数据库构建知识图谱。

① 导入数据。在将数据导入 Neo4j 数据库之前,需要将关系数据整理成适合 Neo4j 处理的格式。通常有以下两种方式:

CSV 文件:_____。

Cypher 语句:_____。

② 使用 Neo4j-admin 工具批量导入数据。确保 CSV 文件格式正确,并放在 import 目录下。在终端运行以下命令:

neo4j-admin import --nodes=import/users.csv --relationships=import/friends.csv

③ 形成三元组数据。进入 Neo4j 数据库,在"Property Keys"中设置实体节点,实体节点 1 是"solar system"(太阳系),实体节点 2 是"planet"(行星),实体关系是"BY-PASS"。通过链接的方式将相关信息关联在一起,形式(a,b,c)三元组数据,其中 a 是 _____,b 是 _____,c 是 _____。

在完成知识图谱构建后,将 Neo4j 数据库中的信息导出为 JSON 格式数据。

(2) 方法 2:运用 NRD Studio 构建知识图谱。

① 在 DeepSeek 中输入提示词,生成知识图谱关系数据。

是否满意:□满意　□不满意(调整提示词:＿＿＿＿＿＿＿＿＿＿＿＿＿＿)

② 打开 NRD Studio,导入关系数据。知识图谱生成后,需检查各节点及其之间的关系。若发现不足之处,可进一步进行编辑和完善。此外,还可调整知识图谱的布局、主题、颜色等属性。在完成知识图谱构建后,将相关数据导出为 TXT 格式。

第二步　利用 Coze 创建知识库智能体

① 在浏览器中打开 Coze,注册并登录。进入"个人空间",点击左侧的"+"号,创建智能体。为智能体取名,点击"确认"。点击"知识/文本"后面的"+"号,添加知识库。

② 点击"创建知识库",进入对话框,选择"文本格式",输入名称,导入类型选择"本地文档",选择前面导出的知识图谱数据库文件,点击"创建并导入",完成智能体的创建。

③ 尝试在知识库范围内向智能体提问,检测其回答是否正确。

你对创建的智能体是否满意:□满意　□不满意(需要改进之处:＿＿＿＿＿＿＿)

拓展提高

TransE 知识图谱嵌入模型

TransE 是一种知识图谱嵌入经典模型,其主要作用是将知识图谱中的实体和关系映射到低维向量空间中。该模型通过优化能量函数将实体与关系向量之间的差异最小化,从而实现知识表示的学习。TransE 的核心思想是将头实体向量、尾实体向量和关系向量进行平移操作,使得头实体向量与关系向量之和近似等于尾实体向量,即 $h+r \approx t$,其中 h 表示头实体向量,r 表示关系向量,t 表示尾实体向量。例如:

假设知识图谱中有一个三元组:(北京,位于,中国)。

向量表示如下:

h(北京的向量):[0.2,0.5,−0.1]

r(位于的向量):[0.0,0.3,0.4]

t(中国的向量):[0.2,0.8,0.3]

验证平移假设:

$h+r=$ [0.2,0.5,−0.1]$+$ [0.0,0.3,0.4]$=$ [0.2,0.8,0.3]$= t$

此时,能量函数 f(h,r,t)= 0,表示该三元组完全符合平移假设。

TransE 模型在知识图谱嵌入领域表现出色,尤其是在链接预测任务方面。实验结果表明,TransE 在大多数情况下的表现均优于其他主流的知识图谱嵌入方法。该模型的应用场景包括推荐系统、信息检索、自然语言处理等领域。

评价总结

自查学习成果,填写任务自查表,已达成的打"√",未达成的记录原因。

任务自查表

课前准备:____分钟　　课堂学习:____分钟　　课后练习:____分钟　　学习合计:____分钟

学习成果	已达成	未达成(原因)
理解知识图谱的定义及其主要任务		
能够识别知识图谱在实际应用中的场景		
能够熟练使用知识图谱工具和库,构建简单的知识图谱		
在学习和运用知识图谱技术的过程中,培养问题解决能力和创新思维		

课后练习

一、填空题

(1)知识图谱可以将所有不同类型的信息连接在一起,从而形成一个_____。

(2)知识图谱本质上是一种语义网络,是基于图的数据结构,由_____和_____组成。

(3)在知识图谱中,每个节点表示现实世界中存在的_____,每条边为实体与实体之间的_____。

(4)在知识图谱中,实体之间的关联通常通过_____来表示,这些关联可以是属性、关系或类别等信息。

(5)_____是一种专门用于存储和处理图结构数据的数据库。

二、实践题

运用知识图谱工具和库,尝试构建一个包含电影、演员、导演等实体及其关系的知识图谱。

数据来源如下:
- 豆瓣电影 API
- 百度搜索电影数据
- 自选电影数据集(可选)

任务 6 认识人工智能芯片

学习目标

知识目标
- 了解人工智能芯片的基本概念及其重要性
- 掌握人工智能芯片的主要类型及其应用场景

能力目标
- 能够识别不同类型的人工智能芯片及其特性
- 能够依据具体的应用场景，选择适配的人工智能芯片

素养目标
- 提高对人工智能技术发展趋势的关注度和思考能力
- 培养对智能硬件技术的学习兴趣

任务情境

小张近期特别关注 DeepSeek、通义千问等大语言模型。他了解到，搭载龙芯 3 号 CPU 的设备已成功启动并运行 DeepSeek-R1 7B 模型，实现了该模型的本地化部署。这一突破标志着国产芯片与 AI 大模型的协同适配取得了实质性进展，为构建自主可控的人工智能技术生态奠定了基础。

为了更深入地了解这些设备的实际运作方式，小张还前往人工智能展览会。他在惊叹我国人工智能大模型发展迅速的同时，也有一些疑惑。支撑这些技术高速运转的究竟是什么样的设备？是什么样的计算平台，能够训练如此庞大的模型，并支撑这些 AI 技术在实际应用中发挥作用？AI 芯片究竟是什么？它和普通的芯片有什么区别？应该怎么选择 AI 芯片？带着这些疑问，小张踏上了一场探索之旅。

知识学习

一、认识人工智能芯片

1. 什么是人工智能芯片

人工智能芯片是专为高效执行人工智能计算任务设计的计算硬件。它通过融合新型计算范式与半导体创新工艺，显著提升了智能算法的能效比和实时响应能力。这类芯片已成为智能计算基础设施的核心组件，并构建起差异化产品矩阵，能够满足自动驾驶、工业质检、智慧医疗等场景的算法部署需求。

国产人工智能芯片博览

人工智能芯片的发展历程可追溯至20世纪50年代。随着人工智能技术不断取得突破，芯片硬件也历经了多次重要演变。其发展过程经历了从中央处理器（CPU）到图形处理器（GPU），再到专用AI芯片和定制化芯片的转变。随着技术持续进步，芯片的计算能力不断提升，应用场景也在不断拓展。

2. 人工智能芯片的技术路线

当前，人工智能芯片已形成四大主流技术路线，即图形处理器（GPU）、现场可编程门阵列（FPGA）、专用集成电路（ASIC）和神经网络处理器（NPU）。

① 图形处理器（GPU）：凭借大规模并行计算架构（如NVIDIA的CUDA核心集群架构），在深度学习训练领域占据了主导地位。GPU的SIMD（单指令多数据流）特性非常契合神经网络参数并行更新的需求。

② 现场可编程门阵列（FPGA）：凭借硬件的可重构特性（如Xilinx的CLB可配置逻辑块），实现对计算单元与内存层次结构的动态重构，从而在算法快速迭代阶段（如自动驾驶感知算法的验证）展现出独特优势。FPGA的典型能效比可达CPU的10—30倍。

③ 专用集成电路（ASIC）：通过全定制化设计（如谷歌TPU采用的脉动阵列架构），在特定算法场景下实现了极高的计算效能。ASIC的计算密度通常可达FPGA的5—8倍。

④ 神经网络处理器（NPU）：专为卷积神经网络、Transformer等网络拓扑设计，采用了优化的指令集架构（如华为的达芬奇架构）。NPU通过算子融合技术，将典型AI工作流的延迟降低至毫秒级。

3. 人工智能芯片与传统芯片的区别

随着人工智能技术的快速发展，专门用于AI计算的芯片——人工智能芯片应运而生。相比传统芯片（如CPU和GPU），AI芯片在设计目标、架构、性能优化及应用场景等方面均展现出独特的优势，并在智能计算领域扮演着越来越重要的角色。AI芯片与传统芯片的差异主要集中体现在以下几方面。

（1）设计目标与应用场景

传统芯片：CPU和GPU是通用处理器，旨在执行广泛的计算任务，包括操作系统管理、应用程序运行和图形渲染等。它们适用于多种应用场景，但在处理特定任务时可能效率较低。

AI芯片：专为加速人工智能算法（如深度学习、机器学习）而设计，能够高效处理大量并行计算任务，适用于图像识别、语音识别、自然语言处理等AI应用。

（2）架构与计算能力

传统芯片：CPU主要采用串行处理架构，擅长处理复杂的逻辑运算和顺序任务。GPU则采用并行处理架构，适合处理大量相同类型的计算任务，如图形渲染。

AI芯片：通常采用高度并行的架构，内置大量乘加运算单元（乘加单元是机器学习和深度学习算法中的基本计算单元），专门针对矩阵乘法和向量加法等操作进行优化，以满足深度学习等AI算法的高计算性能需求。

(3) 性能与效率

传统芯片：在执行 AI 算法时，CPU 的计算能力往往难以满足需求，导致处理速度缓慢、性能下降，无法满足实际商用场景的需求。GPU 虽然在并行计算方面表现出色，但其功耗较高，大规模部署所需成本也相对昂贵。

AI 芯片：通过硬件级优化，在执行 AI 算法时能够表现出更高的计算速度和能效比，以满足实时性、高效性等计算要求。

(4) 能耗与成本

传统芯片：CPU 和 GPU 的能耗均相对较高，尤其在处理复杂 AI 任务时，可能会出现设备过热、电池续航能力不足等问题。此外，GPU 的成本较高，限制了其在某些应用场景的普及。

AI 芯片：通常功耗更低，非常适合嵌入式设备和移动终端，有助于降低设备功耗，从而延长设备的电池续航时间。同时，随着半导体制造工艺等技术的进步，AI 芯片的成本逐渐降低，推动了其在各行业的应用。

(5) 灵活性与通用性

传统芯片：CPU 和 GPU 属于通用型芯片，能够处理多种类型的任务，具有较高的灵活性。

AI 芯片：虽然在特定 AI 任务上表现出色，但在处理非 AI 任务时可能不如传统芯片灵活。因此，AI 芯片通常与传统芯片协同工作，以发挥各自的优势。

4. 人工智能芯片的关键性能指标

人工智能芯片是专为加速人工智能算法而设计的硬件，其性能将直接影响 AI 应用的效率和效果。在评估 AI 芯片性能时，主要关注算力、能耗比和存储结构三个关键指标。

(1) 算力

算力是衡量芯片处理信息能力的核心指标，通常以每秒浮点运算次数（FLOPS）或每秒操作数（TOPS）来表示。在 AI 领域，算力主要用于评估芯片在训练和推理过程中处理复杂算法的能力。高算力的芯片能够更快速地完成深度学习模型的训练和推理任务。

AI 模型的训练阶段通常需要大量的计算资源，一般采用高精度浮点运算（如 FP32）来保证模型的训练精度。而推理阶段对计算资源的需求相对较低，常采用低精度运算（如 INT8）以提高计算效率。因此，AI 芯片的算力不仅取决于其峰值性能，还取决于其在不同运算精度下的表现。

(2) 能耗比

能耗比指芯片在执行特定任务时的性能与能耗的比值，通常以 TOPS/W（每瓦每秒万亿次操作）表示。在 AI 应用中，能耗比是评估芯片性能与功耗之间平衡的关键指标。高能效的芯片能够在保持低功耗的同时，提供充足的计算能力，从而延长设备的使用寿命，这在移动设备和边缘计算场景中尤为重要。

AI芯片的能耗取决于多个因素,包括芯片架构、制造工艺、工作负载和优化程度等。一些创新的设计和技术可以帮助 AI 芯片降低能耗,如专门针对 AI 计算任务进行优化的架构、低功耗制造工艺、智能功耗管理等。

对于需要长时间运行或依赖于电池供电的设备,低能耗的 AI 芯片可能更具优势;而对于需要高性能计算的场景,则可能更关注芯片的计算能力和性能表现。因此,在选择 AI 芯片时,需要权衡性能与能耗之间的平衡,以满足具体应用场景的需求。

(3) 存储结构

存储结构涉及芯片内部和外部的内存层次设计,包括缓存、内存带宽和容量等。在 AI 芯片中,优化的存储结构能够提高数据访问速度,减少内存访问延迟,提升整体性能。例如,采用高带宽内存和高效的内存管理策略,可以有效支持大规模数据的处理需求。

AI 芯片通常采用多级缓存与高带宽内存架构,以此降低数据访问延迟。由于 AI 芯片的内存访问能耗远高于算力能耗,因此,优化内存层次结构和数据流是降低能耗、提升性能的关键。内存带宽决定了芯片与内存之间的数据传输速率,这一特性对于需要处理大量数据的 AI 应用而言至关重要。内存容量则影响着芯片能够处理的数据规模。若内存过小,可能会导致频繁的数据交换,从而影响系统性能。因此,在设计 AI 芯片时,需要在内存带宽、容量以及功耗之间寻求平衡。

总之,在设计和评估 AI 芯片时,需要综合考虑算力、能耗比和存储结构等指标,以满足特定应用场景的需求。例如,在边缘计算和移动设备中,可能更关注能效与存储优化;而在数据中心和高性能计算场景中,则可能更关注算力与内存带宽。随着 AI 技术的不断发展,芯片设计也在不断演进,以适应新的应用需求。

> **问题探究**
>
> 人工智能芯片作为智能时代的"算力引擎",正在深刻改变着我们的生活方式和产业形态。请结合以下问题,思考并分享自己的观察与见解。
>
> ● 在我们的日常生活中,哪些设备或应用可能使用了人工智能芯片?这些设备在使用体验上与传统的电子产品有什么不同?
>
> ● 在使用智能手机拍照、调用语音助手等功能时,你是否感受到响应速度或处理效果有显著提升?这些性能提升与设备中的人工智能芯片有什么关系?

二、了解人工智能芯片的主要类型

根据设计目标、架构优化和应用场景,当前的人工智能芯片大致可以分为三类:通用 AI 芯片、专用 AI 芯片和边缘 AI 芯片。

1. 通用 AI 芯片

通用 AI 芯片主要指那些原本用于通用计算任务,但由于具备强大的并行运算能力而被广泛应用于人工智能领域的芯片,其代表包括 CPU 和 GPU。这类芯片的设计初衷并非专门针对 AI 应用,但凭借其成熟的生态系统和灵活的运算模式,仍然在众多 AI 场景中占据重要位置。项目 2 的任务 3 已对 CPU、GPU 进行了详细介绍,这里不再赘述。

2. 专用 AI 芯片

专用 AI 芯片是针对人工智能应用需求设计的硬件,其核心目标是大幅提升在特定 AI 任务(如神经网络计算)中的效率,其代表包括张量处理单元(TPU)、神经网络处理单元(NPU)和语言处理单元(LPU)等。其中,TPU 在项目 2 的任务 3 中已进行介绍,这里主要介绍 NPU 和 LPU。

(1)神经网络处理单元(NPU)

NPU 是一种专门为加速人工智能和机器学习任务而设计的处理器。与传统的 CPU 和 GPU 相比,NPU 针对深度学习算法中的矩阵和向量运算进行了优化,能够更高效地执行 AI 计算任务。NPU 的架构随着新 AI 算法、模型和应用场景的发展而不断演进,旨在以低功耗实现 AI 推理加速。其主要特点包括高并行度、低功耗和实时处理能力,这些特点使其在需要即时反馈的应用中表现出色。随着 AI 技术的发展,NPU 被广泛应用于智能手机、平板电脑、笔记本电脑等设备中,执行图像处理、语音识别和自然语言处理等任务。需要注意的是,虽然 NPU 在 AI 计算方面具有优势,但并非所有 AI 应用都必须依赖 NPU。对于一些简单或对性能要求不高的任务,CPU 或 GPU 仍然能够胜任。总的来说,NPU 作为专用的 AI 加速器,正在推动人工智能技术在各个领域的应用和发展。

例如,寒武纪 Cambricon-1M-4K 就是一款高性能的 NPU 芯片,如图 3.6.1 所示。它属于寒武纪第三代架构的高端版本,采用 4096MAC 8 位定点运算器。在 1GHz 主频下,其 8 位定点运算的峰值速度为 8TOPS,16 位定点运算的速度为 4TOPS,32 位定点运算的速度为 1TOPS。该芯片支持多种数据位宽,并具备低功耗、高性能的特点。Cambricon-1M-4K 专为人工智能任务设计,适用于多路视频实时处理、自动驾驶等场景。

▲图 3.6.1 寒武纪 Cambricon-1M-4K

(2)语言处理单元(LPU)

LPU 是一种专门为语言处理任务而设计的硬件处理器。与传统 GPU 不同,LPU 专注于优化文本数据处理,旨在更为高效地执行自然语言理解、文本生成等任务。LPU 为推理芯片领域开辟了一条全新的技术路径。它专为语言处理进行了优化设计,在性能上远超传统 GPU,同时在能效和成本控制方面也具备显著优势。凭借这些优势,LPU 为未来大规模语言模型的高效推理提供了有力的硬件支撑,有望推动整个行业向更高性能、更低功耗的方向发展。

LPU 的优势在于：针对特定 AI 任务进行优化，具有更高的能效比；能够显著缩短模型训练和推理的时间；在特定应用场景（如数据中心、嵌入式系统）中具有明显优势。然而，LPU 也有不足之处，主要包括：灵活性较低，适用于预定任务和固定算法；开发门槛较高，需要专用的工具链和优化策略；部分芯片对软件生态有较强依赖。

3. 边缘 AI 芯片

边缘 AI 芯片是专门为物联网、移动设备以及其他边缘计算场景而设计的硬件。这类芯片的目标是将 AI 计算能力"下沉"到终端设备，从而实现本地数据的实时处理与决策。边缘 AI 被广泛应用于智能家居与智能安防、移动设备与可穿戴设备、工业自动化与物联网等领域。

（1）设计特点

边缘 AI 芯片具备低功耗、高集成度以及出色的实时性与本地推理能力等特性。边缘 AI 芯片通常采用低功耗架构和优化算法，确保在电池供电或能耗受限的条件下仍能维持较高的处理效率，这一低功耗设计在设备长期运行及无线环境中尤为重要。同时，为满足小型设备对体积的要求，该类芯片往往集成处理核心、内存、传感器接口以及无线通信等多个模块，这种集成设计不仅能节省空间，还能降低系统整体能耗和延迟。此外，边缘 AI 芯片能够在本地完成数据处理和模型推理，减少对云计算资源的依赖，实现毫秒级响应速度。实时性对于智能安防、自动驾驶、工业控制等应用场景而言至关重要。

然而，边缘 AI 芯片也存在一定的局限性，具体体现在以下几个方面：其一，受硬件资源限制，其处理复杂模型的能力不及数据中心级 AI 芯片；其二，对外部数据存储与大规模数据分析的支持能力相对薄弱，通常需要与云端系统协同工作；其三，边缘 AI 芯片的开发环境和工具链相对较新，亟待进一步标准化，并构建完善的生态系统。

（2）代表产品

边缘 AI 芯片的代表产品有华为 Ascend（昇腾）系列、英伟达 NVIDIA Jetson 系列等。

① 华为 Ascend（昇腾）系列：该系列的 Ascend 310、Ascend 910B（适用于云端）芯片，采用达芬奇架构，效能高、功耗低，适用于智能边缘计算、安防、自动驾驶等场景，如图 3.6.2 所示。该系列芯片凭借强大的 AI 推理能力，能够支持多种深度学习框架。

② 英伟达 NVIDIA Jetson 系列：该系列的 Jetson Orin、Jetson Xavier NX、Jetson Nano 芯片，搭载了 NVIDIA CUDA、TensorRT 技术，可加速 AI 推理过程。该系列芯片凭借强大的 GPU 加速能力，广泛应用于自动驾驶、机器人、智能监控等领域。

▲图 3.6.2　华为昇腾 910B

通用 AI 芯片、专用 AI 芯片和边缘 AI 芯片，分别针对不同应用场景提供了有力的技术支持。未来，AI芯片有望呈现多种类型协同工作的趋势。例如，在一个完整的智能系统中，边缘设备借助边缘 AI 芯片实现实时数据处理，后台数据中心则采用专用或通用 AI 芯片开展大规模数据训练与分析。与此同时，芯片设计也将朝着高能效、低延迟和高度集成的方向持续演进。

三、探索人工智能芯片的应用场景

人工智能芯片作为推动智能化发展的核心技术，正在多个领域展现其独特价值。从智能终端设备到无人驾驶，再到智能安防，这些场景中的人工智能芯片通过高效的数据处理与智能算法，实现了设备的自主决策与快速响应。

1. 智能终端设备

随着移动互联网的普及和智能设备的广泛应用，智能手机、平板电脑、可穿戴设备等智能终端正日益承担数据采集、交互和智能处理等多重任务。传统终端设备主要依赖 CPU 进行通用计算，而当今的智能应用（如语音识别、图像处理、自然语言理解和增强现实）则对实时性和能效提出了更高要求。为了满足这些需求，越来越多的智能终端开始集成专用 AI 芯片，以实现本地 AI 推理与数据处理。AI 芯片对智能终端的作用主要包括以下三点。

第一，高效实时处理。集成 AI 芯片的智能终端能够在设备本地实时处理大规模数据。例如，通过内置 NPU，可以实现离线语音识别、图像增强和人脸识别等功能，从而减少对云端计算资源的依赖，同时降低通信延迟，提高用户体验。

第二，低功耗设计。智能终端通常依赖电池供电，因此能耗控制是关键。AI 芯片采用定制化架构和低精度计算模式（如 INT8、FP16），能够有效降低功耗，并保持高效的运算能力。

第三，数据隐私与安全。在终端设备上进行本地 AI 处理，可以减少数据上传云端的需求，提升用户隐私保护水平。比如，在人脸解锁和指纹识别等场景中，本地 AI 推理能确保敏感数据不外泄，提高安全性。

在具体的应用方面，许多智能手机、可穿戴设备均集成了 AI 芯片。例如，华为麒麟 990 集成了 NPU，支持实时拍照优化、AR 增强、语音助手等多种功能。又如，智能手表和健康监测仪等设备通过内置 AI 芯片，实现运动数据分析、健康监测和环境感知等功能，从而提升设备的智能化水平和用户体验。

2. 无人驾驶

无人驾驶技术正成为未来智能交通的重要组成部分，其核心在于对海量传感器数据（包括摄像头、激光雷达等）的实时处理和决策。传统的车辆电子系统难以满足这种高并行计算需求，而人工智能芯片的引入，则使得无人驾驶车辆能够实现快速的环境感知、路径规划和实时控制，从而提高驾驶的安全性和自动化水平。AI 芯片在无人驾驶中的作用主要包括以下三点。

第一，实时数据处理与感知。无人驾驶系统需要在毫秒级响应时间内处理来自多个传感器的数据。集成了AI芯片的车辆平台能够实时高效地处理摄像头、激光雷达和毫米波雷达采集的数据（如图像、点云等），精准实现物体检测、行人识别以及交通标志识别等任务，构建起自动驾驶的"感知系统"，为决策控制提供可靠的环境感知基础。

第二，深度学习与决策支持。无人驾驶系统的核心决策依赖于深度神经网络模型，而AI芯片能够高效执行其前向推理任务。凭借强大的神经网络运算加速能力，芯片不仅能在复杂的交通场景下实时做出决策，还能支持路径规划和车载控制算法。

第三，系统可靠性与冗余设计。对于无人驾驶系统而言，硬件的稳定性和低功耗是保障行驶安全的关键。当前的AI芯片在设计过程中，着重考虑了抗干扰能力、低功耗特性以及高可靠性，以此确保车辆即便在极端环境下，也能够保持稳定运行。此外，采用多芯片协同工作的架构设计，不仅有助于实现系统冗余，还能进一步提升整体系统的安全性。

在具体的应用方面，地平线机器人公司研发的征程系列AI芯片，展现出高性能计算能力和高能效比。比如，该系列中的征程6P型号，其AI算力已经达到了560TOPS。目前，该系列芯片已被成功应用于比亚迪的智能驾驶系统中。

3. 智能安防

随着城市化进程加快和社会治安形势的复杂化，智能安防系统在公共安全领域发挥着越来越重要的作用。传统安防系统主要依赖于监控摄像头和录像设备，难以满足实时报警、事件分析和行为识别等智能化需求。AI芯片的引入，使得安防系统可以实时处理和分析视频数据，从而实现自动识别、报警和事后追溯等功能，提升了安防系统的整体水平。AI芯片在智能安防中的作用主要包括以下三点。

第一，视频监控与实时分析。智能安防系统可以利用AI芯片，对监控视频流进行实时分析，通过深度学习模型识别异常行为、非法入侵或可疑活动。例如，基于人脸识别、行为分析和车牌识别等技术，可以在第一时间发现潜在的安全威胁。

第二，边缘计算与数据隐私。在智能安防场景中，由于数据量庞大且对实时性要求较高，传输延迟可能对安全预警的准确性与及时性产生重大影响。将AI芯片部署在边缘设备（如智能摄像头）上，可以实现数据本地化处理，降低传输延迟，并在一定程度上保护用户隐私。边缘AI芯片能够直接在设备端完成图像识别和事件检测，且只有经过筛选的关键信息才会上传至云端进行集中管理和存储。

第三，综合预警与决策支持。智能安防系统并非仅依赖单一摄像头的数据，而是通过多设备协同工作，实现全区域、全天候监控。在此过程中，AI芯片在多传感器数据融合中发挥着至关重要的作用。通过大规模并行计算和数据关联分析，AI芯片能够提供更加精准和及时的预警信息，有效支持公安部门和安防管理平台的决策制定。

在智慧城市建设中，许多地区均部署了基于AI芯片的智能监控系统，实现公共场所、交通枢纽和居民区的全天候监控。这些系统利用边缘AI芯片对视频流进行实时分析，自动识别异常行为，并通过大数据平台进行联动处置。另外，企业园区和商业中心通过集成了NPU

的智能摄像头和视频分析终端,不仅能够实现精准的人脸识别,还能对异常行为进行实时预警,保障人员与财产安全。

任务实施

挑选合适的智能芯片

第一步 了解智能音响设备

假设你是某智能家居公司的产品经理,正在开发一款便携式智能音响设备。该设备需要具备以下四项功能。
- 语音识别:用户通过语音指令控制设备,如播放音乐、调节音量等。
- 语音合成:设备能够以自然的语音回应用户,如播报天气、新闻等。
- 实时处理:设备需要快速响应用户指令,确保良好的用户体验。
- 低功耗:设备需长时间运行,电池的续航能力是关键因素。

第二步 选择合适的智能芯片

请根据上述需求,选择一类适合的 AI 芯片,并说明选择理由(可以根据具体需求,利用 DeepSeek 等大模型工具来辅助选择)。下面是几款可供选择的主流芯片。

1. 华为麒麟 990

    功能:麒麟 990 是一款集成了 CPU、GPU 和 NPU 的系统级芯片(SoC),主要用于智能手机和移动设备。

    NPU:双核,支持 AI 加速。

    功耗:小于 4.4 瓦。

2. 英伟达 RTX 4090

    功能:RTX 4090 是一款高性能桌面 GPU,主要用于游戏、专业图形处理和 AI 计算。

    显存:24GB GDDR6X。

    功耗:约 450 瓦。

3. 摩尔线程 MTT S4000

    功能:MTT S4000 是一款全功能 GPU,主要用于大模型训练、推理、图形渲染和视频编解码等高性能计算任务。

    显存:48 GB。

    显存带宽:768 GB/s。

    功耗:450 瓦。

我选择的智能芯片是:_____ 理由:_____

> 拓展提高

类脑芯片

自然界中的许多小昆虫，如蜜蜂或蚂蚁，在实时追踪物体、规避障碍物时，展现出了令人惊叹的能力。相比之下，人类的大脑结构更为复杂，功能也更为强大。一个显著的特点是，人脑能够根据外部需求灵活地调配资源，实现"动态计算"。这意味着，当人脑没有接收到信息输入时，其能量消耗会降至最低；而一旦有信息输入，其计算能力便会相应增强。

目前，人工智能面临的硬件和算法瓶颈，似乎是制约其进一步突破的关键因素。类脑智能或许能为解决这一问题提供新的思路。类脑智能是指借鉴人脑神经网络结构与认知行为原理，通过软硬件协同工作构建而成，能够实现低功耗、高效能运算的机器智能系统。这种智能的目标是模拟人脑的高效能和灵活性，以突破目前 AI 发展中的瓶颈。

类脑芯片，也称为神经形态芯片，是一种从结构和功能层面模拟大脑的芯片。作为类脑智能的核心，类脑芯片借鉴大脑的信息处理机制，以神经元与神经突触为基本构建单元，模拟大脑神经元的功能特性、信号传导机制以及学习方式，从而使计算机能够在低能耗条件下高效地完成感知、学习、记忆、决策等一系列复杂任务。

1. 类脑芯片的特点

① 高能效比和低功耗：类脑智能芯片通过模拟生物神经元的稀疏连接和脉冲信号传递，实现了能耗的大幅降低。例如，中国科学院自动化研究所开发的 Speck 类脑智能芯片，在典型视觉任务下的功耗仅为 0.7 毫瓦，如图 3.6.3 所示。

▲图 3.6.3　Speck 类脑智能芯片

② 并行处理能力强：类脑芯片采用大规模并行处理架构，能够模仿生物神经网络中神经元和突触的连接方式，从而获得同时处理多个任务的能力。

③ 自适应学习能力强：类脑芯片能够通过模拟神经元和突触的可塑性，根据输入数据动态调整内部连接，从而具备学习和适应能力。

④ 存算一体化：类脑芯片将计算单元和存储单元紧密结合，避免了传统芯片中因数据搬运而带来的性能损耗和延迟。

2. 类脑芯片的主要架构

类脑芯片的核心架构包括脉冲神经网络（Spiking Neural Networks，SNN）和存算一体化架构。其中，SNN更接近生物神经元的信号传递方式，以脉冲形式的信号和时间序列信息进行通信，支持异步且稀疏的事件驱动方式。

3. 类脑芯片的应用领域

① 人工智能领域：类脑芯片可应用于图像识别、语音识别以及自然语言处理等多种任务，能够有效提升人工智能系统的性能和效率。

② 机器人技术：类脑芯片能够使机器人拥有更灵活的反应能力和更强的环境适应性。

③ 边缘计算和实时控制：类脑芯片的低功耗和高并行性，使其在边缘计算和实时控制领域具有广泛的应用价值。

目前，类脑智能芯片的研究和开发取得了显著进展。例如，清华大学的"天机芯"是全球首款异构融合类脑芯片，能够支持脉冲神经网络和人工神经网络的混合计算。此外，广东省智能院发布的"天琴芯海"单芯片，支持高达2亿神经元的拟态计算，是全球首颗实现亿级神经元规模的可编程类脑晶圆级计算芯片。

类脑智能芯片作为一种新兴技术，具有广阔的应用前景和巨大的发展潜力。随着技术的不断进步，它有望为人工智能和相关领域带来更多的创新和突破。

评价总结

自查学习成果，填写任务自查表，已达成的打"√"，未达成的记录原因。

任务自查表

课前准备：____分钟　　课堂学习：____分钟　　课后练习：____分钟　　学习合计：____分钟

学习成果	已达成	未达成(原因)
了解人工智能芯片的基本概念及其重要性		
掌握人工智能芯片的主要类型及其应用场景		
能够识别不同类型的人工智能芯片及其特性		
能够依据具体的应用场景，选择适配的人工智能芯片		
具有对智能硬件技术的学习兴趣		

课后练习

一、填空题

(1) 人工智能芯片的关键性能指标为_____、_____和_____。

(2) 人工智能芯片(AI芯片)是专为高效执行_____而设计的计算硬件。

(3) _____是一种专门为加速人工智能和机器学习任务而设计的处理器。它针对深度学习算法中的矩阵和向量运算进行了优化,能够更高效地执行AI计算任务。

(4) 算力通常以_____或_____来表示。

(5) 边缘AI芯片是专门面向物联网、移动设备以及其他边缘计算场景而设计的硬件。这类芯片的主要特性包括_____、_____以及出色的实时性与本地推理能力。

二、实践题

1. 活动背景

近年来,随着人工智能技术的飞速发展,AI芯片作为硬件加速器,在深度学习、图像处理、语音识别等领域发挥着越来越重要的作用。智能手机厂商纷纷引入先进的AI芯片,以提升设备的运算效率和用户体验,实现更加智能化的应用场景。AI芯片的集成不仅推动了移动设备性能的革新,也为智能交互、增强现实等技术提供了坚实的硬件支持。

2. 活动要求

产品调研:请查找当前市场上至少三款搭载AI芯片的智能手机产品。要求所选产品具有代表性,覆盖不同品牌。

芯片识别:请说明每款手机所采用的AI芯片型号,并简述该芯片的主要功能和技术特点。

应用分析:分析所选芯片在智能手机中的具体应用场景,如图像识别、语音交互、拍照优化等,并讨论其在提升用户体验和设备性能方面的优势。

Artificial
Intelligence

项目 4
探索人工智能的行业应用

项目导引

随着计算能力的飞速提升和算法的重大突破,人工智能技术正以空前的速度和规模重塑各行各业。《新一代人工智能发展规划》已明确指出,应"全面拓展重点领域应用深度广度",其中,制造、医疗、教育及交通均是人工智能的重点应用领域。从制造业到医疗行业,从教育领域至交通系统,人工智能不仅加速了工业创新的进程,还深度重塑了各行业的运作模式。

通过本项目的学习,我们不仅能够掌握人工智能在不同行业中的核心技术与应用场景,深刻理解其对社会发展的深远影响,更能培养出前瞻性的思维和创新能力,为未来的职业发展奠定坚实基础。

任务 1
人工智能在制造业的应用

学习目标

知识目标
- 了解智能制造在产品设计与研发、生产流程智能化、供应链管理优化以及工业互联网等领域的典型应用场景

能力目标
- 能够识别制造业场景中常见的人工智能技术，并阐述其作用
- 能够运用工业机器人仿真软件创建机器人模型，体会机器人的运动过程

素养目标
- 培养智能制造场景下的AI技术应用意识，认同其应用价值

任务情境

小张在一次讲座中了解到，人工智能不仅在互联网行业得到了广泛应用，而且在传统制造业也有巨大的潜力和价值。这让小王感到非常好奇：人工智能是如何与制造业结合的？于是，他报名参加了一个智能制造研学活动，并实地参观了一家本地的先进制造企业。在那里，他目睹了人工智能技术在自动化制造、预测性维护以及供应链管理优化等多个方面所展现出的巨大潜力。此外，技术人员还向小王展示了如何利用工业机器人仿真软件对生产线上的机器人进行编程和仿真优化，并邀请他试用该软件，尝试在模拟环境中设计一个简单的机器人动作路径。

这次经历让小王更加坚信：人工智能技术的应用不仅能够提升生产效率，更是解决现实问题、推动社会可持续发展的重要手段。同时，他对工业机器人仿真软件产生了浓厚的兴趣，计划通过相关课程和实践项目的学习，探索如何利用该软件优化生产流程、提高效率。

知识学习

智能制造是由智能机器与人类专家共同构成的人机一体化智能系统。在制造过程中，该系统能够执行分析、推理、判断、构思及决策等智能活动。通过人与智能机器的协同工作，智能制造可拓展、延伸并部分替代人类专家在制造环节中的脑力劳动，将制造业的自动化概念革新并拓展至柔性化、智能化与高度集成化的新阶段。

智能制造的应用领域十分广泛，涵盖产品设计与研发、生产流程智能化、供应链管理优化以及工业互联网等多个方面。借助先进的人工智能技术，智能制造实现了从产品设计、生

产到供应链管理的全方位优化,不仅提高了生产效率、降低了成本,还推动了制造业的创新发展。

一、了解 AI 在产品设计与研发的应用

在智能制造的应用领域,产品设计与研发是不可或缺的一环。它利用先进的技术手段,如设计辅助系统、模拟与仿真技术,实现了从概念到实物的快速转化。

1. 设计辅助系统

设计辅助系统是一种利用计算机技术和人工智能算法来帮助设计师完成设计任务的系统。它广泛应用于多个领域,包括工业设计、建筑设计、机械设计、电子电路设计等。设计辅助系统可通过智能化算法自动分析设计需求,提供多种设计方案。这些方案不仅基于设计师的创意和灵感,还结合了大数据分析和机器学习算法的优化结果,从而确保设计方案的可行性和创新性。此外,设计辅助系统还能够实时监测设计过程中的各项参数,如材料成本、生产效率等,为设计师提供实时反馈与建议,帮助他们在设计阶段就能充分考虑到生产和制造的实际需求。以汽车车身设计为例,设计师可以利用设计辅助系统快速生成多种车身设计方案。同时,系统还能根据设计师的偏好和市场需求,自动调整设计方案中的细节元素,如线条、曲面和材质等,切实提升了设计效率。

另外,设计辅助系统还集成了模拟与仿真技术,这是对产品进行虚拟测试和验证的重要手段,即通过模拟真实环境中的各种条件和场景,预测产品的性能、可靠性和安全性,从而在产品实际生产前发现并解决潜在问题。模拟与仿真技术不仅能够提高产品设计的准确性,还可以降低研发成本和风险。这里同样以汽车车身设计为例,设计师在通过设计辅助系统获得设计方案后,可以进一步利用模拟与仿真技术评估每种方案的空气动力学性能、结构强度和制造成本,无须制造物理样机即可完成测试,如图 4.1.1 所示。这样,不仅可以节省大量时间,降低材料成本,还能在设计阶段就发现并改进潜在问题。

▲图 4.1.1 汽车工程师在设计辅助系统的帮助下工作

2. 设计辅助系统的应用案例

在汽车工业快速发展的今天,消费者对汽车的外观设计和性能要求越来越高。某品牌汽车的"AI 造型优化系统"是人工智能与汽车设计深度融合的创新成果。该系统通过参数化建模、生成对抗网络和强化学习等技术,将美学与工程性能相结合,从而优化车身造型。参数化建模能够将设计师的创意以精确的数学模型呈现。生成对抗网络可以生成大量多样化

的车身造型方案,为设计提供丰富的创意灵感。强化学习则根据预设的优化目标,如降低风阻系数等,不断调整和优化车身造型参数,通过精确的空气动力学模拟和优化算法,对车身的线条、曲面等进行精细调整,使得车辆在行驶过程中能够有效减少空气阻力。该系统成功地将风阻系数从 0.25 降至 0.208,显著提升了能效。这一优化成果不仅提升了车辆的性能,还为消费者带来了更长的续航里程和更低的使用成本。

此外,该系统还支持人机协同设计,能够保留设计师的独特创意风格,并依据历史数据智能推荐经典造型元素。设计师可以在系统生成的造型方案基础上,根据自己的创意与审美进行修改和完善,同时系统也会根据设计师的操作反馈,进一步优化推荐的造型元素。这种人机协同的设计方式,不仅保留了设计师的创意风格,还充分发挥了人工智能的优势,大大提高了设计效率和质量。该系统推动了汽车行业的数字化转型,为工业设计教育领域提供了多学科交叉的实践案例,具有重要的教育意义和行业标杆作用。

二、认识生产流程智能化

1. 预测性维护

(1) 预测性维护的定义

智能制造中的预测性维护是一种基于设备运行状态的实时监测策略,它通过数据分析和建模技术来预测设备的未来工作状况,从而提前进行维护操作,以避免由设备故障导致的生产中断或安全事故。通过实施预测性维护策略,企业可以显著提高设备的可靠性和生产效率,降低维护成本,从而有效提升企业的竞争力。

(2) 预测性维护的实施步骤

① 确定目标,做好前期评估。在开展预测性维护前,应确立明确的实施目标,如减少意外停机时间、延长设备寿命、降低维护成本等,这些目标须围绕"提质增效,降本减存"等要点。同时,要进行全面的可行性研究和评估,分析企业当前的制造水平,识别技术差距,制定分阶段实施计划,并估算投入成本与预期回报之间的关系。

② 选择合适且可迅速见效的切入场景。在这一过程中,应选择最需要关注且能够快速见效的实施对象,如关键设备或系统。这些设备一旦发生故障,通常会对生产造成较大影响。然而,采用预测性维护策略,能够显著提高设备的可靠性,减少停机时间。

③ 数据收集与分析。通过在设备关键部位部署传感器,如温度传感器、压力传感器、振动传感器等,收集设备运行过程中的各种数据,并通过高速稳定的通信网络将这些数据传输至数据处理中心。数据处理中心会运用统计分析、机器学习等技术对收集到的数据进行分析,以识别设备性能的变化和潜在的故障模式。

④ 模型训练与优化。利用收集到的数据训练机器学习模型,如随机森林、XGBoost、多层感知机和支持向量回归等,以提高预测的准确性。同时,还需要不断优化和调整模型,以确保其在实际应用中的有效性和准确性。模型的性能在很大程度上取决于数据的质量和模型的训练效果。

⑤ 故障预测与决策支持。企业可以基于模型的预测结果,提前制定预测性维护计划,确定机器维护的时间、内容、方式和所需技术。同时,企业能够预先筹备物资并合理安排维护工作,以此缩短紧急维修时长与设备停机时间,降低维护成本。

⑥ 实施与持续改进。企业可以将预测性维护策略逐步实施到生产过程中,并持续监控和评估其效果。同时,可根据实际运行情况,建立反馈机制,收集维护过程中的经验和数据,以进一步优化模型和策略。

(3) 预测性维护的应用案例

某零食生产企业与一家提供 AI 机器健康解决方案的公司合作,成功实施了基于 AI 的预测性维护技术。该零食生产企业在关键设备上安装了传感器(用于识别设备在不同生命周期阶段的声音特征),并将收集到的数据通过高速网络传输到云端平台进行模式和趋势分析,预测潜在故障。这项技术显著减少了设备意外停机时间,每年为企业增加约 4 000 小时的制造产能,同时降低了维护成本。该零食生产企业计划将此技术推广到全国所有子工厂。随着大数据、云计算和 AI 技术的发展,预测性维护将更加智能化和自动化,应用范围也将拓展到更多行业。

2. 自动化检测

(1) 自动化检测的定义

自动化检测是指利用先进的传感器、计算机及人工智能等设备与技术,实现对产品、环境或过程的实时监测与评估。这项技术可以自动识别潜在问题、收集数据并生成报告,帮助企业及时做出决策。与传统人工检测相比,自动化检测大幅提高了检测的效率和准确性,在动态环境下的表现尤为突出。

(2) 自动化检测的特点与任务

自动化检测技术的主要特点包括:①高效率,能够快速完成检测任务,提高生产效率;②高准确度,通过先进的传感器和数据处理技术,减少人为误差,提高检测精度;③低成本,显著降低了人力成本;④无须人工干预,实现自动测量、记录、分析和处理。

自动化检测技术的主要任务包括:直接测量并显示参数,以告知管理人员或系统有关被测对象的变化情况;作为自动化控制系统的前端系统,可根据参数的变化情况做出相应的控制决策,实施自动控制。

(3) 自动化检测的应用案例

华为工业 AI 质检方案凭借其强大的 AI、云计算和大数据能力,结合 200 多条生产线的实践经验,提炼出 800 多种工业级图像处理算子,成为业内领先的自动化检测解决方案。该方案被广泛应用于汽车制造、电子制造等行业。

在汽车制造领域,华为工业 AI 质检通过自动扫描技术和图像处理技术,显著提高了间隙面差测量的效率和精度,将检测时间缩短至 53 秒/台,精度优于 0.1 毫米。同时,它还能检测发动机装配行为的规范性,错误动作检出率超过 99%,确保发动机装配质量。

在电子制造领域,华为与富士康开展合作,在智能光伏控制器产线上引入 AI 质检技术,针对硅脂涂刷和铭牌粘贴等关键环节进行检测,月检测量超 6 000 台,准确率高达 99% 以上,实现了从自动化到智能化的升级。

3. 无人工厂

▲图 4.1.2　无人工厂

(1) 无人工厂的定义

无人工厂是指通过高度自动化和智能化的设备和技术,实现生产流程中的无人化或少人化操作。这类工厂通过集成人工智能、物联网、大数据、机器人等先进技术,正朝着从原材料投入到成品产出的全链条自动化生产方向发展,如图 4.1.2 所示。

无人工厂不仅是制造业的一场革新,更是推动社会经济发展的新引擎。它有望打破地域限制,推动资源优化配置,促进全球产业链的深度融合。同时,随着 AI 技术在节能减排、循环经济等方面的深入应用,无人工厂还将为实现碳中和目标提供强大支撑。

(2) 无人工厂的核心技术

① 人工智能技术。人工智能技术是无人工厂的核心驱动力之一。通过深度学习、神经网络等算法,智能机器人能够自主完成识别、判断、执行等复杂任务,为生产流程的自动化和智能化提供有力支持。例如,AI 算法可以用于智能调度生产计划,即根据历史数据、仓储情况、实时生产现场状况和市场需求等信息,准确预测生产任务量,并据此协调仓储和物料采购,自动调整生产计划。

② 物联网技术。通过物联网技术,可以将工厂内的各种设备和系统紧密连接在一起,形成一个高效协同的生产网络。在这个网络中,每一个设备都能够实时传输数据、接收指令,从而确保生产过程的顺畅进行。例如,通过物联网技术,工厂可以实现设备的远程监控和管理,提高运行效率和可靠性。

③ 大数据技术。大数据技术为无人工厂提供了海量的数据资源和分析能力。通过对生产过程中产生的数据进行深入挖掘和分析,工厂能够及时发现潜在问题、优化生产流程,从而实现持续改进和提升。例如,通过大数据分析可以预测设备故障,企业可据此提前开展维护工作,缩短设备停机时间。

④ 机器人技术。智能机器人可以承担繁重且重复性的工作,从而提高生产效率和产品质量。例如,机器人可以用于焊接、涂装、装配等环节,实现高精度、高效率的生产。此外,机器人还可以替代人工在高危环境中作业,从而保障工人的安全。

除以上技术外,无人工厂还需要工业互联网平台和柔性生产系统的支持。工业互联网平台是实现无人工厂的关键基础设施。通过平台,企业可以整合各种资源,实现生产、管理、服务的智能化。柔性生产系统能够更好地适应市场需求、产品构成和产品设计等方面的变化,实现定制化生产。

通过这些核心技术,无人工厂能够实现生产效率和产品质量的双重提升,为企业赢得市场竞争的先机,同时推动制造业向智能化、数字化的方向发展。

(3) 无人工厂的应用案例

富士康的无人化生产过程是其智能制造战略的核心。富士康通过自动化和智能化技术的应用,实现了从传统制造向智能制造的转型。在生产线上,工业机器人被广泛应用,能够执行镭射、焊接、包装、检测、组装、涂装、堆栈、压铸、冲压、塑艺、机加、打磨等多种任务。例如,富士康深圳厂区被誉为"熄灯工厂",机器人取代了大量人工操作,实现了整线自动化生产。同时,工厂引入了自动导引车和自主移动机器人,用于产品从码头到仓库、暂存区再到产线的全作业流程。这些机器人能够自动导航和运输,从而有效提升了生产排程和任务分工的效率。

富士康的智能中控系统通过 AI 算法,能够实时监控生产过程中的数据,快速检测和确认产品质量,并对异常做出自主决策。例如,在被誉为"灯塔工厂"[①]的富士康郑州厂区中,智能化中控系统能够自主决策并应对整个生产过程中的异常情况,确保产品品质控制覆盖全流程。通过数据的自动采集与设备的互联互通,富士康的生产过程实现了高效且无缝的连接,从物料存储、发料、取料,到产品制造、包装、出货,整个流程已全部实现无人化操作。随着无人化生产过程的实施,传统流水线上的工人们逐步转型为从事设计、研发等更高附加值的产业技术工人,这一转变不仅提升了工人的技能水平,也为企业带来了更高的创新能力和竞争力。同时,富士康积极响应国家绿色发展战略,利用工业互联网、大数据、机器学习等先进技术推动能碳管理与数字化的高度融合,实现100%绿电供应,用水密度降低27%,并成功入选"河南省数字化能碳管理中心"。通过这些措施,富士康的无人化生产过程不仅提高了生产效率和产品质量,还为员工提供了更好的职业发展机会,同时也为制造业的数字化转型提供了宝贵的经验和参考。

> **问题探究**
>
> 机器视觉是实现生产流程智能化的关键技术。它利用计算机或图像处理器及相关设备,模拟人的视觉感官行为,从而获取与人类视觉系统相当的信息。简而言之,机器视觉就是运用机器替代人眼进行测量和判断。根据制造工程师协会的定义,机器视觉是指通过光学非接触式感应设备自动接收并解析真实场景的图像,以获取所需信息,进而控制机器或流程。
>
> 请分组讨论:机器视觉在生产流程智能化中有哪些具体的应用场景?

---

① "灯塔工厂"由世界经济论坛(WEF)与麦肯锡公司于 2018 年联合提出,旨在甄选和表彰那些通过大规模应用物联网、人工智能、区块链、云计算和机器人等先进技术,在生产效率、资源利用率和可持续发展能力方面取得突破性提升的制造业企业。"灯塔"一词寓意这些工厂作为行业创新的标杆和方向指引,推动制造业迈向数字化与智能化的新高地,被誉为"世界上最先进的工厂"。

三、了解供应链管理优化

1. 供应链管理概述

供应链管理是现代企业运营中的重要部分,它涵盖了从原材料采购到最终产品交付给客户的整个流程。

(1) 供应链管理的定义

供应链管理是指对供应链涉及的全部活动进行计划、组织、协调与控制,以最合理的成本将原材料转化为最终产品,并通过运输、仓储等环节将产品送到客户手中,同时达到客户满意的服务水平。其目标是通过供应链中各环节的协同合作,提高整体效率和效益,增强企业的竞争力。智能制造中的供应链管理是指运用先进的信息技术和智能系统,对供应链中的物流、信息流、资金流进行高效整合与优化,以实现供应链的智能化、自动化和协同化。

(2) 供应链管理的关键环节

供应链管理涵盖从采购到客户服务的多个关键环节,接下来将介绍其中几个主要环节及其工作内容。

① 采购管理:涉及原材料、零部件等物资的采购,包括供应商选择、采购合同签订、价格谈判等。

② 生产计划与控制:根据市场需求制定生产计划,安排生产任务,监控生产进度,确保按时交付。

③ 库存管理:合理控制库存水平,避免库存积压或缺货,降低库存成本。

④ 物流管理:包括运输、仓储、配送等环节,确保产品能够及时、准确地送至客户手中。

⑤ 销售与客户服务:管理销售订单、提供客户服务、处理客户投诉和退货等。

(3) 供应链管理的目标

供应链管理的目标包括四个方面:第一,提高客户满意度。通过及时、准确地交付高质量的产品和服务,增强客户的满意度和忠诚度。第二,降低成本。通过优化采购、生产、库存和物流等环节,减少不必要的成本支出。第三,提高灵活性。快速响应市场变化,及时调整生产和配送计划,满足客户的个性化需求。第四,增强竞争力。供应链管理通过促进供应链中各环节的协同合作,提高企业的整体竞争力,进而巩固和提升市场地位。

(4) 供应链管理的策略

供应链管理的策略主要包括以下五个方面。

① 供应商管理:与供应商建立长期稳定的关系,进行供应商评估和选择,确保原材料的质量和供应的稳定性。

② 需求预测:通过市场调研、数据分析等手段,准确预测市场需求,制定合理的生产计划。

③ 库存优化:采用先进的库存管理方法,如准时制生产(JIT)、供应商管理库存(VMI)等,降低库存成本。

④ 物流优化:选择合适的运输方式和配送路线,提高物流效率,降低运输成本。

⑤ 信息共享：通过信息系统实现供应链各环节的信息共享，提高协同效率。

2. 供应链管理的应用案例

在智能制造应用中，供应链协同是提高整体运营效率的关键环节。海尔卡奥斯 AI 工业大脑作为海尔集团工业互联网平台 COSMOPlat 的核心技术，为供应链协同提供了有力支持。该平台通过 AI 技术实现柔性换产，有效应对生产过程中不同型号产品在原材料需求、组装工序及质检标准上的差异。卡奥斯 COSMOPlat 能够将这些新信息通过云端系统实时下发给生产线的各个工站，确保生产流程的顺畅与高效。

此外，卡奥斯 BaaS 工业大脑通过集成创新，构建了产业机理生态，沉淀了大量工业机理模型与算法。这些模型与算法涵盖家电、化工、模具等 15 个行业的数据，数据类型包括语音、视频等。这些数据具备高度的可迁移性和可复制性，为供应链协同提供了强大的数据支持。

四、认识工业互联网

1. 工业互联网的定义

工业互联网是新一代信息通信技术与工业经济深度融合的新型基础设施、应用模式和工业生态。它通过全面连接人、机、物、系统等要素，构建起覆盖全产业链、全价值链的全新制造与服务体系。工业互联网在智能制造发展中发挥着至关重要的作用。

2. 工业互联网的体系架构

工业互联网的体系架构包括网络、平台和安全三大部分。

① 网络：工业互联网的基础，包括网络互联、数据互通和标识解析三个部分。网络互联实现要素之间的数据传输；数据互通通过对数据进行标准化描述和统一建模，实现要素之间传输信息的相互理解；标识解析体系实现要素的标记、管理和定位。

② 平台：面向制造业数字化、网络化、智能化的需求，构建基于海量数据采集、汇聚与分析的服务体系，支撑制造资源的泛在连接、弹性供给与高效配置。

③ 安全：工业互联网的保障，确保数据与网络交互过程的安全性。

3. 工业互联网的应用案例

创新奇智的"AInnoGC 工业大模型技术平台"是专为制造业量身打造的工业平台，旨在通过先进的 AI 技术提升制造业的智能化水平。该平台由工业大模型、引擎和应用构成，具有行业化、轻量化、多模态的特点。

AInnoGC 工业大模型技术平台的架构设计注重快捷高效、易构建、简单易用和低成本。平台提供完善的工具链，针对企业大模型应用开发落地过程中的需求和挑战，快速实现场景化落地。同时，平台提供用户界面体验，并开放 API、SDK 等接口，便于将 AI 大模型应用集成到其他系统中。AInnoGC 工业大模型技术平台具有以下技术优势：一是行业化，专为制造业设计；二是轻量化，参数量适中，易于部署和使用；三是多模态，支持文本、图像、视频等多种模态的数据处理。

AInnoGC 工业大模型技术平台被广泛应用于多个工业领域,包括汽车装备、面板半导体、钢铁冶金、能源电力、食品饮料及新材料等,具体应用场景包括以下六个方面。

① 生产优化:通过数据分析和预测,优化生产流程,提高生产效率。
② 分类识别:利用图像识别技术,实现产品质量检测和分类。
③ 知识管理:通过知识问答和文档生成,提升企业知识管理效率。
④ 生产管控:实时监控生产过程,及时发现和解决问题。
⑤ 生产运营:优化生产计划和资源分配,提高运营效率。
⑥ 节能环保:通过智能控制和优化,降低能源消耗,实现绿色发展。

任务实施

创建工业机器人

智能制造技术是现代工业的重要推动力,然而,由于其所需设备价格高昂、操作复杂,并且需要专业环境的支持,我们通常难以直接体验真实的智能制造场景。工业机器人仿真软件能够帮助我们在虚拟环境中模拟真实的工作场景,让我们有机会直观感受智能制造核心技术的魅力。

第一步 了解工业机器人仿真软件

工业机器人仿真软件的操作方法

这里我们以 ABB 公司的工业机器人仿真软件 RobotStudio 为例,介绍工业机器人的创建方法。RobotStudio 拥有一个直观的 3D 工作环境,能够模拟多种类型的机器人,并支持多种编程方式,便于用户设计复杂的机器人运动路径。它具备碰撞检测功能,能够预先识别并规避机器人在工作过程中可能发生的碰撞风险,从而确保运行的安全性。此外,RobotStudio 还能对机器人的工作过程进行模拟仿真,帮助用户评估生产效率,优化生产流程。无论是在工业制造、汽车生产等工业领域,还是在机器人教学、科研等应用场景,RobotStudio 都扮演着重要角色,极大地提升了机器人应用开发的效率。

第二步 创建一个工业机器人

(1) 打开 RobotStudio 软件,在菜单栏中选择"文件/新建项目/空工作站/创建"命令,软件会自动创建一个包含基础文件夹结构的项目。点击工具栏中的"ABB 模型库",选择"IRB 120",如图 4.1.3 所示,点击"确定",完成机器人的创建。

你也可以选择自己喜欢的其他机器人,你选择的型号是_____。

(2) 点击"导入模型库/设备"中的"myTool",导入机器人工具,如图 4.1.4 所示。在布局面板中,右击"myTool",选择"安装到",将工具安装到机器人上,如图 4.1.5 所示。

▲ 图4.1.3 选择型号　　▲ 图4.1.4 导入工具　　▲ 图4.1.5 安装效果

第三步 操作工业机器人

（1）如图4.1.6所示，点击"机器人系统/从布局…"，选中"RobotWare"中的文件夹，点击"下一步"，再次点击"下一步"。点击"选项"，将"Defalut Language"改为"Chinese"，如图4.1.7所示，点击"确定/完成"。此时软件会建立工作站，需稍等片刻。

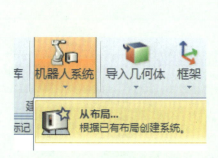

▲ 图4.1.6 创建机器人系统　　▲ 图4.1.7 选择语言

（2）在如图4.1.8所示的菜单栏中打开"示教器"，点击方向控制按钮旁的图标，将模式改为"手动"，然后再点击"Enable"，开启电机，如图4.1.9、图4.1.10所示。点击各个方向按钮，体会机器人的动作变化。

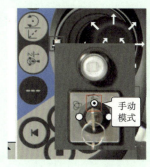
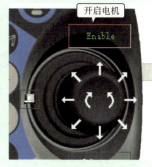

▲ 图4.1.8 选择"示教器"　　▲ 图4.1.9 切换模式　　▲ 图4.1.10 开启电机

第四步 创建机器人运动（选做）

（1）点击"导入模型库/设备"中的"Curve Thing"，导入工作对象。运用大地坐标下的"移动""旋转"命令，将工作对象移至机器人手臂末端，如图 4.1.11、图 4.1.12 所示。

▲图 4.1.11　"移动"和"旋转"工具

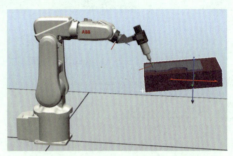
▲图 4.1.12　工作对象的位置

（2）编辑运动程序。点击示教器中的"程序编辑器"，点击"添加指令"中的"MoveL"，选择"下方"，如图 4.1.13、图 4.1.14 所示。双击该新增的程序，点击"新建"，将名字改为"p10"。

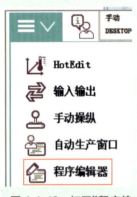
▲图 4.1.13　打开"程序编辑器"

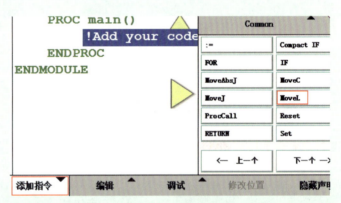
▲图 4.1.14　添加指令

（3）将速度改为"v100"，将转弯半径改为"fine"，如图 4.1.15、图 4.1.16 所示。

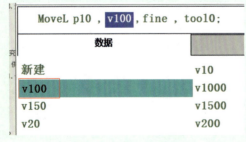
▲图 4.1.15　修改速度

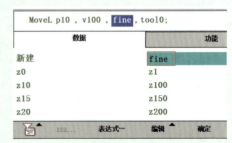
▲图 4.1.16　修改转弯半径

(4) 将工业机器人的操作杆移至工作对象的边缘,选中"p10"程序,点击"修改位置"。新建指令"p20",将工业机器人的操作杆移至工作对象的另一边,选中"p20"程序,点击"修改位置",如图 4.1.17 所示。这样起点和终点的位置便已设置完成。

(5) 点击"调试"中的"PP 移至例行程序…",随后点击面板上的"运行"按钮,如图 4.1.18 所示,工业机器人便会按照指令移动。

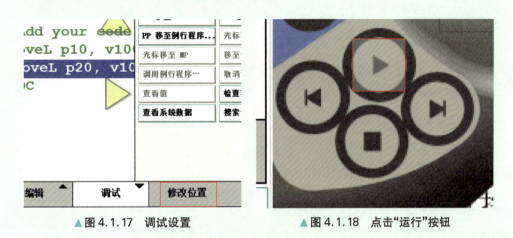

▲图 4.1.17　调试设置　　　　　　▲图 4.1.18　点击"运行"按钮

拓展提高

端侧 AI 技术

端侧 AI 技术是指在终端设备上运行人工智能算法和模型,实现数据本地处理与分析,从而为用户提供即时、高效且个性化服务的技术。与边缘 AI 技术不同,端侧 AI 专注于在单个终端设备上完成本地计算任务,而边缘 AI 则将计算扩展到边缘网络节点,支持多设备和复杂场景下的协同计算。在智能制造领域,端侧 AI 技术的应用尤为重要。它不仅能够提升生产效率,还能优化产品质量,降低成本,增强企业的竞争力。

端侧 AI 的响应速度快、延迟低,因为它无须依赖云计算,直接在设备本地处理数据。例如,在智能工厂中,机器人和传感器可以通过端侧 AI 技术实时处理数据,实现自主导航、精准操作和实时监控。这种即时响应能力能够显著提高生产效率,减少停机时间,确保生产流程的顺畅。同时,借助端侧 AI 技术,能够实现数据的本地化处理,进而有效保护用户隐私,规避数据泄漏风险。这一特点对智能制造中的敏感数据保护,如生产配方、工艺参数等,具有重要意义。此外,端侧 AI 在运行过程中消耗的能源相对较少,能够节省设备电量,延长使用时间,这对于需要长时间运行的工业设备尤为重要。

端侧 AI 技术在智能制造的多个领域有着广泛的应用。在智能工厂中,端侧 AI 技术可以实现设备的自主控制和优化。例如,通过实时分析传感器数据,可以预测设备故障,优化生产参数。在质量控制方面,端侧 AI 可以实时检测产品缺陷,提高产品质量。在供应链管理中,端侧 AI 可以实现货物的自动识别和跟踪,提高物流效率。

端侧 AI 技术作为人工智能领域的重要发展方向,具有广阔的应用前景和发展潜力。在智能制造的背景下,端侧 AI 技术的应用将推动生产流程的智能化和自动化,提升企业的整体竞争力。

评价总结

自查学习成果,填写任务自查表,已达成的打"√",未达成的记录原因。

任务自查表

课前准备:____分钟　　课堂学习:____分钟　　课后练习:____分钟　　学习合计:____分钟

学习成果	已达成	未达成(原因)
了解智能制造的典型应用场景		
能够识别制造业场景中常见的人工智能技术,并阐述其作用		
能够运用工业机器人仿真软件创建机器人模型,体会机器人的运动过程		
培养智能制造场景下的 AI 技术应用意识,认同其应用价值		

课后练习

一、填空题

(1) 智能制造是一种由_____和_____共同组成的人机一体化智能系统。

(2) 设计辅助系统通常会集成_____技术,这是对产品进行虚拟测试和验证的重要手段。

(3) 智能制造中的预测性维护是一种基于设备运行状态的_____策略,通过数据分析和建模技术来预测设备的未来工作状况。

(4) 智能制造中的_____是指运用先进的信息技术和智能系统,对供应链中的物流、信息流、资金流进行高效整合与优化,以实现供应链的智能化、自动化和协同化。

(5) 无人工厂的核心技术主要包括人工智能技术、物联网技术、大数据技术、_____技术、工业互联网平台、柔性生产系统等。

二、实践题

预测性维护系统搭建与测试：假设你是一家制造企业的工程师，需要为工厂的关键设备搭建一个简单的预测性维护系统。请根据预测性维护策略的实施步骤，设计一个实验方案，包括确定目标、选择切入场景、数据收集与分析、模型训练与优化、故障预测与决策支持等环节，并说明如何验证该系统的有效性。

任务 2
人工智能在医疗行业的应用

学习目标

- **知识目标**
  - 了解人工智能在智能诊断技术、个性化医疗、药物研发及医疗管理系统等领域的典型应用场景

- **能力目标**
  - 能够识别医疗场景中常见的人工智能技术,并阐述其作用
  - 能够运用智慧医疗服务,提升就医效率和就医体验

- **素养目标**
  - 树立智慧医疗领域中的AI技术应用意识,认可其应用价值

任务情境

小李每次去医院都会因陌生的环境、复杂的挂号流程以及较长的等待时间而感到焦虑。然而,在最近一次就医过程中,他发现医院推出了一项全新的"AI陪诊师"服务。小李只需向"AI陪诊师"简单描述自己的症状,"陪诊师"就能迅速推荐合适的挂号科室,并直接为他完成挂号操作。更令人惊喜的是,在候诊期间,"AI陪诊师"会实时推送当前的排队人数和预计等待时间,并通过实景AR导航功能帮助小李精准找到诊室的位置。

这次经历让小李深刻感受到,人工智能技术是如何将烦琐的就医流程变得如此简便、高效和人性化的。随后,他了解到智慧医疗的应用远不止于此——从智能诊断辅助医生提高诊疗效率,到个性化医疗为患者提供定制化的治疗方案,再到药物研发加速新药上市,人工智能正在医疗领域的方方面面发挥重要作用。这次体验不仅激发了小李对智慧医疗的浓厚兴趣,还促使他萌生深入了解人工智能在医疗行业具体应用的想法。

知识学习

人工智能在医疗行业的应用非常广泛,涵盖智能诊断技术、个性化医疗、药物研发及医疗管理系统等领域。

在线阅读

卫生健康行业人工智能应用场景参考指引

一、认识智能诊断技术

智能诊断技术是人工智能在医疗行业的重要应用之一,它是指通过机器学

习、深度学习、自然语言处理等技术,对医学数据进行分析和处理,从而辅助医生进行疾病诊断的技术。

1. 智能诊断技术的应用

智能诊断技术的具体应用主要包括以下五个方面。

(1) 医学影像智能辅助诊断

医学影像智能辅助诊断是指利用计算机视觉、神经网络等技术,对 X 射线、CT、MRI、PET-CT、超声等影像数据进行分析,旨在快速发现病灶并生成结构化诊断报告。在疾病早筛方面,AI 能够从海量影像中快速定位微小病灶,实现肺癌、肝癌、皮肤癌等疾病的早期筛查。在影像质量控制方面,AI 可以实时评估影像质量,识别质量问题并协助技师优化图像采集。在精准诊断方面,通过多模态影像分析,AI 能够提供更为精准的诊断建议,减少误诊情况的发生。

(2) 临床专病智能辅助决策

临床专病智能辅助决策系统通过机器学习和大数据挖掘技术,整合患者的病历、检验检查结果、基因测序数据等多模态信息,为医生提供精准的诊疗方案。例如,对于肿瘤、心血管等疾病,AI 可以根据患者的基因特征和病情状况,推荐个性化的治疗方案。此外,在疾病风险预测方面,AI 能够分析患者的健康数据,预测疾病的发生风险,帮助医疗团队提前实施干预措施。

(3) 基层全科医生智能辅助决策

针对基层医疗资源不足的问题,智能诊断技术可以为全科医生提供诊断建议和治疗方案,以提高医疗服务的可及性和质量。在诊断辅助方面,AI 可以根据患者的症状表现和检查结果,给出初步诊断和鉴别诊断的建议。在用药指导和转诊建议方面,AI 还可以推荐科学合理的用药方案,或为符合条件的患者提供转诊建议。

(4) 多模态智能诊断

多模态智能诊断通过融合文本、影像、生理信号等多种数据,为临床诊断提供更为全面的支持。例如,在皮肤癌检测方面,AI 的检测准确率显著高于非专科医生平均水平。在心血管疾病诊断方面,AI 能够通过综合分析心电图、医学影像和患者病史等数据,更精准地区分心脏病类型。

(5) 中医智能诊断

中医智能诊断技术通过智能设备采集中医"四诊"数据,结合中医药知识库,为患者提供中医诊疗方案。在中医电子病历生成方面,利用面诊、舌诊等智能设备,AI 可以自动生成中医电子病历。在经络检测方面,通过经络检测仪,AI 可以提供经络、脏腑等功能性检测结果。

2. 智能诊断技术的优势与挑战

智能诊断技术能够快速处理大量数据,提供精准、一致的诊断建议,减少人为误差,提高

> **问题探究**
>
> 智能诊断在帮助医生提升诊断准确性与效率的同时,也伴随着一些潜在风险。请结合实际应用场景,探讨以下问题:若发生技术失误或数据隐私泄露事件,可能会造成哪些影响?为降低这些风险,你认为可采取哪些简易措施来保障患者数据安全与诊断可靠性?

诊断效率。此外,它还能使医疗服务更加普及,尤其是在医疗资源匮乏的地区。然而,尽管 AI 在诊断方面展现出巨大潜力,但其在临床应用中仍面临一些挑战,如数据隐私保护、模型可解释性以及监管合规性。

智能诊断技术正在逐步改变医疗行业的诊断模式,为提高医疗质量和患者健康水平提供了新的可能。

二、了解个性化医疗

个性化医疗又称精准医疗,是一种基于个体基因组信息、生理状态、生活方式和环境因素等多维度数据,为患者量身定制最佳治疗方案的医疗模式。其核心目标是实现治疗效果的最大化和副作用的最小化。个性化医疗不仅关注疾病本身,还注重患者的个体差异,强调从"对症下药"向"因人而异"的治疗模式转变。

1. 个性化医疗的技术进展

(1) 基因测序技术

基因测序技术的进步是个性化医疗发展的关键。全基因组测序(WGS)和新一代测序技术(如单分子实时测序和纳米孔测序)能够提供更全面、更精准的遗传信息,为疾病的诊断和治疗提供科学依据。

(2) 人工智能与大数据

AI 和大数据技术在个性化医疗中发挥着重要作用。通过深度学习和数据挖掘技术,AI 能够分析患者的基因组、临床数据和生活习惯,为医生提供精准的诊断与治疗建议。此外,AI 还可应用于实时监测患者健康状况,并据此优化治疗方案。

(3) 多模态数据整合

个性化医疗注重整合多模态数据,包括基因组数据、蛋白质组数据、代谢组数据和临床数据等,旨在提供更为全面的健康评估与治疗方案。

(4) 数字孪生技术

数字孪生技术通过创建患者的"数字双胞胎",对疾病进展与治疗反应进行模拟,为个性化医疗提供了全新的技术手段。该技术能够实时动态反映患者的健康状况,辅助优化治疗策略。

2. 个性化医疗的应用场景

(1) 精准诊断

借助基因测序、影像学分析和生物标志物检测等技术,个性化医疗能够为患者提供精准的诊断结果。例如,AI 驱动的数字病理学平台可自动分析癌症患者的组织切片,实现精准诊断与预后评估。此外,基因测序技术的普及,也让医生能够依据患者的基因信息预测疾病风险,并提前进行干预。

(2) 个性化治疗方案

个性化医疗可根据患者的基因特征和疾病类型,推荐最适合的治疗方案。例如,在肿瘤治疗中,AI模型能够分析肿瘤的基因突变情况,预测患者对不同药物的反应,从而选择最有效的靶向药物。此外,个性化医疗还涉及生活方式调整,如饮食、运动和心理干预,以提高患者的整体健康水平。

(3) 疾病预测与早期干预

利用大数据与AI技术,个性化医疗能够从海量健康数据中提取潜在的疾病风险,为患者提供早期预警和干预方案。例如,通过整合智能穿戴设备采集的生理数据和基因信息,可精准预测慢性疾病的发生风险,并提供个性化的预防策略。

(4) 实时健康监控

数字孪生技术等新兴应用能够实时监控患者的健康状况,并提供动态的健康指导。例如,针对糖尿病患者,利用数字孪生模型可实时追踪血糖水平,并根据监测数据动态调整治疗方案。

3. 个性化医疗的未来趋势

(1) 技术普及与成本降低

随着技术的进步,基因测序和AI分析的成本将持续降低,推动个性化医疗实现更广泛的临床应用。

(2) 多学科融合

个性化医疗将与生物学、计算机科学、信息科学等领域深度融合,驱动技术创新并加速临床转化。

(3) 数据安全与隐私保护

随着个性化医疗的广泛应用,数据安全与隐私保护将成为重要课题。区块链、联邦学习等技术将用于实现数据的安全共享。

(4) 个性化药物研发革新

未来,个性化药物有望成为主流发展趋势。药物研发将更加聚焦于个体差异,从而制定出更为精准、有效的治疗方案。

(5) 医疗服务智能化升级

智能健康监测设备、虚拟医疗服务和机器人辅助手术等技术将广泛应用于个性化医疗,以提高医疗服务的效率和质量。

三、了解AI在药物研发中的应用

药物研发是一个复杂且耗时的过程,从实验室的概念验证到最终推向市场,通常需要经过多个阶段,包括药物发现、临床前研究、临床试验、监管审批和上市后监测。这一过程不仅需要大量的资金投入,还面临高失败率和漫长的研发周期。

1. 人工智能在药物研发中的应用场景

(1) 靶点发现与验证

人工智能技术通过自然语言处理技术和机器学习算法,能够从海量的文献、专利和临床试验数据中挖掘潜在的药物靶点。例如,中国科学院上海药物研究所通过"脸谱识别"算法,成功找到了抗肿瘤药物甲氨蝶呤的免疫靶点。此外,英矽智能公司利用其自主研发的 AI 平台 PandaOmics,发现了特发性肺纤维化(IPF)的新靶点。

(2) 药物活性预测

通过深度学习模型,如卷积神经网络、循环神经网络、深度神经网络和长短期记忆网络等,研究人员可以快速筛选出具有高活性的化合物,从而提高药物发现的效率。例如,在药物靶标相互作用预测实验中,长短期记忆网络模型的预测准确率达 0.87,AUC 值为 0.95,显著优于传统方法。

(3) 化合物筛选与优化

AI 驱动的虚拟筛选平台能够从数以万计的化合物中快速筛选出潜在的有效分子。例如,加拿大 Cyclica 公司开发的 Ligand Express 平台,利用生物信息学和系统生物学技术,将药物与蛋白质的相互作用关系可视化,帮助科学家优化药物活性,减少副作用。此外,英国 BenevolentBio 公司通过 AI 技术标记出 100 个潜在化合物,并成功筛选出 5 个用于治疗肌萎缩侧索硬化症(ALS)的化合物。

(4) 药物晶型预测

药物晶型对药物的稳定性和生物利用度至关重要。AI 技术能够高效预测小分子药物的晶型,从而缩短研发周期,降低成本。例如,晶泰科技通过 AI 技术动态配置药物晶型,完整预测小分子药物的所有可能晶型,显著提高了研发效率。

(5) 药物组合疗法的优化

AI 可以用于预测有效的药物组合疗法。例如,英国 Turbine 生物制药公司利用其细胞模拟平台,为瑞士德彪药业集团的 WEE1 抑制剂探寻新的组合疗法,并成功验证了酪氨酸激酶抑制剂卡博替尼(cabozantinib)可作为该组合疗法的一部分。

(6) 加速新药发现

在新药发现中,AI 技术展现出巨大潜力。例如,麻省理工学院的研究团队利用 AI 技术,成功发现了抗耐甲氧西林金黄色葡萄球菌(MRSA)的新抗生素。该研究团队利用深度学习模型对 3.9 万种化合物进行筛选,最终找到一种既有效又安全的化合物。

2. 人工智能在药物研发中的作用

人工智能通过以下方式显著改变了药物研发的格局。

① 提升研发效率:人工智能能够快速处理和分析海量数据,缩短药物发现与筛选的时间。

② 降低成本：通过虚拟筛选和精准预测，可显著降低药物研发的失败率，降低实验成本。

③ 优化临床试验：人工智能可以优化试验设计和患者选择，提高临床试验的成功率。

④ 推动个性化医疗：人工智能可结合基因组学和多组学数据，为患者提供个性化的治疗方案。

人工智能在药物研发中的应用已经从理论走向实践，显著提升了药物研发的效率和成功率。未来，随着技术的不断进步，人工智能有望进一步推动药物研发的创新，为全球医疗健康带来更大的变革。

四、认识 AI 在医疗管理系统中的应用

医疗管理系统作为现代医疗机构信息化建设的核心，借助人工智能技术的整合应用，显著提升了医疗服务的质量与效率，优化了医疗资源配置，进而改善了患者的就医体验。下面将介绍医疗管理系统的主要组成部分及其功能。

1. 医院信息系统

医院信息系统是医疗管理的核心，涵盖患者信息管理、药品管理、财务结算等多个方面。它通过集成电子医嘱、电子病历等功能，简化了医疗工作的流程，提高了医疗服务的效率和质量。人工智能技术在医院信息系统中的应用主要包括智能分诊、智能导诊和智能问诊等。通过自然语言处理和机器学习算法等技术，系统能够根据患者的症状和病史提供初步的诊断建议，优化诊疗流程，减少患者的等待时间。

2. 电子病历系统

电子病历系统记录患者的病历信息，包括诊断结果、治疗过程、检查结果等，方便医生和患者随时访问。人工智能技术在电子病历系统中的应用主要包括智能病历生成和病历质量控制。通过自然语言处理技术，系统能够自动生成结构化的病历信息，减轻医生的文书负担。同时，通过机器学习算法，系统能够分析病历数据，提醒医生补充或修改病历内容，确保病历的完整性和准确性。

3. 医疗影像系统

医疗影像系统用于存储和管理患者的影像检查信息，如 X 射线、CT 扫描、MRI 扫描等，并支持医生进行远程诊断和会诊。在医疗影像系统中，人工智能技术的应用主要为影像辅助诊断。借助深度学习算法，系统能够对影像数据进行智能分析，辅助医生发现病变、完成疾病诊断并开展风险评估。例如，AI 可以自动识别影像中的异常区域，提高诊断的准确性和效率。

4. 临床决策支持系统

临床决策支持系统通过整合患者的病历、检查结果等多源数据，为医生提供诊断与治疗

建议,辅助其做出科学、精准的临床决策。在该系统中,人工智能技术发挥着关键作用。系统运用机器学习和深度学习算法,对庞大的医疗数据集进行深入分析,从而为医生提供更为个性化的诊疗建议。例如,系统可以根据患者的病情和治疗历史,推荐合适的治疗方案,提高治疗效果。

5. 医疗资源管理系统

医疗资源管理系统用于管理医院的各类资源,包括设备、药品、耗材等,旨在确保资源的合理使用与库存安全。人工智能技术在医疗资源管理系统中的应用主要包括资源需求预测和资源优化调配。借助机器学习算法,系统能够精准预测资源需求,从而优化采购计划与库存管理策略。与此同时,智能监控系统能够实时监控资源的使用情况,确保资源的合理利用,提升资源利用率。

五、人工智能在医疗行业的应用案例

百度灵医大模型是百度公司开发的一款人工智能医疗产品,旨在通过强大的数据处理能力,辅助医生进行更准确的诊断,提升医疗服务的效率与质量。百度灵医大模型能够提供的服务主要有以下几方面。

1. 辅助诊断

百度灵医大模型通过 API 或插件嵌入的方式,与医疗机构的系统进行集成。它能够分析患者的病历、检查结果等多源数据,为医生提供详细的诊断建议。例如,在某三甲医院的应用中,该模型通过对患者病历的分析,帮助医生快速、准确地诊断疾病,有效减少误诊和漏诊情况。

2. 个性化治疗方案制定

该模型可以通过为患者构建精准画像,制定个性化的治疗方案。它能够根据患者的病情、病史、生活习惯等多维度数据,为患者提供个性化的治疗建议,从而提高治疗效果和患者满意度。

3. 临床决策支持

百度灵医大模型具备临床决策支持功能,可辅助医生在复杂临床情境下作出更科学合理的诊疗决策。该模型能够整合患者多源异构数据,生成全面且具针对性的临床决策建议,有力保障治疗方案的科学性与有效性。

4. 患者服务

百度灵医大模型能够为患者提供智能导诊、症状自查、就医指导等服务,从而改善患者的就医体验。例如,由百度文心大模型与灵医大模型共同支撑的 AI 药品说明书系统,不仅支持患者便捷阅读药品说明书,还允许患者以文字或语音的形式向系统提问,进而为患者提供更优质的信息获取渠道。

5. 医院管理

在智慧医院建设进程中,百度灵医大模型可以优化医院管理与资源配置。它能够生成规范的医疗文书,减轻医生工作负担,同时还可以快速检测文书和影像中的缺陷,提升医疗质量与效率。

任务实施

体验智能医疗小程序

第一步 了解智能医疗小程序

智能医疗小程序是一种基于人工智能技术开发的便捷医疗服务工具,通过移动设备的小程序形式为用户提供高效的就医服务和健康管理支持。下面以丁香医生小程序为例进行介绍。丁香医生小程序具备智能导诊、在线问诊、健康科普以及语音查询等多项功能。智能导诊功能借助先进的人工智能算法,能够依据用户描述的病情症状,智能匹配最适合的医生或科室,从而有效提升就医效率。在线问诊功能支持文字、图片、电话等多种交流方式,系统还会智能推荐相关的问诊模板,协助用户精确描述自身病情。健康科普功能会根据用户的过往搜索和浏览记录,个性化地推荐医学知识。语音查询功能则通过先进的语音识别技术,为用户带来更加便捷的搜索体验。

第二步 尝试使用智能医疗小程序

在微信小程序中搜索"丁香医生",进入小程序。在进入小程序首页后,可以看到"问医生""查疾病""查药品""免费导诊"等功能入口[①]。其中,"问医生"功能支持用户通过文字、图片或电话等方式向专业医生咨询健康问题。在"查疾病"功能中,用户可以浏览由专业医生撰写的科普文章,获取疾病预防、健康生活方式等知识。在"查药品"中,用户可以通过搜索药品名称来查看药品详情,并可在线购买所需药品。此外,小程序还提供"免费导诊"功能,用户可以详细描述自身的健康问题,导诊小助手便会为用户匹配最适合的科室与医生。

此外,我们还可以体验其他的智能医疗小程序。

小程序名称:_____

主要功能:_____

使用体会:_____

---

① 首页内容可能会有变化,以实际界面为准。

拓展提高

人工智能在基因组数据分析与治疗方案制定中的应用

运用人工智能技术对患者的基因组数据进行分析,从而制定个性化治疗方案,是当前个性化医疗领域的一个重要发展趋势。

1. **基因组数据的获取与预处理**

   基因组数据的获取是个性化治疗的基础。全基因组测序或靶向测序技术被广泛用于获取患者的基因信息。这些数据需要经过预处理,包括质量控制、变异调用和注释等步骤,以确保数据的准确性和可用性。

2. **深度学习与机器学习的应用**

   通过深度学习、机器学习等算法,能够从海量的基因组数据中识别出与疾病相关的基因变异。例如,深度学习模型(如 DeepVariant、Clairvoyante)可以将测序数据转换为图像格式,并利用卷积神经网络检测遗传变异。这些模型能够准确地识别基因变异,为后续制定治疗方案提供依据。

3. **多模态数据的融合**

   AI 不仅能够分析基因组数据,还可以整合患者的临床数据(如病史、症状、实验室检查结果)和生活方式信息(如饮食、运动习惯)。通过多模态数据融合,AI 可以更为全面地评估患者的健康状况,从而制定精准的治疗方案。

4. **个性化治疗方案的制定**

   基于基因组数据和多模态信息,AI 能够为患者提供量身定制的治疗建议。例如:在癌症治疗方面,AI 可以根据患者的基因突变情况,预测不同药物的疗效,从而推荐最适合的靶向药物或免疫治疗方案。在慢性病管理领域,针对糖尿病、心血管疾病等慢性病患者,AI 能够通过分析患者的生理数据,预测其病情的变化趋势,并据此自动调整和优化治疗方案。

5. **实时监测与动态调整**

   在治疗过程中,AI 可以实时监测患者的生理指标和治疗反应,及时调整治疗方案。例如,AI 可以通过分析患者的血液指标和身体状况,协助医生优化化疗药物的剂量和治疗周期。

6. **临床决策支持系统**

   AI 驱动的临床决策支持系统能够整合患者的基因组数据、临床表现和最新的医学文献,为医生提供个性化的治疗建议。例如,华大基因提出"生成式生物智能范式",构建基因检测多模态大模型 GeneT,以及面向公众的基因组咨询平台 ChatGeneT 等系统。IBM 公司的 Watson for Oncology 平台可以通过分析患者的基因数据和病史,为肿瘤治疗提供精准的建议。

   借助深度学习算法和多模态数据融合,可精准分析患者的基因组数据,并结合临床信息制定个性化治疗方案。该技术不仅提高了治疗的精准度和效果,还为患者提供了更高效的健康管理服务。

评价总结

自查学习成果,填写任务自查表,已达成的打"√",未达成的记录原因。

任务自查表

课前准备:____分钟　　课堂学习:____分钟　　课后练习:____分钟　　学习合计:____分钟

学习成果	已达成	未达成(原因)
了解人工智能在智能诊断技术、个性化医疗、药物研发及医疗管理系统等领域的典型应用场景		
能够识别医疗场景中常见的人工智能技术,并阐述其作用		
能够运用智慧医疗服务,提升就医效率和就医体验		
树立智慧医疗领域中的 AI 技术应用意识,认可其应用价值		

课后练习

在线自测

一、填空题

(1)智能诊断技术通过_____、深度学习、自然语言处理等技术,对医学数据进行分析和处理,从而辅助医生进行疾病诊断。

(2)医学影像智能辅助诊断利用_____和神经网络技术,对 X 射线、CT、MRI 等影像数据进行分析,旨在快速发现病灶并生成结构化报告。

(3)_____智能诊断通过融合文本、影像、生理信号等多种数据,为临床诊断提供更为全面的支持。

(4)个性化医疗是一种基于个体_____、生理状态、生活方式和环境因素等多维度数据,为患者量身定制最佳治疗方案的医疗模式。

(5)_____系统是医疗管理的核心,_____系统记录患者的病历信息,_____系统用于存储和管理患者的影像检查信息,_____系统旨在为医生提供诊断和治疗建议,

_____系统用于管理医院的各类资源。

二、实践题

假如你是"AI健康助手"小程序开发团队的一员,负责小程序的前期调研和设计,请完成以下具体任务。

1. 需求分析

① 简要列出目标用户群体(如普通健康人群、慢性病患者等)。

② 说明用户的核心需求(如健康咨询、疾病预防提醒等)。

2. 功能设计

① 设计小程序的主要功能模块,包括症状自查、健康建议推送、用药提醒等,并通过手绘或电脑绘图的方式展示其首页界面。

② 简述这些功能如何通过 AI 技术实现(可参考项目 3 中所学技术,如自然语言处理技术可用于理解用户的描述)。

任务 3 人工智能在教育行业的应用

学习目标

知识目标
- 了解人工智能在智能教学系统、虚拟助教系统以及智能教育管理系统等领域的典型应用场景

能力目标
- 能够识别教育场景中常见的人工智能技术，并阐述其作用
- 能够运用智能学习工具，提升学习效率与学习体验

素养目标
- 树立智能教育领域中的AI技术应用意识，认可其应用价值

任务情境

小张刚进入大学校园,在面对全新的学习环境和课程体系时,他感到有些迷茫,尤其是在如何选择适合自己的课程方面毫无头绪。一天,他从同学口中得知学校推出了名为"AI学习助手"的小程序,能够根据个人特点提供学业规划建议。

抱着试试看的心态,小张开始使用这款小程序。通过简单的操作,他完成了学业志趣自测,系统根据测试结果为他推荐了适合的课程方向和选课组合。除此之外,小程序还能分析他的学习数据,包括知识点掌握程度、学习习惯等,并为他量身定制个性化的学习计划,推荐相关资源。令小张惊喜的是,这款小程序不仅能辅助学生,老师在授课时也借助它构建虚拟实训空间、智能批改作业并推送教学资源。通过小程序的帮助,小张不仅解决了选课的困扰,还在学习过程中感受到了 AI 技术带来的高效与便利。这让他对未来的大学生活充满信心,并开始思考 AI 还能为他的学习带来哪些可能性。

知识学习

随着人工智能技术的飞速发展,其在教育行业的应用日益广泛。智能教学系统、虚拟助教系统和智能教育管理系统作为 AI 技术在教育领域的核心应用,正在引领教学模式的变革。

一、认识智能教学系统

智能教学系统是一种利用人工智能技术模拟人类教师教学行为和教学策略的计算机系统。通过与学生进行交互,它能根据学生的学习进度、知识掌握程度

高校中的"人工智能+教育"

和学习风格,提供个性化的教学内容和指导,以提高教学效果和学习效率。

人工智能在智能教学系统中的应用,尤其是自适应学习平台,已经成为教育领域的重要发展方向。以下是 AI 在智能教学系统中的主要应用场景和最新进展。

1. 个性化学习路径规划

人工智能可以通过分析学生的学习数据(如学习进度、知识掌握程度、学习风格等),为每个学生制定个性化的学习路径。自适应学习平台可以根据学生的表现动态调整学习内容和难度,让学生以适合自己的节奏学习。

2. 智能内容推荐

人工智能能够根据学生的学习行为和兴趣,推荐相关的学习资源和课程。例如,基于知识图谱的智能教学系统可以根据学生的学习进度和知识掌握情况,实时调整教学内容和难度,提供个性化的学习路径。

3. 实时反馈与辅导

人工智能可以实时监测学生的学习行为和成绩,及时发现问题并提供富有针对性的反馈和辅导。例如,一些自适应学习平台利用 AI 技术为学生提供即时答疑和辅导,帮助学生更好地理解和掌握知识。

4. 智能教学辅助

人工智能能够协助教师进行教学设计、备课以及智能出题等工作,有效提升教学效率。此外,通过收集并分析学生的学习数据,人工智能可以为教师提供直观清晰的学情图表,帮助教师更全面地了解学生的学习情况,进而优化教学策略,如图 4.3.1 所示。

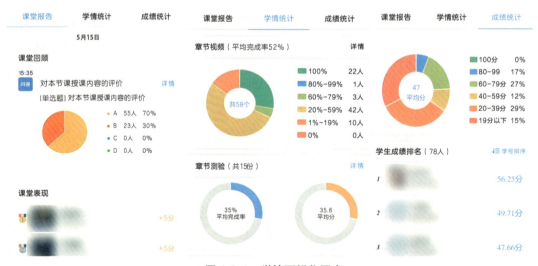

▲图 4.3.1 学情可视化图表

5. 虚拟学习环境

人工智能可以创建高度仿真的虚拟实验场景，让学生在安全的环境中进行各种实验操作，如化学实验、物理实验等，以避免实际操作中的危险因素和资源限制。同时，人工智能还可以模拟真实的职业场景，如医疗护理、机械操作等，帮助学生提前了解职业工作内容与要求。此外，通过与虚拟现实（VR）、增强现实（AR）和混合现实（MR）技术结合，人工智能可以为学生提供沉浸式的学习体验，使学习更加生动有趣。

6. 教育公平与资源优化

通过深度学习算法与大数据分析，人工智能技术能够构建覆盖城乡的智能教育网络，从而打破传统教育的地域壁垒。例如，乡村学校借助"AI＋双师课堂"模式，能够实时接入城市名校课程，并将课堂互动数据同步至云端，使得偏远地区的学生能够享受到与一线城市同等质量的教学内容。又如，教育云平台运用知识图谱技术，将优质课程拆解为8至12分钟的微课单元，以适应不同地区的教学进度，惠及各地的乡村学校。此外，教育管理部门运用AI技术建立动态监测模型，实时追踪区域教育资源缺口。该模型通过分析师生比、硬件设备状况、学业成绩稳定性等关键指标，智能调配支教资源，显著减少了因资源错配导致的浪费现象。

二、了解虚拟助教系统

虚拟助教系统是一种基于人工智能技术的教育辅助工具，能够模拟人类教师的行为和交互方式，为学生提供个性化的学习支持和教学服务。它通过自然语言处理、机器学习和大数据分析等技术，实现与学生的对话交流，并提供即时答疑、个性化学习指导、智能测评等功能。

① 即时答疑。虚拟助教系统能够依据学生的问题，从知识库中精准检索相关信息，并生成准确答案，如图 4.3.2 所示。

② 个性化学习指导。虚拟助教系统可根据学生的学习行为和成绩，动态调整学习内容与难度，为学生提供个性化学习路径。

③ 智能测评。虚拟助教系统借助自然语言处理和机器学习技术，可自动批改作业并生成详细报告，包含知识点掌握情况、解题思路及常见错误提示等内容，如图 4.3.3 所示。

随着人工智能技术的持续进步，虚拟助教系统将具备更高级的情感识别能力，能更好地理解用户情绪并提供相应的情感支持。

问题探究

你认为虚拟助教系统在即时答疑、个性化指导和智能测评等方面能否满足自身的学习需求？如果让你设计一款虚拟助教系统，你会优先添加哪些功能，以提升学习效率与体验？为什么？

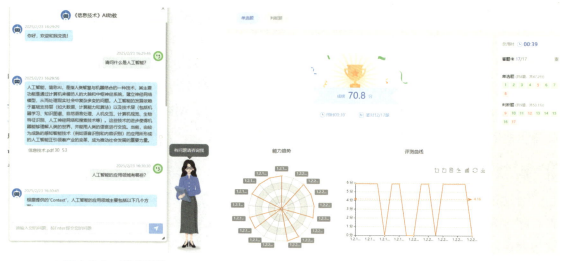

▲ 图 4.3.2　即时答疑　　　　　　　　▲ 图 4.3.3　智能测评

三、认识智能教育管理系统

在教育智能化转型的进程中,智能教学系统聚焦于课堂环境,虚拟助教系统服务于学生自主学习情境,而智能教育管理系统则立足于教育行政部门或学校的教育管理,通过人工智能技术优化教育资源配置,提升教育质量。智能教育管理系统主要具备以下几方面的特点。

1. 资源可视化与透明化

智能教育管理系统可以将各类教育资源(如师资、设备、资金等)进行数字化管理,实现资源的可视化与透明化,如图 4.3.4 所示。例如,系统可以实时显示某地区或某学校的资源使用情况,帮助管理者快速发现资源分配中的问题,从而更有效地制定优化策略。

▲ 图 4.3.4　智能教育管理系统

2. 智能分配与动态调整

智能教育管理系统能够根据实际需求,智能分配教育资源。例如,系统可以根据学生的数量、学科需求等因素,自动调整师资和设备的分配方案。此外,系统还可以根据实时数据进行动态调整,确保资源分配的灵活性和高效性,减少人为干预带来的误差。

3. 数据分析与决策支持

智能教育管理系统能够收集和分析大量数据,为教育管理者提供科学的决策支持。例如,系统可以分析某地区的教育资源缺口,提出具体的解决方案。这种数据驱动的决策方式,能够有效避免资源浪费和分配不均的问题。

4. 优化师资分配

师资力量是教育资源的核心组成部分。通过智能教育管理系统,教育部门可以实时掌握教师的分布情况,并根据实际需求进行调配。例如,系统可以识别出某地区师资匮乏的问题,并给出从其他地区调配教师的建议。此外,系统还能够为教师提供在线培训支持与资源共享服务,有助于提升教师的整体素质。

5. 均衡设备与设施分配

教学设备和设施的分配不均,是影响教育质量的重要因素。智能教育管理系统可以通过数据分析,识别出设备短缺的学校,并制定合理的设备采购与分配计划。例如,系统可以优先为偏远地区的学校配置先进的教学设备,缩小城乡差距。

6. 提升教育管理效率

AI 技术的引入可以有效提升教育管理的效率,并在一定程度上避免人为偏差,促进教育公平。例如,AI 系统可以帮助教育行政部门收集、整理和分析来自各个学校的教育数据,从而为决策者提供更加精准的决策支持。在招生、资源配置、教师绩效考核等方面,AI 能够通过大数据分析,为教育主管部门提供实时的分析报告,帮助其做出更加科学和公正的决策。

四、了解人工智能在教育行业中的应用案例

阅面科技提出的一体化智慧校园方案,将人工智能、物联网与大数据技术深度融合,旨在构建全场景数字化的校园生态体系。该方案的核心目标是推动教育智能化升级,在教学、管理、安防和生活服务等领域实现高效整合。其核心技术架构基于自研的繁星 AIoT 平台,搭载多模态感知系统,通过分布式部署的智能终端实时采集数据。方案采用 Edge AI 边缘计算架构,实现了图像识别的快速响应,并在断网环境下仍能保障基础功能的稳定运行。知识图谱引擎作为该方案的重要组成部分,能够整合教学资源、师生行为轨迹以及校园设备状态等多源数据,构建智能化的知识关联网络,并生成可视化决策视图。其典型应用场景包括如下几方面。

① 智能安防体系:通过 AI 行为识别算法,实时监测校园危险行为(如攀爬围墙、持械奔

跑等）。例如，上海某中学在部署该设备后，意外事件响应时间缩短至12秒。此外，其访客系统支持人证核验与轨迹追踪，能够有效拦截陌生人入校。

② 精准教学管理：教室智能终端能够自动分析课堂互动热力图，识别学生专注度变化曲线，为教师提供教学策略优化建议。作业批改系统融合了OCR与NLP技术，能够实现对主观题的语义分析，并自动生成详细的学情报告。

③ 无感化校园服务：在食堂、图书馆等场景部署RFID（射频识别技术）与视觉融合系统，实现刷脸消费和图书借阅功能；通过红外感应技术构建能耗管理模块，对校园照明和空调系统进行智能调控，显著提升节能效益。

④ 家校协同网络：家长端App能够实时接收学生的考勤信息、课堂表现反馈以及营养摄入数据。当出现异常情况（如学生未到校、体温异常等）时，系统会自动触发预警机制。此外，心理咨询模块可基于微表情识别技术辅助筛查学生的心理异常情况。

任务实施

体验智能学习工具

第一步　了解智能学习工具

智能学习工具是基于人工智能、大数据与物联网技术开发的教育工具，能够为学生提供个性化学习体验。这类工具可实时采集学生的学习行为数据，结合知识图谱进行分析，精准识别学生的知识掌握情况，并生成定制化学习方案。下面以豆包爱学App为例，介绍智能学习工具的使用方法。豆包爱学的主要功能包括解题答疑、作业批改、写作辅导、知识学习和情感陪伴等。用户可以通过拍照搜题快速获得详细的解题思路。此外，AI还能批改作业、作文，并提供个性化的学习建议。

第二步　体验智能学习工具

打开豆包爱学App，首次进入App需要设置年级，随后会进入该年级的主界面。针对不同年级的用户，App提供的功能也不同。大学阶段的功能主要包括拍题答疑、AI写作、拍照翻译、口语练习、作业批改和美图创作等①。

选择你感兴趣的工具类型进行体验。你选择的工具是：＿＿＿＿＿＿＿＿
使用体验：＿＿＿＿＿＿＿＿＿＿＿＿＿＿＿＿＿＿＿＿＿＿＿＿＿＿＿＿＿
该工具对你是否有帮助：□有　　□无
如果对你有帮助，你的应用场景是：＿＿＿＿＿＿＿＿＿＿＿＿
该工具是否还有需要改进的地方？改进建议：＿＿＿＿＿＿＿＿＿＿＿＿＿＿
＿＿＿＿＿＿＿＿＿＿＿＿＿＿＿＿＿＿＿＿＿＿＿＿＿＿＿＿＿＿＿＿＿＿

---

① App内的功能可能会有所调整，具体以实际使用情况为准。

拓展提高

利用 AI 制定个性化学习路径

利用 AI 分析学生的学习数据并制定个性化学习路径,是当前教育技术领域的重要应用方向。以下是详细的步骤和方法。

1. 明确分析目标

在开始分析数据之前,需要明确分析的目标和问题,包括确定需要解决的问题、期望的见解或结果,以及选择合适的 AI 工具和方法。

2. 数据收集与预处理

从多个数据源(如在线学习平台、考试系统、课堂互动等)收集学生的学习数据,包括学习成绩、学习时间、知识点掌握情况、学习行为等。然后,利用 AI 工具自动完成数据清理工作,识别并处理缺失值、异常值和不一致的数据。最后,将数据转换为适合分析的格式,如通过 AI 工具自动调整数据格式以适应分析需求。

3. 构建学生模型

① 学习风格与兴趣:分析学生的学习风格(如听觉型、视觉型、动手型等)和兴趣爱好,这有助于确定适合学生的教学方式和学习材料。

② 知识掌握情况:通过知识图谱技术,分析学生对各知识点的掌握程度,构建学生知识结构图。

③ 学习行为分析:利用机器学习算法分析学生的学习行为数据,如学习时间、学习频率等,以了解学生的学习习惯和偏好。

4. 模型构建与训练

① 选择合适的 AI 模型:根据分析目标,选择合适的 AI 模型,如决策树、随机森林、深度学习框架(如 TensorFlow)等。

② 模型训练与优化:利用 AI 工具自动调整超参数并优化模型性能。例如,通过交叉验证和 AUC-ROC 曲线评估模型在未知数据上的表现。

5. 个性化学习路径规划

① 学习路径推荐:基于学生模型和知识图谱,AI 系统可以为每个学生生成个性化的学习路径。系统会根据学生的学习进度和知识掌握情况,动态调整学习内容和难度。

② 学习资源推荐:AI 能够根据学生的学习进度和兴趣偏好,智能推荐相关的学习资源,如视频教程、练习题、学习资料等。

③ 实时反馈与调整:AI 系统可以实时监测学生的学习进度和表现,为教师提供即时反馈与建议,同时学生也能通过 AI 了解自己的学习情况,及时调整学习策略。

6. 结果解释与可视化

① 数据可视化:使用 AI 工具创建交互式仪表板,清晰呈现数据,帮助教师和学生更直观地了解学习进程及问题所在。

②预测分析：利用历史数据预测学生未来的学习趋势和结果，提前发现潜在问题并采取干预措施。

7. 持续优化与调整

①定期评估：定期评估学生的学习进展，以及个性化学习路径的实施效果，并根据评估反馈做进一步调整。

②动态更新：随着学生学习的深入和数据的积累，AI 系统会不断更新学生模型和学习路径，确保学习计划始终符合学生的需求。

通过以上步骤，AI 可以有效地分析学生的学习数据，并为每个学生制定个性化的学习路径与计划，从而提高学习效率和效果。

评价总结

自查学习成果，填写任务自查表，已达成的打"√"，未达成的记录原因。

任务自查表

课前准备：____分钟　　课堂学习：____分钟　　课后练习：____分钟　　学习合计：____分钟

学习成果	已达成	未达成（原因）
了解人工智能在智能教学系统、虚拟助教系统以及智能教育管理系统等领域的典型应用场景		
能够识别教育场景中常见的人工智能技术，并阐述其作用		
能够运用智能学习工具，提升学习效率与学习体验		
树立智能教育领域中的 AI 技术应用意识，认可其应用价值		

课后练习

一、填空题

（1）智能教学系统是一种利用_____技术模拟人类教师教学行为和教学策略的计算机系统。

（2）AI 在智能教学系统中的应用，尤其是_____学习平台，已经成为教育领域的重要发展方向。

（3）AI 技术可以创建高度仿真的_____场景，让学生在安全的环境中进行各种实验操作。

（4）虚拟助教系统是一种基于人工智能技术的教育辅助工具，能够模拟_____的行为和交互方式，为学生提供个性化的学习支持和教学服务。

（5）智能教育管理系统通过多种方式优化教学资源分配，从而提升_____质量。

二、实践题

假设你是一名教育机构的教育顾问，现需为一名学生制定个性化学习路径。请根据所学的个性化学习路径规划的专业知识，详细描述如何利用 AI 分析学生的学习数据，进而制定并优化个性化学习计划。方案应包括具体的 AI 工具和技术应用、学习路径的调整策略以及如何实时监测学生的学习进展。

任务 4 人工智能在交通行业的应用

学习目标

知识目标
- 了解人工智能在交通行业的核心应用技术
- 了解当下人工智能技术在交通行业的典型应用及相关技术

能力目标
- 能够通过使用Python代码实现基于OpenCV的车辆检测与计数功能

素养目标
- 树立智能交通领域中的AI技术应用意识，认可其应用价值

任务情境

小陈所在城市的交通拥堵情况非常严重，这让他深受其扰，也激发了他探索优化交通出行方法的兴趣。这天，小陈参加了一场关于智能交通系统的线上开放课程，课程中提到了基于 OpenCV 的车辆检测与计数技术。该技术可以通过实时图像处理和智能算法，优化交通流量，规划最优出行路线。小陈对这类技术产生了浓厚的兴趣，意识到它们可以为解决交通拥堵问题提供新思路。参加完课程学习后，他决定继续深入研究这些技术，并尝试将其付诸实践。他希望通过亲身体验，探索人工智能在交通领域的应用，拓宽视野，解开自己对交通优化的疑惑。

知识学习

一、了解自动驾驶技术

自动驾驶技术作为现代交通领域的一项重要创新，正逐渐改变着人们的出行方式和交通生态。其核心在于通过先进的关键组件（传感器）、决策算法和控制策略，实现车辆的自主驾驶，提高交通效率和安全性。

1. 自动驾驶关键组件

自动驾驶汽车的感知系统依赖于多种传感器，其中激光雷达、摄像头和毫米波雷达是关键组件。

(1) 激光雷达

激光雷达是自动驾驶汽车感知环境的关键传感器之一。激光雷达的工作原理是向周围环境发射大量的激光脉冲,当这些激光脉冲遇到物体时,就会被反射回来。激光雷达通过测量发射和接收反射光的时间差来计算出物体之间的距离。通过不断扫描周围环境,激光雷达可以生成实时的三维点云地图,为车辆提供精确的环境感知信息。例如,百度 Apollo 平台的自动驾驶车辆配备了多线激光雷达,能够实时感知周围车辆、行人和障碍物的位置及运动状态。多线激光雷达可以同时发射多束激光,以此提升数据采集的密度和精度,从而更准确地感知复杂环境。激光雷达生成的三维点云地图可以精确地描绘出道路、建筑物、车辆和行人等物体的轮廓及位置,为自动驾驶汽车的决策系统提供丰富的环境信息,如图 4.4.1 所示。通过激光雷达,自动驾驶汽车可以实现对周围环境的实时感知,及时发现潜在危险,并做出合理的驾驶决策,确保行车安全。此外,激光雷达还可以用于地图构建和定位,帮助自动驾驶汽车在未知环境中进行自我定位和导航。

▲图 4.4.1　车载激光雷达与成像效果

(2) 摄像头

摄像头是自动驾驶汽车感知环境的另一类重要传感器,用于捕捉道路图像信息,包括交通标志、车道线、车辆和行人等,如图 4.4.2 所示。摄像头的工作原理依托于光学成像原理,它能够通过镜头将光线聚焦到图像传感器上。图像传感器随后将接收到的光信号转换为电信号,这些电信号再经过模数转换器被进一步转换为数字信号,以便后续进行图像处理和分析。例如,在百度 Apollo 平台中,摄像头与其他传感器协同工作,提高了环境感知的准确性和可靠性。摄像头可以识别道路上的各种交通标志,如限速标志、禁止停车标志等,为自动驾驶汽车提供重要的交通规则信息。同时,摄像头还可以检测车道线,帮助车辆保持在车道内行驶,防止车道偏离事故的发生。此外,摄像头还可以监测周围的车辆和行人,及时发现潜在危险,为自动驾驶汽车的决策系统提供重要的环境信息。

(3) 毫米波雷达

毫米波雷达同样是自动驾驶汽车感知环境的重要传感器类型。毫米波雷达的工作原理是发射毫米波频段的电磁波,当这些电磁波遇到物体时,会被反射回来。毫米波雷达通过接收反射波来测量物体之间的间距、相对速度以及相对角度。毫米波雷达具有全天候工作的能力,能够在恶劣天气条件下提供稳定的探测结果,不受光照、雾霾、小雨等环境因素的影响,如图 4.4.3 所示。例如,百度 Apollo 平台的自动驾驶车辆采用毫米波雷达辅助感知周围环境,特别

▲图 4.4.2　车载摄像头与成像效果

是在能见度较低的情况下,从而有效提升环境感知精度,确保行车安全。此外,毫米波雷达还可以用于自适应巡航控制、自动紧急制动等高级驾驶辅助功能,从而提高行车的安全性和舒适性。

▲图 4.4.3　毫米波雷达与成像效果

2. 自动驾驶决策算法

(1) 路径规划

路径规划主要包括全局路径规划和局部路径规划。

在全局路径规划中,自动驾驶汽车依赖先进的算法,计算并确定从起点到终点的最优行

驶路径。常用的路径规划算法包括 A* 算法和 Dijkstra 算法。A* 算法是一种启发式搜索算法,通过综合考虑路径的成本和启发式函数来高效地找到最优路径。在自动驾驶系统中,A* 算法可以根据地图信息和实时交通数据,动态调整路径规划,从而确保车辆选择最快或最短的路线。Dijkstra 算法则是通过遍历所有可能的路径来确保找到最短路径。在自动驾驶中,Dijkstra 算法适用于静态环境下的路径规划,如园区或停车场等。这些算法在自动驾驶中的应用,不仅提高了路径规划的效率,还确保了车辆行驶的安全性和舒适性。

全局路径规划不仅依赖于算法,还需要考虑地图匹配和交通规则。地图匹配技术将车辆的实时位置与地图中的道路信息进行匹配,以确保车辆在正确的道路上行驶。例如,当车辆在高速公路上行驶时,地图匹配技术可以精确定位车辆所在的车道,为后续的车道保持和变道操作提供准确的依据。此外,遵守交通规则也是全局路径规划的重要组成部分。自动驾驶汽车需要根据交通法规和交通标志(如限速标志、禁止超车标志等)来规划路径。这些规则不仅影响车辆的速度,还会影响车辆的行驶方向和车道选择,因此必须提前将其纳入路径规划,以确保车辆行驶的安全性和合法性。

在复杂的交通环境中,自动驾驶汽车需要能够实时应对各种突发情况,如前方车辆突然减速或变道、行人横穿马路等。局部路径规划致力于解决这些问题,它通过实时感知环境信息来动态调整车辆的行驶路径。例如:Apollo 平台的自动驾驶车辆配备了先进的传感器,能够实时感知周围车辆、行人和障碍物的位置及运动状态。基于这些信息,Apollo 的局部路径规划算法能够动态生成一条安全、平滑且舒适的行驶路径。当检测到前方车辆突然减速时,局部路径规划算法会根据车辆的当前速度、与前车的距离以及道路的曲率等因素,快速计算出一条新的行驶轨迹,从而避免与前车发生碰撞。

局部路径规划还具备避障和应对复杂路况的能力。避障算法能够识别车辆周围的障碍物,并生成避开这些障碍物的行驶路径。例如,当车辆在狭窄的道路上行驶时,避障算法会计算出一条合适的路径,使车辆能够安全地通过道路两侧的障碍物,如停放的车辆或路旁的护栏。此外,局部路径规划还需要考虑车辆的舒适性。平滑的行驶路径不仅可以提高乘客的舒适度,还能降低车辆能耗。例如:Apollo 平台通过优化轨迹生成算法,使车辆在变道、绕障等行驶场景下,行驶路径的曲率变化更为平缓,从而有效规避急转弯或急加速等情况,为乘客提供更舒适的乘坐体验。

在线阅读

百度 Apollo 自动驾驶平台

(2) 行为决策

自动驾驶汽车在行驶过程中需要做出多种决策,如超车、变道、跟车和停车等。这些决策不仅涉及车辆自身的状态,还与周围的交通环境和交通规则密切相关。例如,当车辆决定超车时,需要考虑前方车辆的速度、与前车的距离、道路的宽度和曲率等因素。同时,车辆还须遵守交通规则,如不能在禁止超车的路段超车。这些因素的综合作用使得决策的过程变得非常复杂。此外,自动驾驶汽车还需要实时感知和处理大量的环境信息,如其他车辆的位置和速度、交通标志和信号灯的状态等。这些信息的实时性和准确性对决策的正确性至关重要。例如,如果车辆未能及时感知到前方的红灯,则可能会导致闯红灯的违法行为。

基于规则的决策模型是自动驾驶汽车行为决策的一种传统方法。这种模型通过预设的一系列规则指导车辆的决策过程。例如，当车辆检测到前方有障碍物时，车辆会根据规则，先判断障碍物的类型和距离，然后决定是减速还是变道。这种模型的优点是逻辑清晰、易于理解和实现。它通常基于交通规则和安全原则，能够确保车辆在大多数情况下做出合理的决策。然而，基于规则的模型也有其局限性。它在面对复杂或未预见的情况时，可能无法做出最优的决策。例如，在交通拥堵或出现突发事故的场景中，基于规则的模型可能无法灵活应对，进而造成车辆反应迟缓或做出不合理的决策。

基于机器学习的决策模型是近年来自动驾驶领域的一个重要发展方向。这种模型通过大量的数据训练，使车辆能够学习和模仿人类驾驶员的行为。例如，通过分析大量驾驶数据，机器学习模型可以学会在不同交通场景下如何安全地超车、变道和跟车。这种模型的优点是具有很强的适应性和灵活性。它能够根据实时的交通状况和环境信息，做出更加智能和合理的决策。例如，在复杂的交通环境中，基于机器学习的模型可以快速识别潜在危险，并采取相应措施。然而，基于机器学习的模型同样面临挑战。例如，它需要大量的数据进行训练，且在数据质量和多样性不足的情况下，模型的性能可能会受到影响；机器学习模型的决策过程通常较为复杂，难以解释和验证，这在一定程度上增加了其应用的难度。

3. 自动驾驶控制策略

（1）控制方法

自动驾驶汽车的控制方法主要包括速度控制方法和转向控制方法两类。

速度控制方法旨在根据决策算法的指令和实时路况，精确调整车辆速度。例如，Apollo平台的车辆控制系统会根据决策算法提供的目标速度，结合实时感知的路况信息，如道路坡度、曲率、交通流量等，计算出所需的油门开度或刹车力度。具体来说，当车辆需要保持恒定速度（如在高速公路上）时，控制系统会根据道路的坡度和交通流量，自动调整油门开度，确保车辆以稳定的速度行驶。在城市道路中，当遇到交通拥堵或需要减速停车的情况时，控制系统会根据实时感知的交通信号灯状态和前车速度，精确控制刹车力度，确保车辆平稳减速或停车。此外，速度控制还需要考虑车辆的动态特性，如加速度和减速度的限制，以确保乘客的乘坐舒适性和安全性。

转向控制方法则侧重于根据路径规划和决策算法的要求，准确控制车辆转向。例如，Apollo平台的车辆控制系统会根据路径规划提供的目标轨迹，结合实时感知的车辆状态信息，如车速、横摆角速度等，计算出所需的方向盘转向角度，实现精准操作。具体来说，在车辆需要转弯时，控制系统会根据目标轨迹的曲率和车速，精确调整方向盘角度，确保车辆平稳转弯。在车辆需要变道时，控制系统会根据目标车道的位置和车速，精确控制方向盘角度，确保车辆准确变道。此外，转向控制还需要考虑车辆的动态特性，如转向响应时间和转向稳定性，以确保车辆在各种行驶工况下都能表现出良好的转向性能。

(2) 控制策略优化

优化自动驾驶汽车的控制算法是提高车辆行驶稳定性和安全性的关键。例如，Apollo平台通过改进控制算法来减少车辆在行驶过程中的抖动和偏差。平台采用了先进的控制算法，如模型预测控制（MPC）和自适应控制（AC）等，这些算法能够根据车辆的实时状态和环境信息，动态调整控制参数，确保车辆行驶的稳定性。在车辆行驶的过程中，当遇到路面不平或侧风干扰时，MPC算法能够根据车辆的实时状态，预测未来的行驶轨迹，并提前调整控制参数，减少车辆的抖动和偏差。此外，优化后的控制算法还能够确保车辆在加速和减速过程中的加速度和减速度平滑变化，从而提高乘坐的舒适性。

评估自动驾驶汽车的控制策略是验证其有效性和可靠性的必要步骤。例如，Apollo平台需要通过模拟测试和实际道路测试两种方式，全面评估控制策略的性能。在模拟测试中，平台借助高精度的车辆动力学模型，模拟复杂的交通场景，对车辆的控制策略进行仿真测试，从而快速评估控制策略在不同工况下的性能，如车辆的行驶稳定性、路径跟踪精度等。在实际道路测试中，Apollo平台的自动驾驶车辆在各种道路条件下，包括城市道路、高速公路以及乡村道路等，均进行了长时间的测试。这些测试旨在验证控制策略在真实环境中的有效性和可靠性，具体评估指标包括车辆的行驶稳定性、乘客的乘坐舒适性等方面。通过这些测试，平台能够不断优化控制策略，确保车辆在各种工况下的稳定行驶。

二、知晓智慧公路建设

1. 智慧公路技术架构

智慧公路作为现代交通发展的重要方向，融合了多种前沿技术，以实现交通系统的智能化、高效化和安全化。其中，车路协同、智能感知、智能分析和通信技术是构建智慧公路的关键支柱。以下将详细介绍这些关键技术在智慧公路中的应用和优势。

全国首条"零碳"高速公路

（1）车路协同

车路协同是智慧公路的核心技术之一，旨在通过车辆与道路基础设施之间的信息交互，实现交通系统的智能化管理。这一技术涵盖了车辆与基础设施（V2I）、车辆与车辆（V2V）、车辆与行人（V2P）等多种通信方式。

在实际应用中，车路协同系统能够使车辆实时获取前方道路的交通状况、交通信号灯信息等，从而提前做出决策，如图4.4.4所示。例如，当车辆接近红绿灯路口时，通过V2I通信，车辆可以提前得知信号灯变化的剩余时间，从而调整车速，减少不必要的停车和启动。这种信息交互不仅提高了交通效

▲图4.4.4　车路协同下的智慧高速公路

率,还降低了车辆的能耗和排放。同时,车路协同系统能够提供实时的交通信息,帮助驾驶员更好地规划行驶路线,尽可能避开拥堵路段,节省出行时间。此外,车路协同系统还能够实现车辆的自动驾驶功能,如自动跟车、自动变道等,从而提升行车的安全性和舒适性。在自动驾驶模式下,车辆可以通过V2V通信获取周边车辆的行驶意图,从而做出合理的避让或跟随动作。

车路协同系统的应用不仅能够提高交通效率和车辆的安全性,还能够提升整个交通系统的智能化水平。例如,车路协同系统能够实现交通事件的快速响应。当发生交通事故或开展道路施工时,车路协同系统可以迅速将信息传递给周边车辆,提醒驾驶员提前绕行或减速慢行,从而降低交通拥堵和事故发生的概率。

总之,车路协同技术通过车辆与道路基础设施之间的信息交互,实现了交通系统的智能化管理,为提高交通效率、保障行车安全、优化交通管理提供了有力支持。

(2) 智能感知

智能感知是智慧公路的关键技术之一,它通过在道路上部署各类传感器及监测设备,实现对道路和交通状况的实时感知。这些传感器包括摄像头、雷达、激光扫描仪、地磁传感器等,能够从不同角度和层面获取交通信息。例如,摄像头可以捕捉车辆图像,用于识别车辆类型、车牌号码和交通违法行为;雷达和激光扫描仪可以精确测量车辆的速度和距离,为交通流量分析提供数据支持。地磁传感器可以监测车辆的存在和通过情况,适用于交通流量监测和车辆计数。这些传感器和监测设备的协同工作,使得智能感知系统能够全面、实时地掌握道路和交通状况,为交通管理提供有力支持,如图4.4.5所示。

▲图4.4.5 智慧交通中各种传感器和监测设备示例

智能感知系统的应用范围非常广泛，涵盖交通流量监测、车辆速度监测、道路状况监测等多个方面。在交通流量监测方面，智能感知系统可以实时获取道路上的车辆数量和行驶速度，为交通管理部门提供准确的交通数据。例如，在城市主干道上，通过安装流量监测设备，交通管理部门可以实时掌握各路段的交通流量，从而及时采取措施，缓解交通拥堵。在车辆速度监测方面，智能感知系统可以实时监测车辆的行驶速度，为交通执法部门提供准确的超速数据。例如，在高速公路上，通过安装测速摄像头，交通执法部门可以对超速车辆进行抓拍和处罚，提高道路行驶的安全性。此外，智能感知系统还可以监测道路的平整度、积水情况等，为道路维护部门提供准确的道路状况数据。例如，在雨天或雪天，通过安装在道路上的传感器，道路维护部门可以实时了解道路的积水或积雪情况，及时采取相应的维护措施，以确保道路的通行安全。

(3) 智能分析

智能分析是智慧公路的关键技术之一，它通过收集和分析大量的交通数据，为交通管理部门提供决策支持。这一技术包括数据收集、数据存储、数据分析等方面。在实际应用中，智能分析系统能够对存储的数据进行分析和挖掘，为交通管理部门提供准确的交通信息，如图 4.4.6 所示。例如，通过分析交通流量数据，交通管理部门可以了解交通流量的变化趋势，从而优化交通信号灯控制策略。在早晚高峰时段，管理部门可以适时延长部分主干道的绿灯时间，以有效缓解交通拥堵。此外，智能分析系统还可以实现交通预测和预警功能，如交通拥堵预测、交通事故预警等。通过分析历史交通数据和实时交通数据，智能分析系统可以预测未来一段时间内的交通流量，提前发出交通拥堵预警，提醒驾驶员选择合适的出行路线。

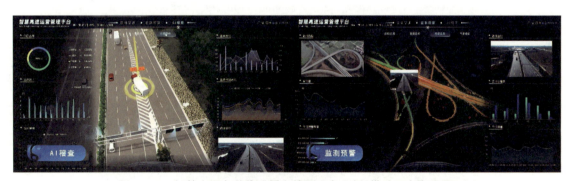

▲ 图 4.4.6　智慧交通各种传感器和检测设备示例（借助平台直观展示）

智能分析系统在智慧公路中的应用不仅限于交通流量的监测与预测，还包括对交通违法行为的识别与分析。通过图像识别与智能分析技术，系统可以自动识别交通违法行为，如超速、闯红灯、违规变道等，从而提高执法的效率和准确性。同时，智能分析系统能够为交通规划提供有力的决策支持。通过对历史交通数据的深度挖掘与细致分析，智能分析系统能够揭示交通需求的变化规律，为交通规划提供坚实的数据基础，进而优化交通设施布局，有力推动城市交通的可持续发展。此外，智能分析系统还可以提升公众的出行体验。通过预测交通拥堵趋势，系统可以为公众提供实时路况信息、最优路径规划等出行服务，提升公众的出行效率和满意度。

(4) 通信技术

通信技术是智慧公路的关键技术之一,为车路协同、智能感知和智能分析等系统提供信息传输支持。通信技术涵盖 5G、V2X 等多种类型。其中,5G 通信技术以其高速率、低延迟和大容量的特点,为智慧公路提供了强大的通信保障。例如,在高速行驶场景中,车辆需要在短时间内做出决策,5G 技术能够保障信息的实时传输,防止通信延迟引发决策失误。V2X 通信技术则实现了车辆与车辆、车辆与基础设施、车辆与行人之间的信息交互,为车路协同系统提供了支持。通过 V2X 通信,车辆可以获取周边车辆的行驶信息,从而提前做出避让或跟随动作,减少交通事故的发生。

此外,智能感知系统和智能分析系统之间的信息传输也需要通信技术的支持。例如,通过 5G 网络,智能感知系统可以将交通数据实时传输给智能分析系统,以确保数据的时效性和准确性。这种高效的信息传输机制,使得交通管理部门能够及时获取准确的交通信息,从而做出科学决策。

2. 智能交通管理系统

(1) 智能交通分层架构

在线阅读
上海智能交通系统

智能交通管理系统通过分层架构实现高效的数据分析功能,涵盖感知层、网络层、平台层和应用层,如图 4.4.7 所示。这一架构确保了从数据采集到分析再到应用的全流程高效运作,为交通管理提供了有力支持。

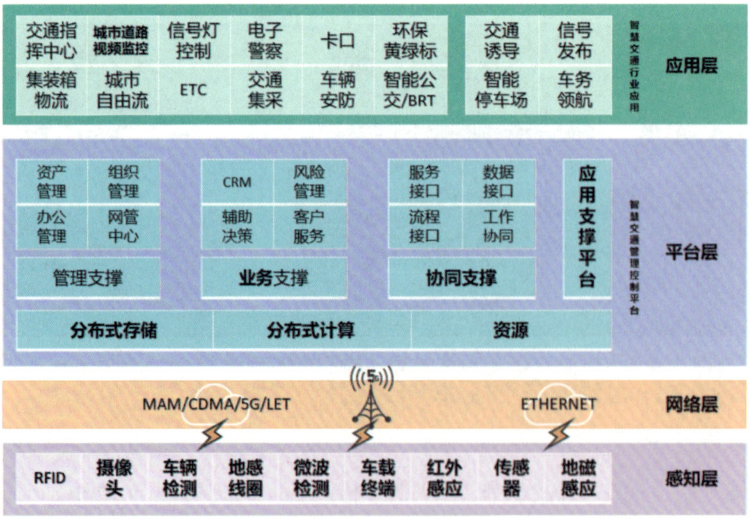

▲图 4.4.7 智能交通管理系统物联网结构

① 感知层:数据采集与预处理。感知层是智能交通管理系统的数据基石,负责从多个来源获取交通数据。这些来源包括交通流量监测设备、车辆传感器、GPS 定位系统、视频监控摄像头以及气象站等。采集到的数据类型丰富多样,涵盖车辆位置、速度、行驶方向以及道

路状况、天气条件等。然而,原始数据中常存在噪声、缺失值和异常值等问题,故须进行预处理。

② 网络层:数据传输与初步处理。网络层负责将感知层采集的数据传输到平台层。通过 MSM、CDMA、5G/LTE 及 ETHERNET 等通信技术,确保数据能够实时传输。在网络层,会先对数据进行预处理,以减轻传输负担并提升数据质量,为后续的数据存储与分析奠定良好的基础。

③ 平台层:数据存储与管理。平台层是智能交通管理系统的数据处理中心,负责数据的存储与管理。智能交通管理系统通常采用分布式数据库和云存储技术来处理大规模数据。这些技术能够提供高容量、高可靠性和高扩展性的存储解决方案,以满足交通数据的存储需求。同时,为了提高数据访问效率,系统还会采用数据索引、数据分区和数据缓存等技术,以确保数据能够被快速读取和处理。

④ 应用层:数据分析与挖掘。应用层是智能交通管理系统的数据分析与应用中心,负责从海量数据中提取有价值的信息和知识。常用的数据分析技术包括统计分析、机器学习和深度学习等。通过这些技术,系统可以实现交通流量预测、交通拥堵识别、交通事故预警等功能。例如,利用机器学习算法,系统可以根据历史交通数据预测未来的交通流量,提前制定交通管理策略。此外,数据挖掘技术还可以用于发现交通数据中的隐藏模式和规律,为交通规划与管理提供决策支持。

(2) 智能交通信号控制技术

智能交通信号控制技术通过引入先进的算法和通信技术,实现交通信号的自适应控制和动态优化。自适应控制算法可以根据实时交通数据动态调整信号灯的配时,优化交通流量。例如,深圳创新交通智能体采用了自适应控制技术,通过实时监测交通流量动态调整信号灯配时,从而有效缓解了交通拥堵。此外,智能交通信号控制技术还可以与其他交通管理技术相结合,如与交通信息发布系统结合,为驾驶员提供实时路况信息和最优路径规划。

(3) 智能交通信息交互技术

智能交通信息交互技术通过多种渠道向驾驶员和乘客提供实时交通信息,帮助他们做出合理的出行决策。常见的信息发布渠道包括电子显示屏、广播和手机应用。电子显示屏可设置于道路沿线,实时展示交通流量、路况信息及最优路径;广播可通过频率覆盖向驾驶员播报交通资讯与路况提示;手机应用则借助互联网为用户提供个性化的交通信息及路径规划服务。这些信息发布技术的广泛应用,使得驾驶员和乘客能够及时了解交通状况,提高出行效率和满意度。

> **问题探究**
>
> 在智慧公路建设中,如何利用人工智能技术优化交通流量、提升道路使用效率?请通过网络搜集相关实例,并探讨智慧公路建设对环境和社会的影响。

三、体验基于 OpenCV 的车辆检测与计数实践

车辆检测与计数是智能交通系统中的一个重要应用。它通过使用各种传感器和技术,

识别道路上的车辆并对它们进行计数。这项技术被广泛应用于交通流量监测、交通信号控制、道路收费系统以及交通规划等领域。

随着计算机视觉与机器学习技术的发展，车辆检测与计数技术也在不断进步。在早期阶段，车辆检测与计数主要依赖于传统的图像处理技术，如背景减除法、光流法等。而近年来，以卷积神经网络为代表的深度学习技术，在车辆检测与计数实践中取得了显著成果。这类技术凭借其强大的学习能力，能够自动提取车辆特征，从而提高了检测的准确性与鲁棒性[①]。

1. OpenCV 相关概念及核心功能

OpenCV(Open Source Computer Vision Library)是一个开源的计算机视觉与机器学习软件库，被广泛应用于图像与视频处理领域。它提供了大量的图像处理与计算机视觉算法，支持多种编程语言(如 Python、C++等)，并具有高效的性能。OpenCV 的核心功能包括图像处理、视频处理、特征检测、图像变换等。

(1) 图像处理功能

OpenCV 提供了图像的读取、显示、保存和颜色空间转换等功能。这些功能使得开发者能够轻松地加载和处理图像数据。例如，可利用 cv2.imread()函数加载图像文件，借助 cv2.imshow()函数展示图像，通过 cv2.imwrite()函数保存图像，以及运用 cv2.cvtColor()函数将图像从一种颜色空间转换为另一种颜色空间。

(2) 视频处理功能

视频处理也是 OpenCV 的重要功能之一。它支持视频的读取、帧处理和保存。通过 cv2.VideoCapture()函数，可以打开视频文件并逐帧读取视频内容。此外，OpenCV 还提供了对视频帧的处理功能，如帧的裁剪、缩放和旋转等，这些功能对视频分析和处理非常有用。

(3) 特征检测功能

特征检测是计算机视觉中的一个关键任务。OpenCV 提供了多种特征检测算法，如边缘检测、角点检测和轮廓检测等。这些算法可以帮助开发者识别图像中的重要特征，从而实现目标的检测、跟踪和识别等功能。例如，可利用 cv2.Canny()函数进行边缘检测，运用 cv2.goodFeaturesToTrack()函数检测角点，而 cv2.findContours()函数则可用于查找图像中的轮廓。

(4) 图像变换功能

图像变换是图像处理中的另一个重要领域。OpenCV 提供了多种图像变换功能，如平移、旋转和缩放等。这些功能可通过矩阵运算实现，使得图像能够进行各种几何变换。例如，可利用 cv2.warpAffine()函数实现图像的平移和旋转操作，而 cv2.resize()函数则专门用于实现图像的缩放。

---

① 鲁棒性是指系统、模型或方法在面对各种复杂、多变、不确定因素时，仍能保持稳定、可靠、有效运行或得出正确结果的能力。

① 窗口展示。使用 cv2.imshow()函数可以创建窗口并显示图像或视频帧。示例代码：

cv2.imshow('window_name', image)   # window_name 是窗口左上角显示的名字

② 图像(视频)的加载。使用 cv2.imread()函数加载图像文件；使用 cv2.VideoCapture()函数加载视频文件。示例代码：

image= cv2.imread('image_path')   # image_path 是图片文件所在路径
cap= cv2.VideoCapture('video_path') # video_path 是视频文件所在路径

③ 图像与文本绘制。使用 cv2.rectangle()函数绘制矩形框；使用 cv2.putText()函数在图像上绘制文本。示例代码：

cv2.rectangle(image, (x, y), (x+ w, y+ h), (0, 255, 0), 2)
cv2.putText(image, 'text', (x, y), cv2.FONT_HERSHEY_SIMPLEX, 1, (0, 0, 255), 2)

2. 基于 OpenCV 库的图像预处理

(1) 基于 OpenCV 库的基本图像运算与处理

图像运算与处理是计算机视觉中的基础步骤，用于对图像进行预处理，以便后续执行分析、特征提取以及更高级的处理任务。这些操作可以显著改善图像质量，减少噪声，增强特征，从而提升后续算法的准确性和效率。

① 颜色空间转换：使用 cv2.cvtColor()函数将图像从一种颜色空间转换为另一种颜色空间，从而降低计算成本，提高图片或视频的处理效率。示例代码：

gray= cv2.cvtColor(image, cv2.COLOR_BGR2GRAY)   # 转成黑白色

② 高斯模糊：使用 cv2.GaussianBlur()函数对图像进行高斯模糊处理，去除噪声。示例代码：

blur= cv2.GaussianBlur(gray, (13, 13), 15)

(2) 基于 OpenCV 库的形态学操作

形态学操作是图像处理领域中一种基于形状特征的重要技术，其核心是结构元素，通过 cv2.getStructuringElement()函数创建。结构元素定义了操作的形状和大小，常见的形状包括矩形(cv2.MORPH_RECT)、椭圆形(cv2.MORPH_ELLIPSE)和十字形(cv2.MORPH_CROSS)。这些元素在腐蚀[cv2.erode()]、膨胀[cv2.dilate()]、开运算(cv2.MORPH_OPEN)和闭运算(cv2.MORPH_CLOSE)等操作中发挥关键作用，用于去除噪声、细化或填补图像中的物体，以及连接或断开物体，从而实现对图像形状的精细调整与分析。

① 结构元素：使用 cv2.getStructuringElement()函数创建结构元素。示例代码：

kernel= cv2.getStructuringElement(cv2.MORPH_RECT, (5, 5))

② 腐蚀操作：使用 cv2.erode()函数对图像进行腐蚀操作，去除小的噪声。示例代码：

```
erode= cv2.erode(image, kernel, iterations= 2)
```

③ 膨胀操作：使用 cv2.dilate()函数对图像进行膨胀操作，恢复前景物体。示例代码：

```
dialte= cv2.dilate(erode, kernel, iterations= 3)
```

④ 闭运算：使用 cv2.morphologyEx()函数进行闭运算，消除内部的小方块。示例代码：

```
close= cv2.morphologyEx(dialte, cv2.MORPH_CLOSE, kernel, iterations= 1)
```

(3) 基于 OpenCV 库的轮廓查找

轮廓查找是图像分割的重要步骤之一，它可以帮助我们识别和分离图像中的不同对象。轮廓通常表示物体的边界，通过查找轮廓，我们可以确定物体的位置、形状和大小。在实践应用中，轮廓查找技术被广泛应用于目标检测、形状分析、字符识别等领域。在 OpenCV 库中，可以使用 cv2.findContours()函数查找轮廓。示例代码：

```
contours, hierarchy= cv2.findContours(image, cv2.RETR_TREE, cv2.CHAIN_APPROX_SIMPLE)
```

3. 运用 OpenCV 库的形态学方法识别车辆

(1) 前景/背景分割算法

使用 cv2.createBackgroundSubtractorMOG2()函数进行前景/背景分割。示例代码：

```
mog= cv2.createBackgroundSubtractorMOG2()
fgmask= mog.apply(image)
```

(2) 去噪、腐蚀、膨胀以及闭运算操作

使用相关函数对前景分割后的车辆视频进行去噪、腐蚀、膨胀、闭运算等操作。示例代码：

```
blur= cv2.GaussianBlur(fgmask, (13, 13), 15)
erode= cv2.erode(blur, kernel, iterations= 2)
dialte= cv2.dilate(erode, kernel, iterations= 3)
close= cv2.morphologyEx(dialte, cv2.MORPH_CLOSE, kernel, iterations= 1)
```

(3) 识别车辆

使用相关函数获取汽车轮廓。示例代码：

```
contours, hierarchy= cv2.findContours(close, cv2.RETR_TREE, cv2.CHAIN_APPROX_SIMPLE)
```

4. 进行车辆计数统计

(1) 实现逻辑

在距离摄像头较近的视频画面位置放置一条虚拟实线,假设当车辆越过该虚拟实线时,对车辆进行计数操作。同时,在检测到车辆(矩形框)时,为其设置一个中心点。当中心点的高度超过所设定虚拟实线的垂直高度时,判定有车辆经过,此时车辆计数加1。

(2) 设定统计区域

定义检测线的高度位置和偏移量。示例代码:

```
line_high= 535   #  检测线的高度位置
offset= 23.5   #  检测线的偏移量
```

(3) 车辆计数逻辑

当检测到车辆时,计算其矩形框的中心点,并将这些中心点的数据存储在一个列表中(cars)。我们可以通过遍历这个列表来跟踪每辆车的位置。示例代码:

```
cars= [ ]   #  用于存储检测到的车辆中心点
```

遍历cars列表中的每个中心点,检查它们是否在检测线的偏移范围内。

如果某个中心点在该范围内,则将车辆计数器(carno)加1,并从列表中移除该中心点,以避免重复计数。示例代码:

```
carno= 0   #  车辆计数器
for (x, y) in cars:
    if y> (line_high-offset) and y< (line_high+offset):
        carno+= 1   #  增加车辆计数
        cars.remove((x, y))   #  移除已计数的中心点
```

(4) 显示统计信息

使用cv2.putText()函数在图像上显示车辆计数信息。示例代码:

```
cv2.putText(frame, 'Vehicle Count:' + str(carno), (750, 100), cv2.FONT_HERSHEY_SIMPLEX, 2, (0, 0, 255), 5)
```

(5) 展示处理后的各步骤图像窗口

使用相关函数展示处理后的各步骤图像窗口。示例代码:

```
cv2.imshow('gray', blur)
cv2.imshow('bgmask', bgmask)
cv2.imshow('erode', erode)
cv2.imshow('dialte', dialte)
cv2.imshow('close', close)
```

5. 运行结果

程序运行后,会显示六个窗口,分别是:视频灰度图像、高斯模糊去除噪声图像、获取前景掩码图像、腐蚀后图像、膨胀操作后图像,以及一个基于 OpenCV 的车辆检测与计数的彩色检测主窗口,如图 4.4.8 所示。车辆数量在主窗口的右上角显示。

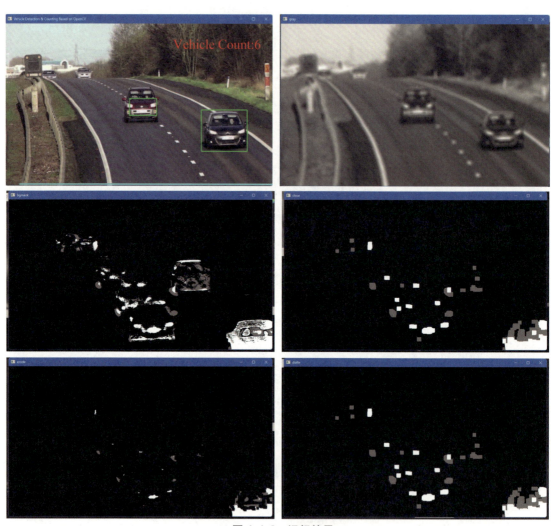

▲图 4.4.8　运行结果

任务实施

车辆的检测与计数

第一步　环境搭建

（1）安装 PyCharm 编辑器。PyCharm 是一款 Python 集成开发环境,配备了一系列旨在提升 Python 语言开发效率的工具集。

（2）安装 Anaconda 软件。Anaconda（中文名称为"大蟒蛇"）是一款专为开发者和数据分析师设计的 Python 发行版。作为一个功能强大且实用的数据科学平台，Anaconda 集成了大量常用的数据科学工具和库，为数据分析、机器学习和科学计算提供了高效便捷的开发环境。

Anaconda 的安装与配置

（3）安装 OpenCV 库。如果本地编译环境中没有安装 OpenCV 库，可以通过以下命令进行安装。

pip install opencv-python

如果安装过程较慢，可以将 OpenCV 库的安装源切换为国内镜像（如阿里云镜像），以此来加快安装速度。

pip install opencv-python -i http://mirrors.aliyun.com/pypi/simple --trusted-host mirrors.aliyun.com

第二步 准备测试视频

准备一个包含车辆行驶画面的视频文件（也可直接使用教材配套素材中的文件），将其命名为"测试视频.mp4"，并将其放置在代码脚本所在的文件夹中。

第三步 运行程序

运用 Python 代码（可扫描二维码查看），实现基于 OpenCV 的车辆检测与计数功能。

车辆检测与计数 Python 代码

第四步 记录检测结果

检测结果：_____

拓展提高

YOLO 算法和 Roboflow 模型

车辆检测与计数在交通管理、城市规划等众多领域中占据着重要地位。在深度学习这一关键技术的推动下，YOLO 算法脱颖而出，成为高效的实时目标检测算法之一。它拥有精细的网络架构，能够在图像和视频流场景中迅速且准确地识别车辆；运用滑动窗口和非极大值抑制等技术手段，使得对多个车辆的并行检测与定位成为可能。

Roboflow 作为深度学习模型训练的坚强后盾，致力于优化和增强图像数据集。它能精确筛选和标注用于训练的图像数据，同时运用数据增强技术，如随机裁剪、旋转、调整亮度等，为模型训练提供丰富多样的样本。

在车辆检测与计数的实际应用中，YOLO 算法与 Roboflow 珠联璧合，绽放出独特的光彩。结合 YOLO 算法出色的目标检测能力以及 Roboflow 精心优化的数据集，我们可以打造出既高度精确又运行迅速的车辆检测与计数模型。无论是在繁华的都市街道，还是在偏远的乡村公路，无论光照条件如何变化，抑或道路状况多么复杂，该模型都能稳定运行。凭借其卓越的性能，该模型已成功应用于交通流量监测、智慧停车管理以及自动驾驶等多个领域，为交通智能化管理提供了翔实的数据支持，有助于实现道路资源的高效利用与交通流量的科学调控，从而有效缓解交通拥堵现象。

评价总结

自查学习成果，填写任务自查表，已达成的打"√"，未达成的记录原因。

任务自查表

课前准备：____分钟　　课堂学习：____分钟　　课后练习：____分钟　　学习合计：____分钟

学习成果	已达成	未达成（原因）
了解人工智能在交通行业的核心应用技术		
了解当下人工智能技术在交通行业的典型应用及相关技术		
能够通过使用 Python 代码实现基于 OpenCV 的车辆检测与计数功能		
树立智能交通领域中的 AI 技术应用意识，认可其应用价值		

课后练习

一、填空题

（1）毫米波雷达利用毫米波频段的电磁波来探测目标物体的距离、速度和_____。

（2）在全局路径规划中，自动驾驶汽车常用的路径规划算法包括：A*算法和_____算法。

（3）智能感知系统通过在道路上部署各类传感器及监测设备，实现对道路和_____状况的实时感知。

（4）OpenCV 是一个开源的计算机视觉和_____软件库，被广泛应用于图像与视频处理领域。

（5）在车辆检测与计数程序中，使用 cv2.rectangle() 函数可以在图像上绘制_____框。

二、实践题

（1）探寻生活中的智慧交通应用，如智能导航系统、客票预订系统、共享单车平台等，亲身尝试使用这些应用，感受人工智能为交通领域带来的便利。

（2）（选做）使用 OpenCV 库编写一个简单的图像边缘检测程序，要求采用 cv2.Canny() 函数进行边缘检测。

步骤 1：加载一张图像文件（自选），并显示原始图像和经边缘检测后的图像。

步骤 2：在代码中添加必要的注释，说明每个步骤的作用。

项目 5
认知 AIGC 基础与应用

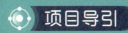
项目导引

随着人工智能技术的日新月异,AIGC(Artificial Intelligence Generated Content,人工智能生成内容)正以其强大的创造力和高效的生产力,深刻地改变着内容创作的格局。

通过本项目的学习,我们将全面认识 AIGC,了解其基本概念、发展历程和技术特点,认识 AIGC 在人工智能领域的重要地位;掌握 AIGC 技能,熟悉主流 AIGC 工具的使用方法,如图像生成、文本生成等,具备独立创作 AIGC 作品的能力。掌握 AIGC 技术,将帮助我们在内容创作、艺术设计、营销推广等领域突破传统界限,提升工作效率与创意水平,在人工智能的浪潮中实现个人价值的提升。

任务 1
认识 AIGC

学习目标

知识目标
- 了解AIGC的定义,以及其背后所依赖的人工智能大模型的基础概念
- 理解AIGC工具的算法体系和工作流程

能力目标
- 掌握主流AIGC工具的使用方法,包括提示词的使用和优化
- 能够使用DeepSeek解决复杂推理问题,并学会使用深度思考

素养目标
- 关注人工智能领域的发展动态,主动了解大模型和AIGC的最新进展
- 培养利用AIGC进行内容创作的创新思维,勇于尝试使用新的AIGC工具,并将其运用于生活、学习与工作中

任务情境

假期将至,小关心中萌生了一个新想法——成为一名旅游博主。他平日热爱旅游,常被网络上的精彩游记和美景照片吸引,渴望自己也能像那些博主一样,用独特视角记录旅途过程并分享给他人。然而,现实情况却给小关带来了挑战。作为学生,小关旅游时间和资金有限,实际旅游经验匮乏,多在周边城市短暂游览,难以深入体验当地文化。在能力方面,他文案撰写不够生动,难以精准传达感受。

面对这些难题,小关并未气馁。他计划借助 AIGC 工具,结合自身有限的旅游经历与真实感受,生成精美的图片和富有创意的文案,以此提升游记的吸引力,助力自己实现成为旅游博主的梦想。

知识学习

一、了解 AIGC 技术概况

1. 认识大模型

(1) 大模型概述

AIGC 的实现,离不开人工智能技术的进步,以及大模型的出现。大模型是 AIGC 背后的核心驱动力,为 AIGC 提供了强大的内容生成能力。简单来说,AIGC 就是利用大模型等

人工智能技术实现多元化内容创作。

大模型是指具有庞大参数量的深度学习模型,通常包含数亿到数千亿个参数。比如,百度的文心一言模型约有1 000亿个参数,阿里的通义千问则拥有大约1 500亿个参数。这种庞大的参数规模赋予了大模型更强大的学习与表达能力,使其能够在海量数据中捕捉到复杂的模式和规律。大模型不仅需要规模庞大的参数,还需要在海量数据中进行训练。通过学习大量的文本、图像、音频等数据,大模型能够理解和生成人类语言、识别图像,甚至进行跨模态的内容创作。图5.1.1展示了目前几款主流大模型的参数量及其训练数据来源占比。

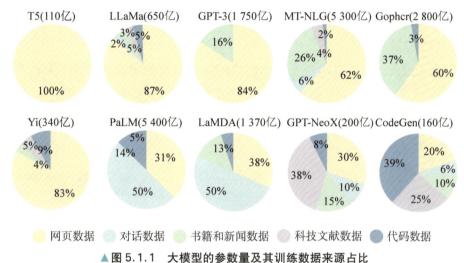

▲ 图5.1.1 大模型的参数量及其训练数据来源占比

大模型的出现,为AIGC的发展奠定了坚实的基础。近年来,随着计算能力的提升以及数据量的激增,大模型在众多应用领域中取得了显著突破,尤其是在自然语言处理、计算机视觉、语音识别和智能推荐等领域。大模型之所以能够实现如此强大的功能,关键在于其独特的技术特点。第一,大模型是由数据驱动的。它通过学习海量数据发现其中的规律和模式,而传统模型则更多依赖人工设计的规则。第二,大模型具有强大的泛化能力,能够在多类任务中表现出色。它不仅能完成特定任务,还能在不同领域之间进行知识迁移。第三,大模型展现出了涌现能力。也就是说,在执行某些任务时,大模型能够表现出超越传统模型甚至人类的能力,如生成高质量的文本、图像等。

(2) 大模型的发展现状

大模型的发展日新月异。在技术层面,模型架构持续创新,其中Transformer架构及其变体仍占据主导地位。国内外的主流模型(如DeepSeek、文心一言、豆包、ChatGPT等)均构建于Transformer架构之上。此外,在图像生成领域,扩散模型(Diffusion Model)正逐步取代传统的生成对抗网络。扩散模型通过模拟物理学中的扩散过程,逐步将图像中的信息打乱,然后再逆向恢复图像,从而生成高质量的图像。与生成对抗网络相比,扩散模型在生成图像的多样性和稳定性方面拥有更优的表现。例如,MidJourney和Imagen等模型在文本生成图像任务中展现出惊人的效果,凸显了扩散模型在图像生成领域的巨大潜力。

在应用层面,大模型已渗透到自然语言处理、内容生成、科学研究等诸多领域。在自然语言处理方面,大模型在机器翻译、文本摘要、问答系统等任务中表现出色;在内容生成方面,大模型大幅提升了新闻、小说、营销文案等内容的创作效率;在科学研究方面,大模型在生物、化学、物理等领域均有应用。

然而,大模型的发展仍面临诸多亟待解决的问题,如计算成本高昂、数据偏见、伦理问题、可解释性不足以及对抗性攻击等。未来,模型小型化、多模态融合、人机协作、伦理与监管将是大模型重要的发展趋势。

2. 认识 AIGC

(1) AIGC 的发展历程

AIGC 是通过人工智能技术自动生成内容的技术范式与过程。AIGC 利用其背后的大模型完成各项任务,如图 5.1.2 所示。AIGC 的发展历程及发展特点,如图 5.1.3 所示。

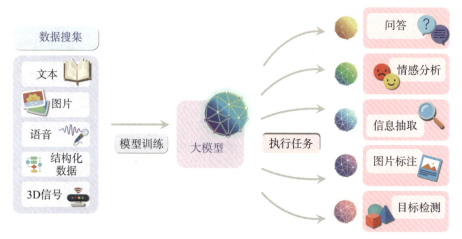

▲ 图 5.1.2　AIGC 利用大模型完成任务的过程

20 世纪 50 年代,人们开始探索如何让机器像人类一样思考与创作。然而,受当时技术条件的限制,AIGC 的发展较为缓慢。直到 21 世纪初期,随着深度学习技术的兴起,AIGC 才开始进入快速发展期。深度学习模型在处理大量数据时表现出色,能够更准确地捕捉到数据中的复杂模式,这为 AIGC 的发展提供了强大的动力。

早期萌芽阶段(1950—1990年)
1950年,艾伦·图灵提出著名的"图灵测试",该测试用于判定机器是否具有"智能"。
💡 发展特点:受限于科技水平,AIGC 仅限于小范围实验。

沉淀积累阶段(1990—2010年)
2007年,世界第一部完全由人工智能创作的小说《1 The Road》问世。
💡 发展特点:从实验性阶段向实用性阶段转变,但受限于算法瓶颈,尚无法直接进行内容生成。

快速发展阶段(2010—2021年)
2021年,OpenAI 推出了 DALL-E,它主要应用于文本与图像的交互内容生成。
💡 发展特点:深度学习算法不断迭代,人工智能生成内容百花齐放。

产品爆发阶段(2021年至今)
2022年8月,Stability AI发布的Stable Diffusion模型。
💡 发展特点:AI工具领域迎来集中爆发期,多款产品脱颖而出。

▲ 图 5.1.3　AIGC 的发展历程及其发展特点

近年来，各种新型的 AIGC 模型不断涌现，如以扩散模型为基础的文生图模型 MidJourney，以混合专家系统为基础架构的国产推理大模型 DeepSeek。AIGC 的应用也开始拓展到更广泛的领域，如艺术创作、游戏设计、广告营销等。如今，AIGC 技术日趋成熟，生成的内容质量不断提高，甚至可以达到以假乱真的程度。越来越多的企业，如内容创作平台、电商平台、社交媒体平台等，开始将 AIGC 应用于实际业务中。

(2) AIGC 的算法体系

AIGC 的算法体系庞杂，且处于持续发展的进程中，其核心内容主要可归为以下几类。

① 表征学习：负责将数据转换为模型可理解的表示形式。
- 词嵌入：将词语映射到向量空间，随后捕捉词语之间的语义关系，如 Word2Vec、GloVe 等。
- 图像嵌入：提取图像的特征表示，如卷积神经网络等。
- 多模态嵌入：将不同模态的数据（如文本、图像）映射到同一空间，实现多模态内容的生成和理解。

② 生成模型：这是 AIGC 的核心，负责学习数据的内在规律并生成新的内容。
- 扩散模型：通过逐步添加噪声并结合逆向去噪的方式生成高质量的图像，如 Stable Diffusion 等。
- Transformer 模型：在自然语言处理领域表现出色，可以对输入的文本进行总结、翻译和扩充等。近年来，该模型也逐渐应用于其他模态的内容生成。

③ 优化算法：负责调整模型参数，使其生成的内容更符合要求。
- 梯度下降（Gradient Descent）及其变体：通过计算损失函数的梯度来更新模型参数。
- Adam 优化器：一种自适应的优化算法，在训练大模型时表现出色。

④ 评估指标：用于衡量 AIGC 生成内容的质量。
- BLEU：用于评估机器翻译质量的指标。
- ROUGE：用于评估文本摘要质量的指标。
- FID：用于评估生成图像质量的指标。

> **问题探究**
>
> AIGC 的发展历程通常伴随着大模型技术的不断进步。除了扩散模型和 Transformer 之外，你是否还了解其他大模型的基础架构？它们为什么会被取代呢？

(3) AIGC 的工作流程

AIGC 的工作流程如图 5.1.4 所示，通常始于数据准备阶段。在这个阶段，需要收集、清洗并标注大量的相关数据，因为数据的质量直接影响着 AIGC 最终生成内容的优劣。随后，可根据任务需求选择合适的模型，如表征学习、生成模型和优化算法。接着，利用准备好的数据对模型进行训练，并调整模型参数，使其具备生成特定类型内容的能力。在模型训练完成后，便可进入内容生成阶段，即根据用户需求或预设条件，利用训练好的模型生成新的内容。生成的内容通常需要经过评估与优化，即通过相关指标对内容质量进行评估，并根据评估结果对模型进行优化，以不断提升内容生成的质量。最后，将训练好的模型部署到实际应用场景中,为用户提供内容生成服务。然而,AIGC 的工作流程并非一成不变,它会根据具体的应用场景和任务需求进行调整。随着人工智能技术的不断发展,新的算法层出不穷,AIGC 的工作流程也将随之不断优化与发展。

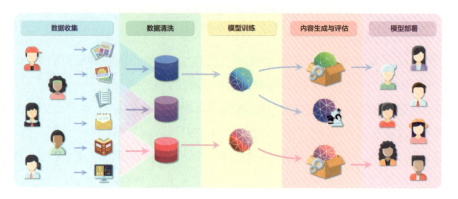

▲ 图 5.1.4　AIGC 的工作流程

二、学习使用 AIGC 工具

1. 常见的 AIGC 工具

AIGC 工具种类繁多,每种工具都有其独特的应用优势和领域,因此,选择合适的工具至关重要。在文本生成方面,文心一言、DeepSeek、智谱清言和 ChatGPT 等通用型工具表现出色,它们能够进行对话、写作甚至编写代码。图像生成领域同样精彩纷呈,可灵 AI、即梦 AI 和 MidJourney 等通用型工具引领着行业发展的潮流;海螺 AI 和 PhotoSonic 等图像编辑工具备受用户青睐。此外,音频生成工具也日益普及,如网易天音、Sora Opera 等。这些工具的诞生为创作者提供了更多的可能性。

2. AIGC 的使用方法

使用 AIGC 工具的步骤通常包括以下环节:①根据需求选择合适的工具,如文本生成选择 DeepSeek,图像生成选择即梦 AI。②注册并登录所选工具的账号,熟悉其用户界面和各项功能。③根据需求输入清晰明确的提示词,这是引导模型生成内容的关键。如有需要,还可以进一步调整生成的参数,包括风格、格式等。④点击"生成"按钮,等待模型生成内容。⑤仔细查看生成结果,并根据需要进行修改和调整,直到满意为止。掌握这些基本的操作步骤,用户能更有效地利用 AIGC 工具,充分发挥其在内容创作方面的潜力。

3. 提示词工程

(1) 认识提示词

若要运用 AIGC 工具生成图 5.1.5、图 5.1.6 中的内容,充分发掘 AIGC 的潜力,我们需要掌握一项关键技能,即提示词工程。我们可以把 AIGC 模型想象成一位技艺精湛的工匠，而提示词就是我们与这位工匠沟通的语言。提示词越清晰、具体，工匠就能打造出越符合我们心意的作品。那么，什么是提示词？它又是如何帮助用户更好地使用 AIGC 工具的呢？

▲ 图 5.1.5　使用智谱清言生成的猫咪图片

```python
def bubble_sort(arr):
    n = len(arr)
    # 遍历所有数组元素
    for i in range(n):
        # 最后i个元素已经排好序，无需再比较
        for j in range(0, n-i-1):
            # 如果当前元素大于下一个元素，则交换它们
            if arr[j] > arr[j+1]:
                arr[j], arr[j+1] = arr[j+1], arr[j]

# 示例用法
arr = [64, 34, 25, 12, 22, 11, 90]
bubble_sort(arr)
print("排序后的数组:", arr)
```

▲ 图 5.1.6　使用 DeepSeek 生成的冒泡排序代码

提示词是用户向 AIGC 模型传递指令或提出问题的文本内容，是引导模型生成特定内容的关键。提示词工程是一种通过优化输入文本，从而改进模型生成结果质量的方法。提示词工程需要遵循一些技巧，如具体明确、分步骤描述、提供示例、使用关键词以及不断尝试与优化等。只有掌握提示词工程，才能更好地驾驭 AIGC 模型，让其生成符合需求的内容。

(2) 提示词设计参考

在设计提示词时，首要任务是明确目标。用户需要清晰地思考自己期望生成何种类型的内容，比如是文章、故事、诗歌和代码，还是图片、音乐等。同时，要确定内容的主题是什么，呈现出怎样的风格，对格式有哪些具体要求。只有把这些目标明确下来，后续设计提示词才能有的放矢，引导模型生成符合需求的内容。

一个优质的提示词通常涵盖指令、主题、风格、格式、关键词和限制等要素。其中，指令用于清晰地告知模型需要完成的具体任务（如生成、创作、计算）；主题指定了内容所属的领域（如动物、程序）；风格（如写实、抽象）和格式（如图片尺寸、代码语言）能够控制生成内容的呈现方式;关键词有助于模型更精准地理解主题(如水彩质感、面露微笑);限制则用于约束生成内容的范围(如禁止元素、色彩)。下面通过具体示例,详细展示如何根据上述要点设计提示词。

若需要生成一张狸花猫的图片(如图5.1.5所示),提示词可以设计为:"生成一张毛茸茸的狸花猫的图片,写实风格,图片尺寸为1920×1080像素,数量为1只。"

指令:"生成一张……图片",明确告知模型要完成图片生成的任务。

主题:"狸花猫",指定了图片内容的主题。

风格:"写实风格",控制了图片的呈现风格。

格式:"图片尺寸为1920×1080像素",规定了图片的格式要求。

关键词:"毛茸茸",描述了狸花猫的显著特征,帮助模型捕捉并强调主题中的特定细节。

限制:数量1只,对生成内容的数量进行约束。

若需要生成一段冒泡排序代码(如图5.1.6所示),提示词可以设计为:"生成一段用Python实现冒泡排序算法的代码,注释清晰,适用于初学者学习,不引入外部库。"

指令:"生成一段……代码",明确告知模型需要完成的任务是生成一段代码。

主题:"冒泡排序算法",指定了代码内容的主题,即生成的内容需要围绕冒泡排序算法展开。

风格:"注释清晰",控制了代码的呈现风格,要求代码中包含清晰的注释,便于理解。

格式:"Python",规定了代码的格式要求,即生成的代码需要用Python语言编写。

关键词:"适用于初学者",描述了代码的目标受众和用途,要求模型生成简单易懂的代码。

限制:"不引入外部库",约束了代码的范围,即不依赖于任何外部库或框架。

需要注意的是,指令、主题是必须包含的要素,缺少它们,模型便无法理解用户的需求。而风格、格式、关键词、限制条件等是根据需要加入的要素,可用于进一步细化生成内容,用户可以根据具体需求选择是否包含这些要素。

操作探究

现有一个复杂的推理任务:计算100以内所有素数的和,并给出Python代码。那么,该如何使用AIGC工具完成这个任务呢?

步骤1:打开DeepSeek(这里以DeepSeek为例,也可以使用其他工具),使用"深度思考(R1)",输入提示词"计算100以内所有素数的和,并给出Python代码"(也可自行设计提示词)。

步骤2:等待DeepSeek给出答案,如图5.1.7所示。

步骤3:结果验证。由于AIGC可能会生成错误内容,因此在使用AIGC时,需要掌握相关知识并对生成的结果进行人工验证,以确保结论的可靠性。

```python
def sum_primes_sieve(n):
    sieve = [True] * (n + 1)
    sieve[0], sieve[1] = False, False
    for i in range(2, int(n ** 0.5) + 1):
        if sieve[i]:
            sieve[i*i : n+1 : i] = [False] * len(sieve[i*i : n+1 : i])
    return sum(i for i, is_prime in enumerate(sieve) if is_prime)

print(sum_primes_sieve(100))
```

▲ 图 5.1.7　DeepSeek 生成的代码

任务实施

生成旅游文案与图片

第一步 运用 DeepSeek 生成旅游文案

（1）注册 DeepSeek 并登录，选择深度思考模式。
（2）在提示词输入框中，按照提示词设计方法输入相关要求，并根据输出的内容进一步修改和完善提示词。
输入提示词：＿＿＿＿＿＿＿＿＿＿＿＿＿＿＿＿＿＿＿＿＿＿＿＿＿＿＿＿＿＿

旅游文案及图片的生成方法

第二步 运用智谱清言生成图片

（1）注册智谱清言并登录。
（2）在提示词输入框中，按照提示词设计方法输入相关要求，并根据生成的图片进一步调整提示词。
输入提示词：＿＿＿＿＿＿＿＿＿＿＿＿＿＿＿＿＿＿＿＿＿＿＿＿＿＿＿＿＿＿

拓展提高

AIGC 技术的核心驱动力与内容质量评估方法

AIGC 技术的进步离不开深度学习领域的不断发展。近年来，多个先进的模型架构成为 AIGC 内容生成的核心驱动力。自注意力机制是深度学习中一种创新性的结构，它使模型能够关注输入数据中的不同部分，并根据它们之间的关系进行加权。这种机制的引入对自然语言处理和图像生成领域产生了巨大影响。Transformer 架构基于自注意力机制,采用"编码器—解码器"结构,显著提升了文本生成的效果,并逐步扩展到图像、音频等多模态任务领域。该架构能够更好地捕捉数据之间的长期依赖关系,已成为现代AIGC模型的基础。

AIGC生成的内容往往需要经过质量评估。当前,评估AIGC内容质量的主要方法包括人工反馈、自动评估指标等。人工反馈通常通过用户评价和人工标注来实现,而自动评估指标则通过算法对生成的内容进行量化分析。例如,在文本生成中,常用的评估指标有BLEU(用于评估机器翻译质量)和ROUGE(用于评估文本摘要质量);在图像生成中,常用FID来评估生成图像的质量。这些指标有助于人们客观衡量AIGC生成内容的质量。

评价总结

自查学习成果,填写任务自查表,已达成的打"√",未达成的记录原因。

任务自查表

课前准备:____分钟   课堂学习:____分钟   课后练习:____分钟   学习合计:____分钟

学习成果	已达成	未达成(原因)
了解AIGC的定义,以及其背后所依赖的人工智能大模型的基础概念		
理解AIGC工具的算法体系和工作流程		
掌握主流AIGC工具的使用方法		
能够使用DeepSeek解决复杂推理问题,并学会使用深度思考		
培养利用AIGC进行内容创作的创新思维,勇于尝试使用新的AIGC工具,并将其运用于生活、学习与工作中		

课后练习

一、填空题

(1) AIGC的中文全称是"_____",它主要通过_____技术自动生成内容。

(2) 大模型是指具有庞大参数量的_____模型,通常包含数亿到数千亿个参数。

(3) 在众多大模型的架构中,占据主导地位的是_____架构及其变体。

(4) AIGC 的算法体系庞杂,且处于持续发展的进程中,其核心内容主要包括_____、_____、_____和_____。

(5) 一个好的提示词通常包含指令、_____、_____格式、关键词和限制等要素。

二、实践题

1. 优化已有的文案或图像

(1) 挑选你认为有改进空间的一段文案或一幅图像,可以来源于你自己的创作,也可以是从其他渠道获取的。

(2) 应用 AIGC 工具进行优化。

① 若为文案:将所选文案输入 DeepSeek 或其他 AIGC 模型中,并输入优化提示词,例如:"优化这段文案,增强其吸引力,确保目标读者能够产生兴趣"。

② 若为图像:将所选图像上传至 AIGC 工具,并指定优化要求,例如:"将图像修改为卡通风格"。

(3) 分析与选择。查看 AIGC 工具生成的修改版本,将生成的版本与原始内容进行对比,选出你认为更合适的内容。

(4) 进一步优化。对选定的优化版本进行人工调整,以实现最终的内容优化。

① 若为文案:可进一步进行语法修正、内容补充或结构调整。

② 若为图像:可使用图像编辑软件进行精细调整,以使其符合既定的设计标准和审美要求。

2. 生成美食文案

(1) 打开智谱清言,给出提示词,让其生成一段针对特定美食的文案。

(2) 利用智谱清言,生成所需的美食图片。

任务 2
AIGC 工具应用技巧

学习目标

知识目标
- 了解AIGC工具的分类，以及这些工具的基本概念、功能和工作原理
- 了解AIGC工具的局限性，如内容质量不稳定、创新性受限等

能力目标
- 能够熟练使用常用的AIGC工具进行创作
- 能够根据不同的任务要求，灵活选用AIGC工具
- 能够通过优化提示词，不断提升生成内容的质量和创意水平

素养目标
- 能够将AIGC工具与自身的设计理念、创意思维相结合，并进行创新性应用
- 具备独立学习和自我提升的能力，能够不断更新自己的AIGC知识与技能

任务情境

小何受邀为当地文化馆设计一个 IP 形象，旨在通过融合传统文化元素与现代设计风格，创造出一个既具有视觉吸引力又富含文化内涵的形象，以吸引更多人关注并弘扬传统文化，特别是非物质文化遗产。

为提升设计效率，小何决定借助 AIGC 工具，快速生成富有创意的 IP 形象图案及其宣传文案，并将其整合为宣传海报，以满足文化馆对现代化、多样化传播方式的需求。

知识学习

一、AIGC 工具的分类

在人工智能技术的推动下，AIGC 正以前所未有的方式改变内容创作的格局。下面将重点介绍 AIGC 工具的主要分类，包括图像生成工具、文本生成工具、音频与音乐创作工具、视频与动画生成工具、文档生成工具等。

① 图像生成工具。这类工具能够根据用户输入的文字描述或上传的图像，生成各种风格的图片，无论是写实照片还是抽象艺术，都能轻松实现。比如，智谱清言能够根据用户指令快速创作出高质量的艺术作品。

② 文本生成工具。文本生成工具借助自然语言处理技术，能够根据用户输入的关键词

或主题，自动生成营销文案、故事、新闻报道、代码等文本内容。例如，DeepSeek、文心一言等 AIGC 工具，在多类自然语言处理任务中展现出了卓越的性能，包括文本分类、情感分析以及机器翻译等。

③ 音频与音乐创作工具。AIGC 工具通过深度学习算法，能够生成高质量的音频与音乐作品，涵盖音乐创作、语音合成等领域。在音乐创作方面，以 Suno AI 为代表的工具能够依据用户输入的风格、情感基调或歌词主题自动生成完整的音乐作品；在语音合成领域，讯飞智作等工具可将文字转化为自然流畅的语音，广泛应用于有声书制作、视频配音等场景，并能通过调节语速、音色等参数实现个性化表达。

④ 视频与动画生成工具。视频与动画生成工具可以自动生成视频与动画内容，如人物动画、场景动画、特效视频等。例如，可灵 AI 支持文生视频、图生视频、视频续写、运镜控制、首尾帧等功能，可以帮助用户高效地完成艺术视频的创作。

问题探究

（1）AIGC 工具为我们提供了内容创作的多元视角。请思考：如何科学地选择 AIGC 工具，以确保其能够为我们提供高质量的内容输出？

（2）除了这里介绍的 AIGC 工具类型外，是否还存在其他类型的工具呢？

⑤ 文档生成工具。文档生成工具专注于自动化生成和处理各类办公文档，如 PPT 制作、会议纪要整理、简历撰写等。这类工具能够根据用户需求快速生成结构化内容，提高工作效率。例如，Kimi 可以根据用户输入的文字内容自动生成专业的 PPT 演示文稿，通义 App 可以记录会议音频并生成会议纪要，WPS AI 可以生成各类文档模板并优化排版。

二、AIGC 工具的应用技巧

1. 图像生成与编辑

（1）精准控制图像内容生成

提示词是引导 AIGC 模型生成图像的关键，它会直接影响生成画面的风格及内容。为此，用户应明确描述图像的主题和风格。例如，当用户希望智谱清言生成一张狸花猫的照片时，如果输入的提示词是"生成一只猫咪"，模型可能会随机生成不同画风、颜色以及品种的猫，如图 5.2.1(a) 所示；而当用户将提示词具体化为"生成一只狸花猫，写实风格"时，模型便能生成更符合用户需求的图像，如图 5.2.1(b) 所示。

此外，用户也可以在生成的过程中不断优化提示词，引导 AIGC 逐步完善画面。例如，当用户在智谱清言中输入提示词"一个穿着红色连衣裙的女孩，站在花丛中，背景是夕阳"时，模型会生成如图 5.2.2(a) 所示的画面。此时，用户可以加入一些细节描述，如"女孩的表情是微笑的，花丛是五彩缤纷的，夕阳是金色的"，生成的画面如图 5.2.2(b) 所示。接着，用户还可以指定图像的风格，如油画风格、卡通风格、摄影风格等。这里以油画风格为例，模型生成的画面如图 5.2.2(c) 所示。若用户此时还需要修改画面风格，则只需输入相应的提示词即可完成，如图 5.2.2(d) 所示，图片已被修改为卡通风格。

▲图 5.2.1　提示词修改前后对比

▲图 5.2.2　通过不断优化提示词生成的图片

(2) 修复与修改图像

AIGC 工具可以去除图像中的噪点、修复破损的区域、增强图像的清晰度。此外，有些 AIGC 工具还支持图像编辑功能，如调整图像的亮度、对比度、饱和度，以及进行裁剪、旋转等操作。利用 AIGC 工具，可以更加高效地完成图像修复和编辑任务，提升图像质量，如图 5.2.3 所示。

（a）原始图片

（b）经修复的图片

▲图 5.2.3　通过 AIGC 工具将图片进行"双重曝光"

2. 文本生成与编辑

为了获得更准确、更优质的文本，用户可以尝试不同的输入方式，并参考平台提供的官方教程和案例。此外，积极参与平台用户社区的经验交流，也是提升文本生成效果的有效途径。下面将从文本的准确性、流畅度与创意性等角度，介绍相应的生成技巧。

（1）生成准确的文本内容

在编写文本生成任务的提示词时，应该包含明确的任务指令、详细的主题描述、具体的字数与风格要求以及其他必要的限制等要素。例如，可以在 DeepSeek 中输入如下提示词，生成的内容如图 5.2.4 所示。

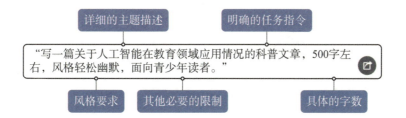

《当AI老师不和你抢鸡腿：未来教室的奇妙日常》

"小爱同学，这题数学作业怎么做？"你叼着棒棒糖瘫在沙发上，面前的AI助教突然闪现出老师同款"死亡微笑"："检测到您上周体育课偷吃鸡腿的记录，解锁数学题前请先完成3分钟跳绳挑战哦！"

这可不是科幻小说——你书桌上会说话的台灯、能自动批改作业的铅笔盒、甚至操场上的AI运动教练，都在悄悄改变我们的学习方式。现在的AI老师就像哈利·波特的魔法羽毛笔，不仅能实时揪出"there"和"their"的拼写错误，还会在你盯着作文题目发呆时突然蹦出："需要来点爆米花味的写作灵感吗？"

你的学习计划正在变成"智能歌单"。想象一下，数学函数课突然变成《我的世界》搭建挑战，化学实验在VR眼镜里炸出彩虹烟花，历史人物用你爱豆的声音讲解知识点——这可不是老师突然开窍，而是AI通过分析你刷题时的微表情、翻书速度和橡皮啃咬次数，为你定制的"学习鸡尾酒"。

▲图 5.2.4　通过 DeepSeek 生成的人工智能科普文章（部分）

> **操作探究**
>
> 尝试从上述示例提示词中删除某个关键要素,观察 DeepSeek 生成内容的变化,体会各关键要素的重要性。

在编写提示词时,应当尽可能地具体、明确,避免模糊不清的描述。此外,还可以尝试使用一些高级技巧,并提供示例,如"按照鲁迅的风格,重写上述文章",以更精准地控制生成的内容。总之,只有编写出高质量的提示词,才能引导 AIGC 模型生成符合自己需求的文本内容。

(2) 提升文本内容的流畅度与创意性

AIGC 生成的文本虽在一定程度上符合主题要求,但可能存在流畅度欠佳与创意性不足的情况。这时,用户需要对 AIGC 生成的内容进行优化与修改。在优化 AIGC 生成的内容时,可以从提升文本流畅度和文本创意两个方面进行修改。文本流畅度可以从以下几个方面入手:检查语法和拼写错误、调整句子结构、使用更恰当的词汇和短语,以及保持逻辑连贯等。提升文本创意则需要注重以下几点:增加细节描述、运用修辞手法、挖掘深层含义,以及尝试不同的表达方式等。通过精心的优化与修改,可以使 AIGC 生成的文本更加自然流畅、生动有趣。

3. 音频与音乐创作

▲ 图 5.2.5　音乐创作工具海绵音乐的主界面

(1) 生成原创音乐与音效

用户只需给出相应的提示词,AIGC 工具便可以生成音乐与音效。这里以海绵音乐 AI 为例介绍音乐生成的方法,其操作界面如图 5.2.5 所示。用户可以通过描述歌曲所要表达的情感来创作歌曲,并让 AIGC 工具生成歌词。

(2) 编辑与优化音频作品

AIGC 生成的音乐与音效虽已具备一定的创意性和质量,但为契合多样化的创作需求,往往仍需经过后期编辑与处理。用户可以借助专业的音频编辑软件,对 AIGC 生成的音频进行剪辑、混音、音量调整、效果添加等处理。

4. 视频与动画制作

(1) 视频的多样化生成

用户可以通过输入文本描述、上传图片素材、选择模板等方式,快速生成各种类型的视频内容。对于文生视频,用户仅需要给出适当的提示词即可。对于图生视频,用户不仅需要给出提示词,还需要提供有关的图片。AIGC 会根据所给图片和提示词生成相应的视频。

(2) 视频的智能化编辑

AIGC 视频平台通常提供丰富的视频编辑功能，如剪辑、拼接、添加特效、调整色彩等，可以帮助用户制作高质量的视频作品。此外，有些平台还支持智能配音、字幕生成等功能，进一步简化了视频制作流程，如腾讯智影、剪映等。图 5.2.6 所展示的是腾讯智影的在线剪辑界面。

▲ 图 5.2.6　腾讯智影在线剪辑界面

5. 文档编辑与处理

(1) 精准输入引导高质量输出

在使用 AI 文档排版工具制作 PPT 时，需确保输入的文字内容准确、清晰。同时，通过提供明确的主题、大纲要点和风格要求，可引导工具准确识别内容层级，生成更符合预期的演示文稿，如图 5.2.7 所示。对于会议纪要整理工具，要确保会议录音清晰无杂音，并在录音前准备好会议议程或关键点，以便工具更准确地识别并整理会议内容。

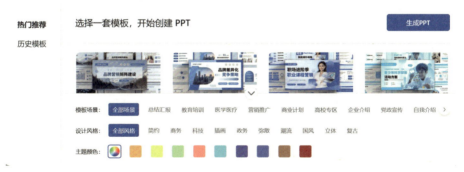

▲ 图 5.2.7　运用 Kimi 自动生成 PPT

(2) 选择合适模板加速文档创建

AI 文档排版工具通常提供丰富的文档模板库。创建新文档时，可从模板库中选择与需求最接近的模板，并在此基础上进行修改和完善，以节省时间和精力。对于经常需要创建的文档类型，可自定义模板并保存，以便下次直接调用。此外，还可利用文档处理工具的智能排版功能，自动调整文档的字体、字号、行距等排版元素，使文档更加整洁、易读。

操作探究

利用文档生成工具，创作 PPT(包括中英文两个版本)并撰写会议纪要。

步骤 1：通过 DeepSeek 生成用于宣传文化馆的 PPT 大纲文本，再利用 Kimi 的“PPT 助手”功能，将大纲文本转化为 PPT。若要进一步编辑生成的 PPT，可利用 Kimi 的在线编辑功能，也可将 PPT 下载到本地进行编辑。

步骤 2：利用 Kimi 的“翻译通”功能，将 PPT 大纲文本翻译成英语，用于文化馆涉外宣传活动。

步骤 3：在召开会议时，通过“通义”App 的“记录”功能，记录会议全过程并生成会议纪要。

三、AIGC 工具的创意应用

1. 在数字媒体艺术设计中的应用

(1) 为设计项目提供创意灵感

AIGC 工具在数字媒体艺术设计领域扮演着越来越重要的角色。它不仅能辅助设计师完成具体任务，还能激发设计师的创意灵感。设计师可以利用 AIGC 工具生成各种风格的图像、音乐或文本，从中寻找设计灵感；也可以通过直接询问 AIGC 工具，寻找创意来源。例如，在为文化馆设计 IP 形象时，如果我们没有任何头绪，则可以直接以“我要为当地文化馆设计一个 IP 形象，请给我提供一些思路”为提示词，寻求 AIGC 工具的帮助，生成效果如图 5.2.8 所示。

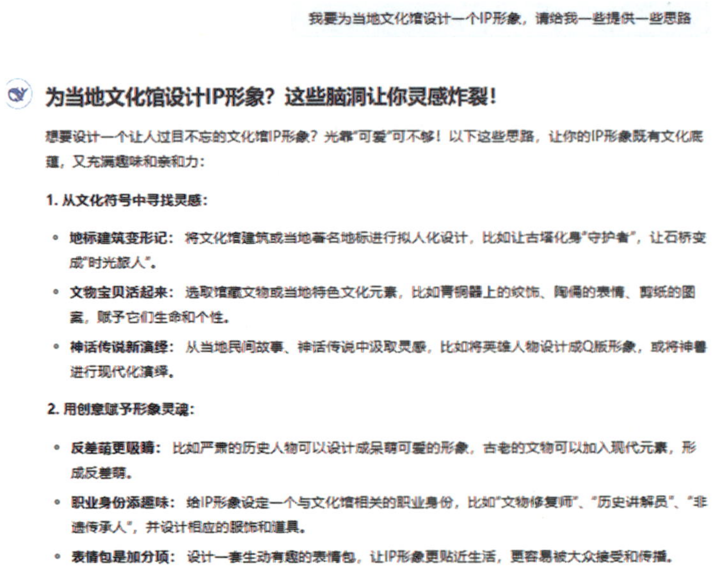
我要为当地文化馆设计一个IP形象，请给我一些提供一些思路

为当地文化馆设计IP形象？这些脑洞让你灵感炸裂！

想要设计一个让人过目不忘的文化馆IP形象？光靠"可爱"可不够！以下这些思路，让你的IP形象既有文化底蕴，又充满趣味和亲和力：

1. 从文化符号中寻找灵感：

- **地标建筑变形记：** 将文化馆建筑或当地著名地标进行拟人化设计，比如让古塔化身"守护者"，让石桥变成"时光旅人"。
- **文物宝贝活起来：** 选取馆藏文物或当地特色文化元素，比如青铜器上的纹饰、陶俑的表情、剪纸的图案，赋予它们生命和个性。
- **神话传说新演绎：** 从当地民间故事、神话传说中汲取灵感，比如将英雄人物设计成Q版形象，或将神兽进行现代化演绎。

2. 用创意赋予形象灵魂：

- **反差萌更吸睛：** 比如严肃的历史人物可以设计成呆萌可爱的形象，古老的文物可以加入现代元素，形成反差萌。
- **职业身份添趣味：** 给IP形象设定一个与文化馆相关的职业身份，比如"文物修复师"、"历史讲解员"、"非遗传承人"，并设计相应的服饰和道具。
- **表情包是加分项：** 设计一套生动有趣的表情包，让IP形象更贴近生活，更容易被大众接受和传播。

▲图 5.2.8　DeepSeek 提供的 IP 设计方案

(2) 在视觉艺术创作中的多元应用

AIGC 工具在视觉艺术创作中的应用范围日益广泛。例如,艺术家可以利用 AIGC 工具生成独特的艺术画作,并通过数字画廊或社交媒体平台进行展示和销售;利用 AIGC 工具为电影、游戏或广告制作特效,创造出令人惊艳的视觉效果。此外,AIGC 工具还被应用于艺术教育领域,帮助学生更好地理解艺术概念,提升创作能力。通过分析这些应用实例可以发现,AIGC 工具在视觉艺术创作中具有重要价值和无限潜力。

2. 在文创产品设计中的应用

(1) 设计文创产品原型

AIGC 工具在文创产品设计中具有广阔的应用前景。设计师可以利用 AIGC 工具快速生成产品原型,如文具、玩具、服装、家居用品等,如图 5.2.9 所示。通过输入产品概念、风格描述或参考图像,AIGC 工具可以自动生成多种设计方案,供设计师选择和修改。此外,AIGC 工具还可以根据用户反馈和市场调研数据,不断优化产品设计,使其更符合用户需求。总之,利用 AIGC 工具,可以大幅缩短产品原型设计周期,降低设计成本,提高设计效率。

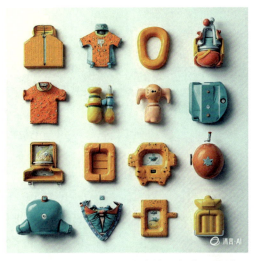

▲图 5.2.9 由 AIGC 生成的文创产品原型

(2) 将生成的图像与文本转化为产品

由 AIGC 工具生成的图像与文本,可以通过多种方式转化为实际产品。例如,可以将 AIGC 生成的图像直接印刷在 T 恤、杯子、手机壳等产品上,制作出具有独特风格的文创产品;可以将 AIGC 生成的文本用于产品包装设计、宣传文案创作等领域,提升产品的文化内涵和附加值;可以将 AIGC 工具生成的产品原型进行生产制造,将其转化为具有市场竞争力的实物产品。通过将 AIGC 工具与传统生产工艺相结合,可以打造出具有创新性和吸引力的文创产品。

3. 跨学科应用与创新

AIGC 工具的应用范围广泛,不仅限于艺术设计与文创产品设计领域。在教育领域,AIGC 工具可以用于智能教学、个性化辅导等方面;在娱乐领域,AIGC 工具可以用于游戏设计、电影制作等方面;在广告领域,AIGC 工具可以用于创意生成、营销推广等方面。通过跨学科融合应用,AIGC 工具可以与其他领域的技术体系和专业知识相结合,衍生出更具创新性的应用场景,为人类社会的可持续发展注入新动力。

操作探究

AIGC 每次生成的视频时长通常较短,如果我们想要生成连续的长视频,那应该如何操作呢?这里以通义万象生成视频为例,介绍生成连续长视频的方法。

步骤1:输入提示词,生成一段视频,然后将该视频最后的画面进行截图保存。

步骤2:选择"图生视频"功能,将上一步骤中截取的截图作为新视频的首帧图像。然后,再次输入提示词,系统会根据提示词生成一段与首帧画面内容连续的新视频。

步骤3:按照上述步骤,依次生成所有需要的视频片段。最后,利用视频剪辑软件将这些片段进行合成处理,即可完成长视频的制作。

任务实施

设计 IP 形象与海报

第一步 生成宣传文案

微课
海报设计

(1) 选择合适的 AIGC 文本生成工具进行文案创作。

选择的 AIGC 工具(可多选):

☐文心一言　☐DeepSeek　☐讯飞星火　☐其他_____

(2) 生成文本。在选择好 AIGC 工具之后,输入提示词,点击"发送",大模型会根据输入的内容进行回答。需要注意的是,提示词应明确 IP 形象的特点以及当地文化馆的功能定位,以便大模型生成与传统文化元素紧密融合的宣传文案,从而突出非物质文化遗产的价值及现代设计的独特魅力。

输入提示词:_____

比较各工具生成的文本内容,最为满意的是:

☐文心一言　☐DeepSeek　☐讯飞星火　☐其他_____

(3) 润色与优化。对生成的文案进行人工润色,确保语句通顺、表达清晰,且能引起受众的情感共鸣。此外,还应强调文案的文化底蕴和吸引力,符合现代受众的阅读习惯。

第二步 IP 形象设计

(1) 选择图像生成工具,生成与传统文化相关的 IP 形象图案。

选择的 AIGC 工具(可多选):

☐智谱清言　☐文心一格　☐豆包　☐其他_____

提示词中应明确指出,IP 形象的设计需要结合传统文化符号,如刺绣花纹、皮影剪纸、年画图案等非物质文化遗产元素，并采用合适的色彩搭配与图形风格，以凸显其文化特征。

输入提示词：＿＿＿＿＿＿＿＿＿＿＿＿＿＿＿＿＿＿＿＿＿＿＿＿

比较各工具生成的图像内容，最为满意的是：

□智谱清言　　□文心一格　　□豆包　　□其他＿＿＿＿＿＿＿

（2）调整风格与定位。在完成图案初步设计后，根据 IP 形象的受众群体以及文化馆的具体需求，对图案风格进行调整，确保图案既保留传统文化的韵味，又兼具现代设计的时尚感。此外，还应确保图案符合 IP 的品牌定位和整体视觉设计要求。

第三步　设计海报

（1）文案与图案排版设计。将生成的文案与图案进行有效整合，利用设计软件（如可画 AI、Photoshop 等）对海报进行排版设计。设计风格需突出文化与现代结合的主题，达到美观与实用的平衡。

（2）最终调整与完善。优化整体设计效果，包括图案细节、文字布局和色彩搭配，以确保作品既符合视觉审美要求，又满足实用功能标准。

（3）输出高质量的设计文件，以适配不同传播渠道及实际应用场景。

第四步　提交内容

（1）提交最终成果，具体包括：生成的 IP 图案和文案、海报排版设计效果图。

（2）设计说明文档。撰写设计说明，包括：AIGC 工具在设计过程中的使用方法与优势；设计的创意来源、思路和 IP 形象的文化意义；设计风格如何体现传统文化与现代设计的结合。

拓展提高

AIGC 与数字人

数字人是 AIGC 的重要应用方向之一，是利用 AI 技术构建的虚拟人物形象。它融合了语音交互、表情动作模拟、智能对话等能力，能够以高度拟人化的方式与用户互动，广泛应用于虚拟主播、智能客服、教育培训、影视娱乐等领域。数字人的核心技术涵盖多模态生成（如语音合成、面部表情驱动）、行为逻辑建模以及实时交互系统，其发展依赖于 AIGC 在内容生成效率与拟真度上的突破。

这里以讯飞智作平台为例进行介绍。该平台基于 AIGC 技术构建了完整的数字人生产链路，如图 5.2.10 所示。首先，通过深度学习模型对真人形象进行三维建模与动作捕捉,生成高精度的虚拟形象;随后,结合语音合成与语音克隆技术,赋予数字人自然流畅的声线和个性化的发音风格;同时,平台利用自然语言处理技术实现文本到表情、口型、手势的同步映射,使数字人能够根据脚本内容自动生成生动的肢体语言。用户仅需输入文本或语音指令,即可驱动数字人完成视频内容创作,实现如虚拟主播播报新闻、AI代言人讲解产品等应用场景。讯飞智作还支持多场景适配功能,通过调整数字人的服饰、背景及交互逻辑,可快速适配电商直播、在线课堂、金融咨询等垂直领域需求。这一平台降低了传统数字人制作对专业动画师和影视团队的依赖,体现了AIGC技术对数字内容产业的革新价值。

▲图5.2.10 数字人视频生成平台

评价总结

自查学习成果,填写任务自查表,已达成的打"√",未达成的记录原因。

任务自查表

课前准备:____分钟　　课堂学习:____分钟　　课后练习:____分钟　　学习合计:____分钟

学习成果	已达成	未达成(原因)
了解AIGC工具的分类,以及这些工具的基本概念、功能和工作原理		
能够熟练使用常用的AIGC工具进行创作		

续 表

学习成果	已达成	未达成(原因)
能够根据不同的任务要求,灵活选用AIGC工具		
能够通过优化提示词,不断提升生成内容的质量和创意水平		
能够将 AIGC 工具与自身的设计理念、创意思维相结合,并进行创新性应用		
具备独立学习和自我提升的能力,能够不断更新自己的 AIGC 知识与技能		

课后练习

一、填空题

(1) AIGC 工具总体上可分为图像生成工具、_____、音频与音乐创作工具、_____和文档生成工具。

(2) 文本生成工具利用_____技术,可以根据用户输入的关键词或主题,自动生成营销文案、故事、新闻报道、代码等文本内容。

(3) 在优化 AIGC 生成的内容时,可以从提升文本_____和文本_____两个方面进行修改。

(4) 通过_____融合应用,AIGC 工具可以与其他领域技术体系和专业知识相结合,衍生出更具创新性的应用场景。

(5) _____是利用 AI 技术构建的虚拟人物形象,融合了语音交互、表情动作模拟、智能对话等能力,能够以高度拟人化的方式与用户互动。

二、实践题

(1) 文生文创作:学校要举办英语周活动,需要你提供一段英语自我介绍。

步骤1:打开 DeepSeek,在平台上输入提示词"给出一段自我介绍的英文模板"。

步骤2:基于此模板撰写自我介绍,使之更加通顺,符合本人情况。

(2) 文生视频创作:制作以"文化自信"为主题的宣传短片。

步骤1:打开通义万相,选择文生视频选项,输入提示词"生成一段以文化自信为主题的视频",时长为 6 秒。

步骤2:生成多段视频,并将其剪辑成一段时长为 1 分钟的短片。

Artificial
Intelligence

项目 6
认识人工智能的安全与伦理

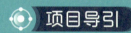

项目导引

在这个数字化时代,人工智能已经渗透到我们生活的方方面面,但也带来了诸多值得深思的问题:算法是否公平？数据隐私如何保护？AI 决策的责任该由谁来承担？这些问题不仅关乎技术本身,更关系到每个人的生活和社会的未来发展。因此,人工智能安全与伦理是人工智能技术发展中不可忽视的重要议题。

本项目将带领我们深入了解人工智能的安全风险、治理框架,以及背后的伦理挑战,旨在帮助我们以批判性思维看待 AI 的发展,并以更开放的心态参与技术与社会的互动,成为一个既善用技术又具备社会责任感的新时代创新者。

任务 1　认识人工智能安全与治理

 学习目标

知识目标
- 了解人工智能安全的定义和分类
- 了解人工智能安全治理的标准、政策及法规
- 掌握人工智能风险评估的流程

能力目标
- 能够分析具体场景中的人工智能安全风险,并提出初步的治理方案

素养目标
- 培养对人工智能安全与治理的敏感性,形成主动防范风险的意识
- 能够在技术应用中遵守数据隐私保护原则,持续提升人工智能安全与治理方面的学习能力、创新思维和问题解决能力

任务情境

小王在某科技公司的人工智能安全项目组实习。他所在的项目组正在研发一款融合人工智能技术的智能金融投资顾问系统,旨在为用户提供精准、高效的个性化投资建议。在研发过程中,陆续暴露出一系列令人担忧的安全问题:部分用户数据疑似遭非法窃取,引发用户对隐私泄露的恐慌;模型算法在复杂市场环境下频繁出现决策偏差,严重影响投资建议的准确性与可靠性;系统还多次遭受不明来源的恶意攻击,导致服务中断,给用户带来了经济损失的风险。

作为项目组的一员,小王的任务是协助完成项目的安全测试与风险分析。他需要重点参与以下工作:整理系统运行中出现的问题案例,协助收集和分析用户反馈,识别潜在的安全风险,并针对这些问题提出改进建议,为团队后续优化系统提供支持。小王觉得这是一次很好的实践机会,于是便计划进一步学习人工智能的安全与治理知识。

 知识学习

一、认识人工智能安全

1. 人工智能安全的定义

近年来,随着机器学习技术的突破发展,使得人工智能技术在多个领域得到快速、广泛的应用。同时,人工智能技术的相关安全问题也日益凸显,引发了人们对人工智能安全问题

的广泛关注。所谓人工智能安全,是一个涉及多个学科的交叉概念,包含数据、计算能力、模型算法和应用等多个维度,目前尚没有统一的定义。从系统架构角度看,人工智能安全包括硬件层面的芯片安全(如防止因芯片漏洞被利用而导致系统控制权丧失或数据泄露)、软件层面的代码安全(如避免因软件漏洞引发的攻击,包括缓冲区溢出、权限管理漏洞等问题)。从数据角度看,人工智能安全涵盖数据隐私保护(防止敏感数据被非法获取或滥用)和数据完整性维护(确保数据在存储和传输的过程中不被篡改,保证数据的真实性和准确性)。从应用角度看,人工智能安全包括人脸识别被照片或视频欺骗、语音识别受语音指令伪造干扰、自动驾驶因传感器数据错误或算法缺陷引发事故等。

此外,人工智能的安全问题还涵盖其在应用过程中可能引发的经济、文化和伦理道德方面的安全隐患。同时,鉴于人工智能系统具备思维能力和自我发展潜能,其可能进化出极为强大的智能,进而对人类整体构成安全威胁。深入研究这些安全问题,有助于加深人类对人工智能的认识,确保人工智能系统的决策和行为符合人类价值观与道德准则,避免产生歧视性、有害或不可控的后果,保障人类在人工智能发展过程中的主导地位和安全利益。

2. 人工智能安全的分类

人工智能系统在设计、研发、训练、测试、部署、使用及维护等整个生命周期的各个阶段均面临着安全风险。这些问题不仅源自系统自身的技术缺陷与局限性,还可能因不当使用、滥用甚至恶意攻击而进一步加剧。人工智能安全问题可划分为两大类:一类是人工智能系统自身的安全缺陷,称为内生安全风险;另一类是人工智能系统在应用过程中可能对其他系统的安全性产生影响,称为应用安全风险。

(1)人工智能内生安全风险

人工智能内生安全风险又可细分为模型算法安全风险、数据安全风险和系统安全风险。

① 模型算法安全风险。人工智能模型算法安全风险是内生安全问题的核心之一,具体可以包括以下方面。

a. 模型的可解释性差。深度学习作为具有代表性的 AI 算法,其内部运行逻辑极为复杂,且推理过程往往呈现为"黑盒"或"灰盒"模式,导致输出的结果难以精确预测和明确归因。模型一旦出现异常,迅速修正错误并追溯责任将变得非常艰难。

b. 偏见和歧视风险。在算法的设计和预训练过程中,个人偏见可能会被有意或无意地融入其中;或者由于训练数据集的质量问题,算法可能会呈现出偏见或歧视性特征,甚至产生包含民族、宗教、国籍、地域等歧视性内容的输出结果。

c. 鲁棒性弱。由于深度神经网络具有非线性和大规模的特点,AI 系统易受复杂多变的运行环境或恶意干扰的影响,从而导致性能下降或决策错误。

② 数据安全风险。人工智能系统面临的数据安全威胁也是主要的内生安全问题,具体包括以下几个方面。

a. 违规收集与使用数据。这是指在获取训练数据或提供服务的过程中,未经用户同意便擅自收集或不当使用用户数据及个人信息的行为。这不仅违反了与隐私保护相关的法律法规,还可能引发法律纠纷。例如,某 AI 绘画软件的开发运营者在未经授权的情况下,擅自将某知名动漫原创作品作为训练数据使用,侵犯了其合法权益。当用户在该 AI 文生图应用中输入生成该动漫人物的指令时,应用会生成与原图高度一致的动漫人物图片。

b. 训练数据标注不规范。标注人员在标注数据的过程中,可能存在规则不完备、能力不足等情况,这些问题不仅会影响模型的准确性、可靠性和有效性,还可能导致模型的训练偏差和泛化能力不足。

c. 数据泄漏风险。在 AI 的研发与应用过程中,由于数据处理不当、非授权访问以及恶意攻击等潜在原因,可能会导致敏感数据和个人信息的泄露,进而引发严重的经济损失和不良社会影响。例如,某地图软件的"拥堵延时指数"数据发生泄露,给相关企业造成了严重的经济损失。

③ 系统安全风险。系统安全风险主要集中在框架和组件、运行环境、算力和供应链等方面。

a. 框架和组件。目前,业界常用的 AI 框架(如 TensorFlow、Caffe 和 PaddlePaddle 等)均依赖于第三方库函数。由于这些框架及其组件并未经过充分的安全评测,因此存在软件漏洞、后门等安全隐患。公共漏洞披露库(CVE)作为权威的漏洞信息平台,记录了多种来源于这些框架的安全漏洞。

> **问题探究**
>
> 某高校研究团队发现,在某些智能交通管理系统中,部分 AI 算法存在对抗样本漏洞。攻击者可以通过在道路上放置特定图案的标志,误导 AI 模型将其识别为"禁止通行"或其他错误信号。请问这属于哪一类安全风险?

b. 运行环境。在云计算架构中,众多用户共享软硬件资源,这使得系统容易遭受攻击,进而对模型训练和智能推理构成安全风险。在联邦学习结构中,当多个成员协作进行训练和推理时,恶意参与者可能会发起模型攻击,导致系统存在安全隐患。此外,通信系统的不安全性也是系统的一个潜在不安全因素。在多个智能体联合学习和决策的过程中,需要实现协同和演化。如果个体学习和决策在全局层面缺乏协调性,可能会导致系统的不一致性和错误决策。

c. 算力。算力安全风险指的是 AI 训练与运行所依赖的算力基础设施所面临的各种潜在风险。这些风险包括多源、泛在的算力节点和不同类型的计算资源可能遭受的算力资源恶意消耗,以及算力层面风险在不同节点或资源间的跨边界传递等问题。

d. 供应链。在全球化的 AI 产业链分工协作格局下,个别国家利用技术垄断、出口管制等手段,人为设置发展壁垒,导致芯片、软件、工具等出现断供风险,进而严重影响 AI 系统的持续发展和安全。

(2) 人工智能应用安全风险

① 网络安全风险。人工智能生成或合成的内容可能会引发虚假信息传播、歧视偏见、隐私泄露以及侵权等问题,进而对公民的生命财产安全、国家安全、意识形态安全和伦理安全构

成威胁。例如,当用户输入包含不良内容的提示词,且模型安全防护机制尚不完善时,模型极有可能生成并输出违法或有害的内容。此外,高度仿真的图片、音频、视频等生成内容有可能绕过现有的人脸识别、语音识别等身份认证机制,进而导致认证鉴权功能失效。政府、企业等机构的工作人员在业务工作中,若不规范或不当使用人工智能服务,将内部业务数据、工业信息等敏感内容输入大模型,可能会导致工作秘密、商业秘密以及敏感业务数据泄露。更为严重的是,人工智能还可能被恶意用于实施自动化网络攻击,这不仅会提升攻击效率,还会降低网络攻击的门槛,从而极大地增加安全防护的难度。

② 现实安全风险。人工智能被广泛应用于金融、能源、电信、交通、民生等行业领域,如自动驾驶、智能诊疗等场景。然而,若支撑这些应用的模型算法出现"幻觉"输出或做出错误决策,特别是在算法被不当使用或遭受外部攻击时,可能引发系统性能下降、中断、失控等严重后果,这将直接威胁用户的生命财产安全以及社会经济的稳定运行。更为严重的是,人工智能有可能被恶意用于涉恐、涉暴、涉赌、涉毒等传统违法犯罪活动,具体行为包括传授违法犯罪技巧、隐匿违法犯罪行为以及制作违法犯罪工具等。此外,不当使用或滥用人工智能技术,还会对国家安全、经济安全以及公共卫生安全等领域构成重大威胁。例如,恶意主体可能利用人工智能设计网络武器,通过自动挖掘并利用系统漏洞的方式,对大量潜在目标发起网络攻击。

③ 认知安全风险。人工智能被广泛应用于提供定制化信息服务领域。它通过收集并分析用户信息,包括用户的需求、意图、喜好、行为习惯,乃至特定时间段内的公众主流意识,从而精准地向用户推送程式化、定制化的信息及服务。然而,这种做法加剧了"信息茧房"效应,进一步固化了用户的信息偏好,限制了信息的多样性和全面性。从长远来看,这一现象不利于社会的整体进步与发展。此外,人工智能还可能被恶意用于制作和传播虚假新闻、图像、音频、视频等内容,宣扬恐怖主义、极端主义以及有组织犯罪等思想,破坏社会制度与社会秩序。另外,恶意主体通过部署社交机器人在网络空间抢占话语权和议程设置权,可能左右公众的价值观与思维认知,对社会稳定构成潜在且严重的威胁。

④ 伦理安全风险。利用人工智能收集并分析人类的行为特征、社会地位、经济状况以及个体性格等信息,以此对不同人群进行标识分类和区别对待。这一做法可能会引发系统性、结构性的社会歧视与偏见,同时还可能进一步拉大不同地区在人工智能应用方面的差距,进而加剧数字鸿沟问题。

> **问题探究**
>
> 2024年底,中央网信办开展"清朗·网络平台算法典型问题治理"专项行动,重点整治同质化推送营造"信息茧房"、违规操纵干预榜单炒作热点、盲目追求利益侵害新就业形态劳动者权益、利用算法实施大数据"杀熟"、算法向上向善服务缺失侵害用户合法权益等重点问题。
>
> 请进一步深入了解该专项行动,并结合你在实际生活中的个人经历,谈谈你的体会。

二、探索人工智能安全治理

1. 人工智能安全标准

(1) 人工智能安全标准概述

人工智能安全标准旨在确保人工智能技术能够安全、可靠且合规地应用于各个领域,通过一系列规则和指南来减少使用过程中可能产生的风险和负面影响,从而保障个人隐私、数据安全以及公平性,确保技术的恰当运用。人工智能安全标准主要关注以下六个方面的问题。

① 保护用户隐私与数据安全。随着人工智能在各领域的深入应用,大量个人数据和敏感信息被收集和处理。人工智能安全标准通过规范数据隐私保护,能够确保数据的安全性,有效防止数据泄露或滥用。这不仅能够保护用户的隐私权,还可以规避潜在的法律风险与合规问题。

② 提高人工智能系统的可解释性与透明性。通过制定可解释性和透明性标准,可以显著提升人工智能系统的可理解性和信任度,尤其是在高风险领域(如金融、医疗等)中,人工智能决策的合理性与透明性显得尤为重要。这使得用户及相关利益方能够明晰人工智能的决策依据,进而增强对人工智能系统的信赖。

③ 增强系统的安全性与抗风险能力。人工智能系统面临着包括对抗性攻击、模型窃取、数据篡改等多种安全威胁。人工智能安全标准通过强化防护措施,构建起强有力的安全防线,从而确保人工智能系统在面对恶意攻击时能够进行有效抵御,避免安全漏洞的出现。

④ 促进人工智能系统的伦理合规。人工智能技术的应用往往涉及伦理问题,例如,人工智能在招聘、司法、医疗等领域可能带来性别、种族偏见等问题。通过实施伦理合规标准,可以有效避免人工智能系统做出不公正或有害的决策,确保其应用符合社会公认的伦理与道德规范。

⑤ 推动人工智能行业健康发展。随着人工智能技术的广泛应用,越来越多的行业标准和法规开始出台。人工智能安全标准的建立将为行业提供一个明确的指导框架,促进技术创新与规范发展之间的平衡。这将有助于推动整个行业的健康、有序发展,确保人工智能技术能够持续为社会创造长期价值。

⑥ 加强全球合作与协同。人工智能是全球性技术,面临的安全挑战与伦理问题具有一定普遍性。国际对人工智能安全标准的制定和推广,将有助于各国在人工智能技术开发、应用与监管方面形成统一的全球视野与合作框架,从而确保全球人工智能技术的安全性、合规性和可持续性。

(2) 国内人工智能安全政策及标准

为确保我国人工智能产业的健康、可控及可持续发展,政府已从法律、行业规范和技术标准等多个维度着手,构建起一个相对完善的人工智能安全保障体系。

自 2017 年发布《新一代人工智能发展规划》以来,我国确立了人工智能的战略目标,并在此过程中明确了安全问题的重要性。该规划强调,在推动技术发展的同时,要充分关注人工智能可能带来的社会安全风险,特别是在数据使用和隐私保护方面。由此可以看出,我国的人工智能安全政策尤其重视数据安全与隐私保护,明确提出要强化数据保护机制,为人工智能技术的研发和应用提供强有力的数据支持。同时,该规划还要求对数据滥用、侵犯个人隐私等行为加大法律惩戒力度,保障公民的基本权益。2023年,中央网信办发布《全球人工智能治理倡议》,该倡议围绕人工智能的发展、安全、治理三方面系统阐述了人工智能治理的中国方案。

国内人工智能安全相关法律法规

在法律法规层面,我国通过一系列重要法律为人工智能技术的应用提供了法律依据和保障。2021年,《中华人民共和国个人信息保护法》正式出台,为数据隐私保护提供了更为严格的法律框架。该法明确规定了个人信息处理的合法性原则,并要求人工智能技术在数据采集、存储和处理过程中严格遵守隐私保护条款,避免个人数据被滥用。此外,《中华人民共和国数据安全法》也在同一年颁布,进一步明确了数据管理的法律要求,为数据的分类分级保护提供了制度保障,有力推动了人工智能应用中数据安全保护措施的落实。这些法律共同构成了我国人工智能领域的坚实法律基础,它们不仅确保了技术的稳步发展,还有效规避了数据泄露、隐私侵犯等潜在风险。2023年7月,《生成式人工智能服务管理暂行办法》正式发布,该办法明确了生成式人工智能服务的技术发展与治理、服务规范、监督检查和法律责任,旨在促进生成式人工智能的健康发展和规范应用。2025年3月,国家互联网信息办公室、工业和信息化部、公安部、国家广播电视总局联合发布《人工智能生成合成内容标识办法》。该办法聚焦人工智能"生成合成内容标识"这一关键环节,借助标识提醒用户辨别虚假信息,明确相关服务主体的标识责任与义务,规范内容制作、传播等各环节的标识行为。此办法是推进我国人工智能领域安全治理、促进产业规范健康发展、引导技术向善的重要举措。

除了加强法律法规建设,我国政府还积极推动行业自律与技术标准的制定。中国人工智能产业发展联盟发布的《人工智能行业自律公约》,着重强调了行业内企业在数据使用、系统安全、伦理合规等方面的责任与义务。通过该公约,人工智能企业不仅能够树立正确的技术研发导向,还能通过自律减少技术滥用和不当应用的风险。此外,中国国家标准化管理委员会正积极推进人工智能技术标准的制定工作,这些标准涵盖了算法、数据、安全性等多个技术领域,为人工智能的研发、部署及应用提供了详尽的技术规范。特别是在算法透明性、数据保护及系统安全等关键领域,相关标准的出台将显著提升人工智能技术的可控性和合规性。

> **问题探究**
>
> 自主学习《中华人民共和国个人信息保护法》《中华人民共和国数据安全法》《生成式人工智能服务管理暂行办法》《人工智能生成合成内容标识办法》等法律法规,尝试分析违反法律规定的潜在风险及后果,并谈谈你对依法使用AI技术、保护数据安全的认识与体会。

(3) 国外人工智能安全政策及标准

国外人工智能安全政策及标准体现了不同国家、区域组织依据自身需求和发展特点制定的差异化策略。

美国在人工智能安全方面的政策着眼于确保技术发展与国家安全需求之间的平衡。新美国安全中心发布了数篇报告，深入分析了人工智能在网络安全、信息安全、经济金融、国家防御等多个领域的应用，探讨人工智能可能带来的安全风险以及全球安全格局的潜在变化。

欧盟的人工智能规制体系不仅专注于人工智能技术本身，还与其更广泛的数字欧洲战略紧密相连。欧盟于2018年颁布了《通用数据保护条例》，该条例为欧盟的数据保护制度奠定了坚实基础。2024年，欧盟的《人工智能法案》正式生效，这一法案为人工智能的开发和使用设定了法律框架。《通用数据保护条例》和《人工智能法案》作为欧盟数字转型中的两部关键法案，在促进人工智能发展与实施规制方面相辅相成。

日本、韩国和新加坡均针对人工智能安全领域制定了相应的政策与标准。日本发布《人工智能战略2022》，强调技术发展应以社会责任和伦理为基础，确保数据隐私保护与公平性。韩国推出《人工智能发展及信任建立基本法》，高度重视人工智能技术的伦理合规性。新加坡发布《人工智能伦理与治理倡议》及《生成式人工智能治理模型框架》，着重强调算法的透明性、公正性以及数据隐私保护。

2. 人工智能风险评估

人工智能风险评估就是对人工智能技术可能带来的各种风险进行识别、分析和评估的过程。人工智能风险评估旨在全面识别潜在风险，分析这些风险发生的可能性及潜在影响程度，为后续的风险应对提供科学依据，确保人工智能系统在安全轨道上平稳运行，有效保护用户权益、维护社会稳定和保障经济安全。

(1) 人工智能风险评估的方法

人工智能风险评估的方法主要有三种：定性风险评估、定量风险评估和综合评估。

① 定性风险评估方法：主要依赖评估者的经验、知识和技能。评估结果较为全面，常见的定性分析方法包括因素分析法、逻辑分析法和历史比较法等。这类方法的优点是能全面考虑各种因素，缺点是比较主观，需要评估者具备较高的素质和经验。

② 定量风险评估方法：通过使用数字指标评估系统的安全风险。常见的定量评估方法有基于机器学习算法（如聚类和决策树）的风险分析法、基于图的风险分析法和风险因子分析法等。定量分析方法的优势在于能够直观地以数字化形式呈现结果。然而，由于其简化了复杂过程，因此可能会引发某些安全风险因素的失真，进而对评估结果的准确性造成影响。

③ 综合评估方法：融合定性评估与定量评估的优势，在网络安全系统的风险评估中得到了广泛应用。这种方法可以提供更全面的视角，但也存在局限性，即无法准确地给出整个系统的安全风险等级，难以对系统整体的安全风险状况进行全面量化评估。

总体来说，虽然每种评估方法各有优缺点，但综合评估仍然是目前最常用的一种方法，尤其适用于复杂的网络安全环境。

(2) 人工智能风险评估的流程

人工智能风险评估流程通常包括五个主要阶段：风险识别、风险分析与评估、应对措施制定、应对措施实施，以及监控与反馈。

① 风险识别。人工智能风险评估的第一步是全面识别系统可能面临的各种风险。这个阶段的核心在于深入分析人工智能技术的各个环节，发现潜在的威胁和问题。在人工智能系统的开发和使用过程中，可能会涉及多种类型的风险，包括技术风险、数据风险、安全风险和伦理风险等。识别这些风险不仅需要技术专家的专业支持，还需要多方协作和深入分析，以确保不遗漏任何潜在风险。

② 风险分析与评估。在完成风险识别后，接下来要对每个风险进行详细的分析与评估。这一阶段的目标是评估各类风险的发生概率以及其可能造成的影响大小，即风险的发生概率和影响程度，从而确定需要优先处理哪些风险。对于每一种风险，团队需要基于历史数据、行业经验、专家判断等途径估算其发生的概率；同时，还要评估如果该风险发生，可能对人工智能系统、用户、企业甚至社会造成多大的损害。例如，在金融领域，数据泄露的风险可能会对用户的隐私和财产安全造成严重影响，因此其风险等级较高。而某些技术风险虽然可能发生，但影响较为有限，风险等级则相对较低。通过这种定量与定性相结合的分析，团队可以清晰地了解哪些风险是最紧急、最需要重点关注的。

③ 应对措施制定。一旦明确了哪些风险是最为严重的，接下来的任务就是制定应对措施。应对措施的制定是风险评估中最为关键的一步，它直接决定了系统在面对风险时的反应能力。根据不同的风险类型和风险等级，评估团队需要制定相应的应对策略。常见的应对措施包括避免、减轻、转移和接受风险。对于那些高风险、低可控的威胁，可能需要采取避免的策略，比如通过修改人工智能算法或改进系统设计来规避某些已知风险；而对于一些可以控制的风险，则可以采取减轻措施，例如通过加强数据保护、提高算法透明度等方式，降低风险发生的可能性和影响。对于那些无法完全避免的风险，可能需要通过转移风险的方式来减少损失，例如购买保险或外包服务；而对于低风险的情况，则可以选择接受风险，并通过监控确保风险不会对系统产生重大影响。

④ 应对措施实施。在制定应对策略之后，接下来就是将这些措施具体落实到人工智能系统的开发、测试、部署和运营过程中。这一阶段的工作涉及具体的技术实现和管理手段。例如，为了避免数据泄露，团队可以加强数据加密和身份验证机制；为了消除算法偏见，可能需要增加数据多样性，并进行算法公平性评估；为了提升系统安全性，可能需要加强网络防护以及定期进行漏洞扫描等。实施阶段还需要配合团队的持续改进和人员培训，以确保所有相关方都能遵循制定的安全策略并落实到日常工作中。同时，还应考虑到应对措施的可操作性和实际效果，确保它们能够在现实环境中被有效执行。

⑤ 监控与反馈。随着人工智能技术的更新和外部环境的变化，新的风险仍会不断出现，因此需要定期对系统进行监控与反馈。这一阶段的目标是持续关注人工智能系统的运行状态，发现潜在的风险并及时采取措施。例如，可以通过定期审核、性能测试、用户反馈等手

段,确保系统始终处于安全可控的状态。如果在运行过程中发现新的漏洞或不符合预期的情况,团队需要及时调整应对策略,优化系统设计,提升安全性。同时,通过监控还可以评估之前实施的风险应对措施的效果,并根据实际情况进行必要的调整和改进,以确保人工智能系统始终能够在安全、合规的框架下运行。

问题探究

假如学校引入了一款AI辅助学习系统,请尝试为其设计简单的人工智能风险评估流程。

人工智能风险评估流程是一个动态循环的过程,通过风险识别、风险分析与评估、应对措施制定、应对措施实施,以及持续的监控与反馈,能够确保人工智能系统的开发和应用在尽可能低的风险下进行。这一流程不仅可以保障人工智能技术的安全性,还能够促进技术的可持续发展,为社会带来更大的效益。

拓展提高

共筑多维防御体系

2025年1月20日,DeepSeek-R1线上服务遭受了来自海外的大规模网络攻击。1月27日,攻击手段升级为应用层攻击,同时还伴随着大量暴力破解攻击。

面对如此严峻的安全威胁,众多国内企业纷纷伸出援手。360集团率先发布"关于全力支持国产大模型DeepSeek的倡议书",无偿为DeepSeek提供全方位网络安全防护。一方面,360集团在旗下纳米AI搜索开通"DeepSeek高速专线",启用最高规格的R1高速专线和专属防攻击机房,以保障用户能够安全通畅地使用DeepSeek服务;另一方面,利用其安全大模型对攻击进行监测分析。根据监测数据,360安全大模型详细梳理出此次攻击的三个阶段,为DeepSeek制定富有针对性的防御策略提供了关键依据。奇安信同样积极参与到这场防御战中。奇安信XLab实验室持续对攻击进行监测,及时发现攻击的变化趋势,并在第一时间反馈给DeepSeek,使得DeepSeek能够快速做出反应。

国内企业共同构建起多维度的防御体系,提升了DeepSeek的整体安全防护能力,展示了中国科技企业在面对外部恶意攻击时的团结协作精神,彰显了中国人工智能产业突破外部遏制、谋求持续发展的决心。在未来,随着人工智能技术的不断发展,类似的攻击或许不会绝迹,但国内企业的这种团结协作模式,将为行业安全发展提供坚实保障。

评价总结

自查学习成果,填写任务自查表,已达成的打"√",未达成的记录原因。

任务自查表

课前准备：____分钟　　课堂学习：____分钟　　课后练习：____分钟　　学习合计：____分钟

学习成果	已达成	未达成(原因)
了解人工智能安全的定义和分类		
了解人工智能安全治理的标准、政策及法规		
掌握人工智能风险评估的流程		
能够分析具体场景中的人工智能安全风险，并提出初步的治理方案		
具有对人工智能安全与治理的敏感性，形成主动防范风险的意识		
能够在技术应用中遵守数据隐私保护原则，持续提升人工智能安全与治理方面的学习能力、创新思维和问题解决能力		

课后练习

一、填空题

（1）从系统架构角度看，人工智能安全包括硬件层面的_____安全和软件层面的_____安全。

（2）人工智能安全问题可划分为两大类：一类是人工智能系统自身的安全缺陷，称为_____安全风险；另一类是人工智能系统在应用过程中可能对其他系统的安全性产生影响，称为_____安全风险。

（3）人工智能安全标准主要关注的内容包括：保护用户_____、提高人工智能系统的_____、增强系统的_____、促进人工智能系统的伦理合规、推动人工智能行业健康发展和加强全球合作与协同。

（4）《中华人民共和国_____法》为数据隐私保护提供了更为严格的法律框架，规定了个人信息处理的合法性原则；《中华人民共和国_____法》进一步明确了数据管理的法律要求，为数据的分类分级保护提供了制度保障，有力推动了人工智能应用中数据安全保护措施的落实。

（5）人工智能风险评估的方法主要有三种：_____、_____和_____。

二、实践题

某医院计划利用计算机视觉技术辅助诊断肺部CT影像，请分析其可能面临的内生安全风险（如数据标注偏差、模型可解释性不足）和应用安全风险（如误诊引发的医疗纠纷），并提出至少两条治理措施。

任务 2
关注人工智能背后的伦理问题

学习目标

知识目标
- 了解人工智能伦理问题的定义、核心和具体内容
- 理解解决人工智能伦理问题的思路和具体方案

能力目标
- 能够根据解决人工智能伦理问题的基本思路，尝试提出初步的解决方案

素养目标
- 能够主动思考人工智能背后的伦理问题，关注新兴行业以及跨学科合作与交流
- 能够通过提升技能与创新思维，适应和把握人工智能时代带来的新机遇

任务情境

小王最近观看了一个关于探讨"人工智能可能带来哪些伦理问题"的视频。视频中提到的几个问题让他感到疑惑：AI 绘画软件能够模仿任何艺术家的风格进行创作，那么人类创作者的独特性是否会被取代？谁拥有这些 AI 生成作品的所有权和署名权？更令小王感到不安的是：AI 已经逐步替代众多传统、重复性高的工作岗位，这导致低技能岗位失业率上升；与此同时，新职业不断涌现，对技术水平和创新能力提出了更高要求。这让小王陷入思考：人工智能真的只是工具吗？它是否应该拥有某种权利？我们该如何定义人与机器之间的关系边界？带着这样的疑问，小王决定深入探索 AI 的伦理问题。他意识到，AI 不仅是一串代码或一台冷冰冰的机器，更是人类社会未来发展的关键变量之一。

知识学习

一、认识人工智能伦理问题

1. 什么是人工智能伦理问题

人工智能伦理问题是指人工智能技术及其应用对社会和人类可能带来的道德、法律、安全等问题。它关乎人工智能技术在设计、开发、应用及管理过程中所应遵循的道德规范和原则，旨在确保人工智能技术的发展与人类社会的价值观和道德标准相契合，从而避免对人类社会造成负面影响。

2021年11月,联合国教科文组织第41届大会审议并通过了《人工智能伦理问题建议书》,这是全球首个针对人工智能伦理制定的规范框架。该建议书提出,发展和应用人工智能首先要体现出四大价值,即尊重、保护和提升人权及人类尊严,促进环境与生态系统的发展,保证多样性和包容性,构建和平、公正与相互依存的人类社会。同时,建议书明确了规范人工智能技术的10个原则和11个行动领域,尤其强调在利用人工智能解决环境问题时,要避免造成新的环境破坏。

我国政府高度重视人工智能发展中的伦理问题。为深入贯彻《新一代人工智能发展规划》,细化落实《新一代人工智能治理原则——发展负责任的人工智能》,增强全社会的人工智能伦理意识与行为自觉,积极引导负责任的人工智能研发与应用活动,促进人工智能健康发展,国家新一代人工智能治理专业委员会于2021年发布了《新一代人工智能伦理规范》(以下简称《伦理规范》)。《伦理规范》旨在将伦理道德融入人工智能全生命周期,为从事人工智能相关活动的自然人、法人和其他相关机构等提供伦理指引。2022年,《关于加强科技伦理治理的意见》发布,提出五项基本要求与五项科技伦理原则,部署四大重点任务,为进一步完善科技伦理治理体系做出指导。2023年,中央网信办发布《全球人工智能治理倡议》,提出坚持伦理先行,建立并完善人工智能伦理准则、规范及问责机制,形成人工智能伦理指南,建立科技伦理审查和监管制度,明确人工智能相关主体的责任和权力边界,充分尊重并保障各群体合法权益,及时回应国内和国际相关伦理关切。种种举措表明,我国在人工智能伦理治理领域持续发力。

2. 人工智能核心伦理问题的具体内容

人工智能核心伦理问题包括数据隐私、偏见与歧视、责任归属、自主性与控制、失业与经济不平等,以及人工智能的自主权与道德决策等。

(1) 数据隐私

人工智能的训练依赖于大量的数据,尤其是个人数据。当人工智能被应用于具体领域(如医疗、金融等)时,如何保护用户隐私已成为一个亟待解决的伦理问题。用户的个人信息存在被滥用或泄露的风险,因此,在数据收集和处理的过程中,必须确保数据的透明性,并保障用户的知情权。

(2) 偏见与歧视

人工智能的算法通过人类提供的数据进行训练,而这些数据可能存在社会偏见。如果人工智能系统从这些带有偏见的数据中学习,就可能在决策过程中产生歧视现象。例如,应用于招聘领域的人工智能系统,可能会因数据偏差而对某些群体造成不公平对待。

(3) 责任归属

在人工智能系统出现故障或造成损害的情况下,责任归属成为关键问题。其中,责任归属不明确的问题在自动驾驶等高风险应用场景中尤为突出。例如,国外曾经发生一起事故,一名驾驶员在使用自动驾驶系统时,该电动车以每小时109公里的速度与一辆牵引拖车相撞,导致驾驶员身亡。那么,这起事故的责任应该如何认定?是汽车制造商、技术供应商、汽车所有者及乘坐者的责任,还是政府监管机构的责任呢?

(4) 自主性与控制

人工智能日益增长的智能化程度,可能会对人类的决策过程和自主性构成威胁。例如,当自动化系统做出与人类决策相悖的选择时,人类是否有足够的控制权来干预系统的行为,这是需要关注的伦理问题之一。

(5) 失业与经济不平等

随着人工智能技术应用的广泛普及,众多传统工作岗位可能会被取代,尤其是在制造业和服务业这两个领域。这一变化可能导致部分群体面临失业风险或收入减少的情况,进而加剧社会经济的不平等状况。

问题探究

人机关系的日益紧密发展将引发人们对一系列社会伦理和隐私问题的关注。请同学们思考:在未来的发展中,如何确保人机关系的健康、可持续发展?

(6) 人工智能的自主权与道德决策

当人工智能系统逐渐具备自主决策能力时,我们必须思考它是否能够理解和遵循人类的道德规范。例如,在医疗领域,AI如何做出涉及生死的决策;在军事领域,AI是否可以被用于自主执行任务。

此外,人工智能的伦理挑战还体现在"技术鸿沟"问题上,这可能会阻碍人工智能发展相对滞后国家的进步。同时,人机共生的理念愈发凸显其重要性,它要求人们在迎接技术进步的同时,思考机器与人类之间的和谐共处之道。

人工智能涉及的伦理问题涵盖多个方面,我们在推动技术发展的同时,必须给予充分的关注和深入思考。

二、了解人工智能伦理问题的解决方案

1. 解决人工智能伦理问题的基本思路

在解决人工智能伦理问题时,主要可以从以下五个方面进行思考。

(1) 加强监管

加强网络监管和打击网络违法行为是解决人工智能伦理问题的关键一步。通过加大监管力度,可以及时发现并有效制止人工智能技术滥用行为,如传播虚假信息、侵犯个人隐私等。同时,应严厉打击违法行为,以形成有效的震慑作用。

(2) 制定和完善法律法规

制定和完善相关法律法规也是解决人工智能伦理问题的重要途径。政府应针对人工智能技术的特点和发展趋势,制定专门的法律法规,明确人工智能技术的使用范围、责任归属、数据保护等方面的要求。这不仅可以为人工智能技术的发展提供法律保障,还可以为处理其伦理问题提供法律依据。

(3) 提升技术安全性

提升人工智能技术的安全性和可控性是解决伦理问题的重要方面。企业应当积极研发人工智能防御与鉴伪技术，从而提高人工智能系统的安全性和可靠性；同时，还应加强对算法公正性和透明性的研究，确保人工智能系统决策过程的公平、合理和可追溯。

(4) 增强公众意识

通过加强科普宣传与教育引导，可以有效提升公众对人工智能技术的认知水平，增强其风险防范意识。这有助于公众更深入地理解和接纳人工智能技术，从而减少因误解或缺乏认知而引发的伦理争议。

(5) 建立跨学科的伦理审查机制

建立跨学科的伦理审查机制也是解决人工智能伦理问题的重要手段。为此，应当成立伦理审查委员会，该委员会由伦理学家、法律专家、技术开发者、社会学家及公众代表共同组成，负责对人工智能技术的发展与应用实施严格的伦理审查与监督。此举旨在确保人工智能技术的发展与社会主流价值观相契合，有效化解伦理冲突与道德困境。

问题探究

学校正在开展人工智能伦理规范宣传活动，作为此次活动的负责人，你将通过哪些途径来增强同学们的伦理意识，提升他们的伦理素养，并引导他们理性对待人工智能伦理问题？

2. 解决 AIGC 伦理问题的具体方案

AIGC 的伦理问题日益受到广泛关注，这主要源于其具有独特的技术特性和广泛的应用场景。鉴于此，这里将重点阐述针对这些伦理问题的解决方案。

(1) 构建治理机制

政府应构建多方共治、技管结合的治理机制，明确分工与协作，共同打击 AIGC 虚假新闻等不法行为。具体措施包括：制定行业标准、运用数据模型进行内容监测，以及有效阻挡虚假信息的传播等。

(2) 加强技术研究

政府应鼓励企业加大对人工智能防御与鉴伪技术的研发投入，并设立专项资金，以支持科技企业在 AIGC 虚假信息"主动防御"与"主动检测"领域的应用创新。同时，还可以通过科技手段强化法律的保护作用。例如，引入技术手段为 AIGC 生成的视频、图像添加版权标记并进行追踪，从而为原创作品提供确权服务。此外，在教育领域，也可通过相关举措规范 AIGC 的使用。例如，某高校引入"AIGC 检测服务系统"，对学生论文中使用 AIGC 的场景和比例进行合理规范。

(3) 优化伦理训练与数据

企业应致力于构建更加公正的数据集，并加强伦理训练，以此消除算法偏见并防止虚假信息的产生。为实现这一目标，企业需开展多方面的工作：一方面，要对数据、模型以及人类使用算法过程中可能出现的偏差进行全面测试；另一方面，应采用以数据为核心的人工智能开发策略,从源头上减少偏见。

(4) 强化知识产权保护

在发布内容时,应明确区分其营利与非营利性质。对于非营利性质的内容,需要联合平台在发布前进行责任提示;而对于营利性质的内容,则需进一步明晰 AIGC 知识产权的归属,细化侵权责任认定标准,并加强数据知识产权的保护力度。

3. 剖析人工智能伦理问题的解决案例

在学习了人工智能伦理问题的解决方案之后,我们面临着一个关键任务,即如何将这些方案有效地应用到实际领域中。接下来,我们将细致剖析自动驾驶、智能决策系统以及机器人辅助手术等领域的典型案例。

(1) 自动驾驶汽车的道德困境解决方案

自动驾驶道德困境是指在自动驾驶技术应用场景中,当车辆面临无法避免的碰撞或紧急情况时,如何做出道德上正确的决策的问题。这种困境主要体现在自动驾驶系统需要在保护车内乘客、行人和其他道路使用者之间做出选择,而这些选择往往涉及生命价值的衡量和道德责任的界定。例如,当自动驾驶车辆无法避免碰撞时,应该选择保护车内乘客,还是保护车外行人?为了解决自动驾驶的道德困境,需要制定多角度的解决方案。

① 汽车制造商、科技公司、政府监管机构和伦理学家等各方应协同合作,制定统一的自动驾驶汽车道德准则。这一准则可以基于广泛的社会价值观和道德原则,为自动驾驶系统在面临道德困境时提供明确的决策指导。在制定道德准则时,需要考虑不同文化和社会背景的多样性,通过国际合作和跨文化研究,寻求普遍适用的道德原则。

② 自动驾驶汽车可以配备更先进的传感器和数据分析技术,以更准确地感知周围环境,预测潜在的危险。通过实时分析大量的数据,系统可以更精确地评估不同决策的后果,并做出明智的选择。通过运用人工智能技术,可以让自动驾驶系统从大量的模拟场景和实际案例中学习如何在道德困境中做出决策,并持续提升其决策的准确性与合理性。

③ 在制定自动驾驶汽车道德准则的过程中,应当广泛征求公众的意见和建议,确保道德准则能够反映社会的价值观和期望。通过问卷调查、公众听证会、在线讨论等方式,让公众表达自己对道德困境的看法和决策偏好,从而提高公众对自动驾驶汽车的接受度和信任度。此外,企业还可以通过教育和宣传,让公众了解自动驾驶技术的原理和安全性。

(2) 智能决策系统隐私保护的改进方案

智能决策系统旨在利用海量数据,通过先进的算法和分析工具,辅助决策者进行高效、准确的决策,如电网智能调度与决策系统、图书馆数字资源智慧化采购决策系统等。

由于智能决策系统需要采集大量数据,这增加了隐私泄露的风险,因此需要通过多种手段来加强数据隐私保护。

① 数据加密。在数据的存储、传输和处理过程中,使用加密算法对数据进行加密,如采用对称密钥加密(AES)和非对称密钥加密(RSA),以防止数据在传输过程中被窃取或

篡改。

② 数据脱敏。在数据使用和共享的过程中,对敏感信息进行脱敏处理(如替换、抑制、聚合和分组等),以防止数据在共享或使用时泄露真实的个人信息。

③ 访问控制。通过访问控制技术,如基于角色的访问控制(RBAC)、基于属性的访问控制(ABAC)等,限制只有特定人员才能访问特定的数据,以防止敏感数据被不当使用。

④ 遵守隐私保护法规。确保智能决策系统的数据收集和处理符合相关的隐私保护法规(如《中华人民共和国个人信息保护法》等),明确告知用户个人数据的收集和使用目的,并征得用户同意。

⑤ 数据审计。对大数据系统中的所有操作,包括数据收集、存储、处理等进行监控和审计,以便及时发现行为异常人员并采取相应措施。

⑥ 系统安全防护。采用先进的安全技术与加密手段,建立健全安全防护体系,如及时更新系统补丁、加强对系统的监控和审计,以防止黑客攻击和恶意篡改。

⑦ 内部管理和培训。建立健全内部管理制度,限制系统访问权限,加强对员工安全与隐私保护意识的培训,确保员工不会滥用系统数据或泄露重要信息。

⑧ 定期进行安全评估和风险分析。定期对智能决策系统进行安全评估和风险分析,以及时发现潜在的安全隐患和风险点,并采取修复和改进措施。

这些措施的综合应用可以有效地提升智能决策系统的隐私保护水平,确保个人和组织的数据安全。同时,随着技术的不断发展,隐私保护策略也需要持续更新和完善,以适应新的安全威胁和隐私保护需求。需要注意的是,上述方案在具体实施时可能需要结合实际情况和法律法规进行调整。对于金融、医疗、法律等领域,需要在专业人士的指导下进行隐私保护改进工作。

(3) 机器人辅助手术伦理规范的实施方案

机器人辅助手术伦理规范的建立需要综合考虑技术安全、责任认定、患者隐私保护以及公平受益等多方面因素。这些规范的制定和实施将有助于推动机器人辅助手术技术的健康发展,提高医疗服务的质量和效率,同时保障患者的合法权益和医疗安全。

① 技术安全。手术机器人作为高精尖的医疗设备,其安全性和可靠性必须得到严格保障。在研发、生产和使用过程中,需要遵循相关的技术标准和规范,确保手术机器人的性能稳定、操作简便且风险可控。

② 责任认定。在手术过程中,机器人作为辅助工具,其操作结果仍然需要由医务人员承担。因此,需要明确手术机器人和医务人员之间的责任界限,以便在出现手术并发症或不良后果时,能够及时进行责任认定和处理。

③ 患者隐私保护。手术机器人可能需要获取患者的个人信息和医疗数据,这些数据的安全性和隐私性必须得到严格保护。在设计和使用手术机器人时,需要采取相应的技术手段和管理措施,确保患者隐私不被泄露或滥用。

④ 公平受益。手术机器人作为先进的医疗设备,其应用应遵循公平、公正的原则,以确

保所有符合手术指征的患者都能享受到机器人辅助手术所带来的益处。同时,还需要关注手术机器人的成本效益问题,确保其在医疗领域的广泛应用不会给患者和社会带来过重的经济负担。

上述案例展示了企业在应对人工智能伦理问题时的具体实践与探索成果,为其他领域提供了有益的借鉴和参考。

拓展提高

人工智能活动应遵循的伦理规范

《新一代人工智能伦理规范》明确指出,人工智能各类活动应遵循以下基本伦理规范。

(1) 增进人类福祉。坚持以人为本,遵循人类共同价值观,尊重人权和人类根本利益诉求,遵守国家或地区伦理道德。坚持公共利益优先,促进人机和谐友好,改善民生,增强获得感幸福感,推动经济、社会及生态可持续发展,共建人类命运共同体。

(2) 促进公平公正。坚持普惠性和包容性,切实保护各相关主体合法权益,推动全社会公平共享人工智能带来的益处,促进社会公平正义和机会均等。在提供人工智能产品和服务时,应充分尊重和帮助弱势群体、特殊群体,并根据需要提供相应替代方案。

(3) 保护隐私安全。充分尊重个人信息知情、同意等权利,依照合法、正当、必要和诚信原则处理个人信息,保障个人隐私与数据安全,不得损害个人合法数据权益,不得以窃取、篡改、泄露等方式非法收集利用个人信息,不得侵害个人隐私权。

(4) 确保可控可信。保障人类拥有充分自主决策权,有权选择是否接受人工智能提供的服务,有权随时退出与人工智能的交互,有权随时中止人工智能系统的运行,确保人工智能始终处于人类控制之下。

(5) 强化责任担当。坚持人类是最终责任主体,明确利益相关者的责任,全面增强责任意识,在人工智能全生命周期各环节自省自律,建立人工智能问责机制,不回避责任审查,不逃避应负责任。

(6) 提升伦理素养。积极学习和普及人工智能伦理知识,客观认识伦理问题,不低估不夸大伦理风险。主动开展或参与人工智能伦理问题讨论,深入推动人工智能伦理治理实践,提升应对能力。

评价总结

自查学习成果,填写任务自查表,已达成的打"√",未达成的记录原因。

任务自查表

课前准备：____分钟　　课堂学习：____分钟　　课后练习：____分钟　　学习合计：____分钟

学习成果	已达成	未达成(原因)
了解人工智能伦理问题的定义、核心和具体内容		
理解解决人工智能伦理问题的思路和具体方案		
能够根据解决人工智能伦理问题的基本思路，尝试提出初步的解决方案		
能够主动思考人工智能背后的伦理问题，关注新兴行业以及跨学科合作与交流		
能够通过提升技能与创新思维，适应和把握人工智能时代带来的新机遇		

课后练习

在线自测

一、填空题

（1）人工智能伦理问题是指人工智能技术及其应用对社会和人类可能带来的_____、_____、_____等问题。

（2）2021年，国家新一代人工智能治理专业委员会发布了《_____》，旨在将伦理道德融入人工智能全生命周期，为从事人工智能相关活动的自然人、法人和其他相关机构等提供伦理指引。

（3）人工智能核心伦理问题包括数据隐私、偏见与歧视、责任归属、_____、_____，以及人工智能的自主权与道德决策。

（4）解决人工智能伦理问题需要从多个方面入手，具体包括_____、制定和完善法律法规、_____、_____和建立跨学科的伦理审查机制。

（5）智能决策系统的隐私保护改进措施包括_____、_____、_____、遵守隐私保护法规、数据审计、系统安全防护、内部管理和培训以及定期进行安全评估和风险分析。

二、实践题

（1）以小组为单位，根据个人兴趣和专业背景，选择一个与人工智能相关的应用场景（如医疗、金融、教育、社交媒体等）。从该场景出发，找出其中可能涉及的人工智能伦理问题。问题参考如下：

医疗领域：AI医学影像分析是否会因数据偏见导致误诊？

金融领域：信用评分算法是否会对特定群体产生歧视？

教育领域:智能教育系统是否会影响学生的独立思考能力?

(2) 结合所学理论知识(如数据隐私、偏见与歧视等)进行分析,然后提出一个具体的改进方案或解决方案。方案形式可以包括:

制定一个新规则(如用户隐私保护协议);

提出一项技术创新(如使用联邦学习保护数据隐私);

设计一个公众教育活动(如 AI 伦理宣传手册)。

(3) 将研究成果和提案制作成可视化报告,形式可以是 PPT、海报或情景剧等。每个小组依次进行简短展示(5—10 分钟),并回答其他小组的提问。重点解释以下内容:

该场景中伦理问题的核心矛盾是什么?

你的解决方案如何具体应对这一问题?

方案实施后可能带来的积极影响是什么?是否存在潜在风险?

(4) 在各小组汇报结束后,对各小组的表现进行评价。